全 国 高 等 农 业 院 校 教 材
全国高等农业院校教学指导委员会审定

植物生理学实验技术

萧浪涛　　王三根　　主编

中国农业出版社

主　　编　萧浪涛（湖南农业大学）

　　　　　　王三根（西南大学）

副 主 编　赵会杰（河南农业大学）

　　　　　　徐克章（吉林农业大学）

　　　　　　蔺万煌（湖南农业大学）

　　　　　　王惠群（湖南农业大学）

编写人员（按姓氏笔画排序）

　　　　　　王三根（西南大学）

　　　　　　王若仲（湖南农业大学）

　　　　　　王惠群（湖南农业大学）

　　　　　　刘华英（广西师范大学）

　　　　　　李合松（湖南农业大学）

　　　　　　宗学凤（西南大学）

　　　　　　赵会杰（河南农业大学）

　　　　　　徐克章（吉林农业大学）

　　　　　　黄见良（华中农业大学）

　　　　　　萧浪涛（湖南农业大学）

　　　　　　彭克勤（湖南农业大学）

　　　　　　鲁旭东（湖南农业大学）

　　　　　　蔺万煌（湖南农业大学）

前　言

植物生理学是一门实验性科学。实验课的学习与训练在植物生理学课程学习中占有十分重要的地位。本教材作为全国高等农业院校"十五"规划教材《植物生理学》的配套实验教材，在章节编排上继承了《植物生理学》教材的结构，以利实验内容与教学内容的统一和实验内容的灵活选择。

全书共分11章。导论和第七章由湖南农业大学萧浪涛编写，第一章由湖南农业大学蔺万煌编写，第二章由吉林农业大学徐克章编写，第三章由湖南农业大学彭克勤和华中农业大学黄见良编写，第四章和第五章由西南大学王三根和宗学凤编写，第六章由湖南农业大学王惠群编写，第八章由湖南农业大学王若仲和李合松编写，第九章由湖南农业大学鲁旭东和广西师范大学刘华英编写，第十章由广西师范大学刘华英和湖南农业大学鲁旭东编写，第十一章由河南农业大学赵会杰编写，附录和主要参考文献由湖南农业大学蔺万煌和王惠群整理。初稿完成后由萧浪涛和王三根统稿，并于2005年4月在湖南农业大学召开了编委会修改会议。

本教材的编写得到了编写人员所在单位特别是湖南农业大学的大力支持。中国农业出版社教材出版中心提供了热心帮助和指导。中国科学院上海植物生理生态研究所赵毓橘研究员、南京农业大学周燮教授提供很多参考资料，湖南农业大学孙福增教授对编写和修改给予了指导和帮助，湖南省植物激素与生长发育重点实验室吴顺、郭兆武、刘素纯、丁君辉、梁艳萍、童建华、黄妤、刘清等多位研究人员和研究生以及琼州大学林伟副教授参与了本书的校对和绘图工作。此外，本教材的编写还参考了国内外多本相关教材与著作，在此一并表示衷心的感谢。

考虑到各院校在实验课教学方面的特殊性，本教材尽量吸收了参编院校目前开设的有代表性的实验。因此，各院校在开设实验时，可以根据地域、季节和自身设备条件进行选择。此外，编委会为《植物生理学》和《植物生理学实验技术》系列教材设立了永久网址（http：//www. phytohormones. com/pp-book），收集了很多与植物生理学相关的资料和网络资源，还可通过论坛等对教材有关内容进行讨论交流。由于编者水平所限，加上时间紧迫，本教材缺点和错误在所难免，请同行专家和读者批评指正。

编　者

2005 年 6 月

目　　录

导　　论

一、植物生理学的研究内容

植物生理学是研究植物生命活动规律及其机理的科学。植物生命活动是物质代谢、能量转换、形态建成及信号转导的综合反应，也就是植物不断地同化外界物质、利用获得的能量建造自己的躯体并繁衍后代的过程。植物生理学的研究内容十分丰富，在微观方面，由于生物科学领域中的细胞学、遗传学、分子生物学的迅速发展，使植物生命活动本质的研究向分子水平深入并不断综合。在宏观方面，植物生理学与环境科学、生态学等密切结合，产生了植物环境生理学、植物群体生理学、生态生理学，使植物生理学朝更为综合的方向发展，由植物个体扩大到群体，再扩大到生态系统，大大扩展了植物生理学的研究范畴。

21 世纪是生命科学的世纪，以探索植物生命活动规律为主要任务的植物生理学将大有作为。随着世界人口的急剧增加和工业化进程的加速，人类面临着一系列亟待解决的难题，其中人口、粮食、能源、环境及资源等问题尤为突出，而这些问题的解决几乎无一不与植物生理学的研究密切相关。植物生理学自诞生以来之所以一直受到人们的重视，不仅在于它研究和阐明了植物科学领域的一些重要基础理论问题，还在于它能为栽培植物和改良植物等提供理论依据，并不断提出控制植物生长的有效方法。同时，生产实践也不断地为植物生理学研究提出需要解决的理论研究课题。

植物生理学是一门实验性科学，要充分重视实验方法的作用，要克服只重理论学习而轻实验实习、重生理机理而轻生产实践、重室内实验而轻田间试验的不良倾向，同时必须注意在实验和分析的基础上进行综合，只有这样才能获得关于植物生命活动规律及其机理的正确认识。

二、植物生理学的研究方法

（一）计数分析法

计数分析法是一种简单实用的方法，它通过对植物不同的生长状态、不同的生命活动或不同处理下植物的响应情况进行直接的观察、测量、计数来描述结果，或者经过一定的统计分析来得出适宜的结论。例如，在人工气候室、温室和露地 3 种栽培条件下，通过计量果实大小和形状来研究花芽形成前温度对甜椒果实大小和形状的影响。此外，计数分析法在植物的生长发育、春化作用、光周期诱导、植物激素的生物测试等研究中也广为应用。

（二）测试分析法

测试分析法以各种分析测试仪器为主要手段进行分析测试，并进行技术与方法的研究。它是对样品的宏观与微观、成分与结构、物理与化学、无机与有机等分析的集成与结合。

大多数植物生理学研究都可以用测试分析法进行，包括重量分析技术、滴定分析技术、萃取技术、膜分离技术、离心技术、气体测压技术、红外线 CO_2 气体分析技术、X 射线衍射技术、同位素示踪技术、光学分析技术、电化学分析技术、免疫化学技术、色谱技术、电泳技术等。

随着科学技术的不断发展，不仅要求分析的准确度和灵敏度高，而且对于测试速度提出了更高的要求。仪器分析实质上是物理和物理化学分析。根据被测物质的某些物理特性与组分之间的关系，不经化学反应直接进行鉴定或测定的分析方法，叫做物理分析法。根据被测物质在化学变化中的某种物理性质和组分之间的关系进行鉴定或测定的分析方法，叫做物理化学分析方法。其中，光学分析技术中的分光光度法尤其是可见光分光光度法（或比色法）应用最为普遍，它多以化学变化过程中待测组分与试剂反应发生颜色的消长，通过仪器检测即可得知某组分的含量。植物组织中多种组分（如糖、可溶性蛋白质、脂肪、维生素及各种营养元素的含量、各种酶的活性等）都可应用该方法进行定量测定。而核磁共振技术、火焰分光光度法、荧光光谱法、紫外光谱法、红外光谱法、旋光分析法等，则是基于待测组分在特定的物理状态下具有相应的物理特性而进行测试的。具有旋光性的糖类、能催化具有旋光性的底物或产生有旋光性产物的酶（如蔗糖酶、乳酸脱氢酶等），也可用旋光分析法进行测定。

测试分析法种类繁多，同一种物质的测量往往可以采用多种方法，如过氧化氢酶活性的测定有高锰酸钾滴定法、氧电极法、紫外分光光度法等，在实际应用中可加以选择。

（三）细胞学方法

细胞是生命活动的基本单位。因此，研究植物的生命活动规律离不开细胞学方法的应用，细胞学的研究方法包括以下几个方面。

1. **细胞形态结构的观察方法**　细胞形态结构的观察方法包括光学显微镜技术（体视、光镜、偏光、相差、微分干涉差、荧光、暗场、激光共聚焦显微镜、显微摄影）和电子显微镜技术（透射电子显微镜、扫描电子显微镜和扫描隧道效应电子显微镜）。

2. 细胞化学方法　细胞化学方法包括各种生物制片技术（徒手切片、整体装片、涂片、压片、冰冻切片、滑动切片、石蜡切片、超薄切片、电子显微镜制片）、电子显微镜负染方法、冷冻断裂电子显微镜技术、金属投影电子显微镜技术、细胞内各种结构和组分的细胞化学显示方法、蛋白质和核酸等生物大分子的特异染色方法、细胞器（线粒体、溶酶体、叶绿体、细胞核等）的染色方法和定性定量的细胞化学分析技术方法（显微分光光度计和流式细胞技术）。

3. 细胞组分的生化分离分析方法　细胞组分的生化分离分析包括差速离心和密度梯度离心、层析技术（纸层析、聚酰胺薄膜层析、纤维素柱层析）、电泳技术（琼脂糖电泳、PAGE、双向电泳）、分子杂交技术（原位杂交、Southern 杂交和 Northern 杂交）。

4. 标记与示踪技术　标记与示踪技术包括同位素放射自显影技术、免疫荧光抗体技术、酶联免疫反应和酶标技术以及胶体金、胶体金银标记技术。

5. 细胞生物工程技术　细胞生物工程技术包括细胞工程技术（细胞培养、细胞融合、细胞克隆和细胞突变体的筛选）和染色体工程技术（染色体标本制备、染色体显带、染色体倍性改造）。

在上述细胞学研究方法中，细胞的显微观察和细胞工程技术是两类重要方法。采用传统的细胞学方法，可对植物的生长发育进行观察。植物细胞培养是植物细胞工程和植物基因工程的基础，在研究细胞生长、分化、细胞信号转导、细胞凋亡等理论问题和遗传育种、转基因植物应用等方面都不可或缺。

（四）分子生物学方法

分子生物学自 20 世纪 80 年代以来得到突飞猛进的发展，实验技术和方法日新月异，分子生物学已成为生命科学的基础学科之一，其基本理论和实验技术已渗透到生物学的各个领域并促进了一批新学科的兴起和发展。分子生物学已成为生命科学工作者必备的专业基础，以分子生物学为基础的基因克隆和重组技术是现代生物技术的核心。其主要内容包括目的基因的定位、克隆、表达和分离纯化等，与之相关的常规技术有：核酸的分离、纯化，限制性内切酶的使用，核酸凝胶电泳技术，载体的构建，核酸的体外连接，目的基因转化，核酸探针标记，分子杂交，PCR，DNA 序列分析等。

分子生物学技术的应用，使植物生理学的研究更深更广，在植物细胞壁的结构与功能、光合作用、呼吸作用、植物冠瘿瘤的发生、植物激素的作用机理、种子发育、成熟、衰老、抗逆性等研究领域都取得了丰硕的成果。如利用植物基因工程技术，能改良植物蛋白质成分，提高作物中必需的氨基酸含量，培育抗病毒、抗虫害、抗除草剂工程植株及抗盐、抗旱等抗逆境植株。

（五）其他方法

近年来，很多新技术和新方法被大量应用于植物生理学研究领域，大大丰富了植物生理学研究的方法和内容。

计算机与信息技术除被大量应用于实验数据处理与统计分析外，还被广泛应用于其他很多植物生理学研究领域。例如，计算机专家系统技术被广泛应用于植物生长和代谢进程的模拟，已研制出能够根据症状确定缺素症并推测施肥方案的植物营养诊断与施肥专家系统以及能够根据底物浓度与时间确定代谢进程的虚拟细胞；计算机图像处理技术也被应用于进行相关测定，如叶面积扫描测定系统和根长测定系统以及蛋白质和核酸等生物大分子结构的可视化；生物信息学的很多方法被大量应用于序列比对、基因克隆等很多方面。

人造卫星提供微重力条件也被用于植物生理学研究。例如，沉降系数差异很大且来源于不同植物的原生质体在卫星上更容易融合，我国在运载火箭上成功地进行过上述实验。利用遥感技术可实现对大区域种植的农作物病虫害情报、营养状况、生育期以及产量等方面的情况进行收集、分析和预测。

总之，植物生理学的研究方法必须与时俱进。要注重学科交叉，借鉴、学习和吸收其他学科的新方法新技术来推进植物生理学研究。

三、植物生理学实验的基本过程

植物生理学实验的基本过程包括：实验设计、样品采集、样品制备、分析测定、数据处理和实验报告。值得指出的是，在植物生理学研究中体现实验设计的理念十分重要，因为实验设计的核心是估计和降低误差。要根据实验设计的指导确定实验方案，确定实验材料、处理条件、重复次数、小区布置、测定指标等内容。具体方法可参考相关著作。

（一）植物材料的种类和采集

1. 植物材料的种类　植物生理学实验中使用的材料非常广泛，可依实验目的不同而加以选择。根据来源可划分为天然的植物材料（如植物的根、茎、叶等）和人工培养的植物材料（如杂交后代材料、突变体、愈伤组织等）两大类；按水分状况、生理状态可划分为新鲜植物材料和风（烘、冻）干材料两大类。

2. 植物材料的采集　实验的准确性，除取决于分析方法是否科学以及操作是否严格外，在很大程度上还取决于取样的代表性和典型性。首先，要根据实验目的分别采集植株的不同部位，如根、茎、叶、果实，不能将各部位样品随意混合。其次，植物材料的采集还具有适时性，即在植物不同生长发育阶段，或各种处理前后，适时采样分析。此外，在操作和处理过程中还要防止样品变质和污染。

从大田或实验地、实验器皿中采取的植物材料，称为"原始样品"，再按原始样品的种类分别选出"平均样品"，然后根据分析的目的、要求和样品种类的特征，采用适当的方法，从"平均样品"中选出供分析用的"分析样品"。

（1）原始样品的取样方法　常用的方法有以下两种。

① 随机取样：在实验区（或大田）中随机确定取样点，取样点的数目视田块的大小和样品需要量而定。选好点后，随机采取一定数量的样株，或在每一个取样点上按规定的面积从中采取样株。

② 对角线取样：直接从田里采取植株样品，在生长均一的情况下，可按对角线或沿平行的直线等距离布点采样。即在实验区按对角线选定 5 个取样点，然后在每个点上随机取一定数量的样株，或在每个取样点上按规定的面积从中采取样株。

（2）平均样品的取样方法　常用的方法有以下两种。

① 混合取样法：一般颗粒状（如种子等）或已碾磨成粉末状的样品可以采取混合取样法。具体的做法为：将供采取样品的材料铺在平面上成为均匀的一层，按照对角线划分为四等分。取对角的两份为进一步取样的材料，而将其余的对角两份淘汰。再把留下的两份样品充分混合后重复上述方法取样。反复操作，每份均淘汰 50％的样品，直至所取的样品达到所要求的数量为止。

② 按比例取样法：有些材料在生长不均等的情况下，应将原始样品按不同类型的比例选取平均样品。例如块根、块茎材料选取平均样品时，应按大、中、小不同类型的样品的比例取样，然后再将每一个样品纵切剖开，每个切取 1/4、1/8 或 1/16，混在一起组成平均样品。在采取果实的平均样品时，一般选数株果树为代表，即使是从同一株果树上取样，也应考虑到果枝在树冠上的各个不同方位和部位以及果实体积的大、中、小和成熟度上的差异，按各相关的比例取样混合成平均样品。

3. 样品采集注意事项

（1）取样地点　取样地点一般在距田埂或地边一定距离的株行取样，或在特定的取样区内取样。取样点的四周不应有缺株的现象。

（2）取样数量　应根据分析项目数量、样品制备处理要求和重复测定次数等的需要，采集足够数量的样品。新鲜样品可按含水分 80％～90％计算所需样品量。选取平均样品的数量应当不少于供分析用样品的两倍。

（3）取样时期　为了动态地了解植物在不同生育期的生理状况，常按不同的生育期采取样品进行分析。取样方法是先调查植物的生育状况并区分为若干类型，按各种类型株所占的比例，采取相应数目的样株作为平均样品。

（二）样品测定前处理和保存

1. 种子样品的前处理和保存　一般种子的平均样品在清除杂质后要进行磨碎，在磨碎样品前后都应当清洁磨粉机内部，最初磨出的少量样品可以弃去，过筛后混合均匀，储存于具磨口玻璃塞的广口瓶中，并随即贴上标签，注明采集地点、实验处理、采样日期和采样人姓名等。长期保存的样品，其储存瓶上的标签还需涂蜡。

油料作物种子如需要测定其含油量时，不宜使用粉碎机，应将样品放在研钵磨碎或用组织捣碎机捣碎，也可用切片机切成薄片作为分析样品。

2. 样品的前处理和保存　采回新鲜样品后，全植株样品应按根、茎、叶、种子等分开。要制成干样的，需再经过净化、杀青、烘干或风干等一系列前处理。

（1）净化　新鲜样品从田间或实验地取回时，常沾有泥土等杂质，应用柔软的湿布擦净，不应用水冲洗。

（2）杀青　为了保持样品化学成分不发生转变和损耗，务必及时终止样品中酶的活动，这就需要将样品置于 110 ℃的烘箱中杀青 15～20 min。

（3）烘干　样品经过杀青之后，应立即降低烘箱的温度，维持在 70～80 ℃直到样品烘干至恒重为止。温度过高会把样品烤焦。一般样品烘干所需时间大约为一天。烘干或风干的植物样品，一般还要进行磨碎。

测定植物材料内易挥发、转化和降解的物质（如酚类、亚硝酸盐等）和营养成分（如维生素、氨基酸、糖、植物碱等），应使用新鲜样品。此外，测定植物中激素含量和酶的活性，也需要用新鲜样品。取样时应注意保鲜，取样后应立即进行待测组分提取，也可采用液氮冷冻保存或冷冻真空干燥法得到干燥的样品，放在超低温冰箱中保存备用。

（三）样品的测定及分析

1. 待测组分的提取　样品中待测组分的提取是测试分析工作的一个重要环节，要求提取过程中待测组分不受损失，不被污染，全部转变成适宜测定的形式。将样品置于一定的溶剂（提取液）中，用适宜方法匀浆后提取待测成分。由于待测组分的结构、性质不同，因而提取液性质、成分和操作条件也有很大差别。

水浸提是一种常见的样品提取方法，一切可在水中溶解的物质都可以采用该法。有些物质采用水浸提时不能完全溶解，或耗时较长，可采用酸浸提，如土壤缓效钾待测液的制备。有些样品组分（如有机物）不溶于水而溶于有机溶剂，可选用有机溶剂将待测成分浸提出来，再进行分析测定，常用的有机溶剂有乙醇、乙醚、石油醚等。

提取蛋白质时，要根据蛋白质的结构、溶解性质和等电点等因素配制不同的蛋白质提取液。一般而言，蛋白质提取液以水为主，再加少量酸、碱或盐组成，这样可以减少蛋白质分子极性基团之间的静电引力，加强蛋白质与提取液之间的相互作用，从而提高其溶解性。缓冲液的 pH 应选择在偏离等电点，使蛋白质分子带上净电荷，以提高其溶解度。对于某些与脂质牢固结合的蛋白质复合体或含脂肪族氨基酸较多的蛋白质，由于其疏水性强，则需要在微碱性提取液中加入一定浓度的表面活性剂（如十二烷基硫酸钠）或高浓度的有机溶剂（70%～80%的乙醇）。

提取酶时，一定要在冰浴上或低温室内操作。其提取液应为偏离等电点的 pH 缓冲液，离子强度适中，以维持酶结构的稳定。此外，还应加入适量的巯基乙醇和聚乙烯吡咯烷酮（PVP），以防止酶分子中的巯基氧化和样品中的酚氧化。重金属离子的络合剂乙二胺四乙酸（EDTA）也是提取液中常用的成分之一，可以防止酶变性失活。为防止酶蛋白在分离过程中发生酶解，还需要加入蛋白酶抑制剂。

核酸的提取方法有多种。常采用盐溶法，即根据 DNA 核蛋白易溶于高盐（$1\sim2$ mol·L^{-1} NaCl）溶液，难溶于低盐（0.14 mol·L^{-1} NaCl）溶液，而 RNA 核蛋白则易溶于低盐（0.14 mol·L^{-1} NaCl）溶液这一原理进行提取的。对 RNA 和 DNA 的分离也可根据 RNA 易被碱解，DNA 易被酸解的性质进行。在提取植物组织中的 DNA 时，常用液氮冻融法改善匀浆效果，缩短匀浆时间，并具有抑制 DNase 活性的效果。匀浆缓冲液中加入溴化乙锭，可显著提高 DNA 的纯度和相对分子质量。

研究植物营养时常用到灰化法，分为干灰化法和湿灰化法。干灰化法是将含有矿物质的植物材料，经高温灼烧进行灰化，使其有机物质分解变成 CO_2 和 H_2O 挥发，剩下的残渣即是灰分，可进行灰分元素的测定。湿灰化法是使样品中有机物经酸分解后，营养物质变成可溶态，然后进行定量测定。

2. 待测组分的分离纯化　常用的分离纯化技术有：盐析技术、透析技术、离心技术、电泳技术、层析技术等。

（1）盐析技术　向含有待测组分的粗提取液中加入高浓度中性盐达到一定的饱和度，使待测组分沉淀析出的过程称为盐析。蛋白质、酶、多糖、核酸等都可应用盐析技术进行沉淀分离。该技术在蛋白质或酶的分离纯化中应用最广泛。盐析法在等电点时效果最好，但蛋白质沉淀中含有大量无机盐，这些无机盐可以用透析等方法除去。在盐析中使用的中性盐种类很多，如硫酸铵、硫酸镁、氯化钠、醋酸钠等。最常用的是硫酸铵，它的溶解度大，受温度影响小，不易引起蛋白质变性，价格便宜。在使用硫酸铵进行蛋白质盐析时，要选用纯度较高的或重结晶的硫酸铵。

（2）透析技术　透析是膜分离技术的一种，膜分离技术是利用具有一定选择透性的过滤介质进行物质的分离纯化，用于分离大小不同的分子。透析膜只允许小分子通过，而阻止大分子通过。例如分离和纯化皂苷、蛋白质、多肽、多糖等物质时，可用透析法以除去无机盐、单糖、双糖等杂质。反之也可将大分子的杂质留在半透膜内，而将小分子的物质通过半透膜进入膜外溶液中，而加以分离纯化。

（3）层析技术　色谱分离是植物样品提纯的重要方法，特别是高效液相色谱分离技术对植物产品的提纯更为重要。如利用色谱分离技术可以从芦荟中获得乙酰化甘露聚糖、芦荟素等生物活性成分的纯品。利用离子交换层析，根据分子间作用不同进行，并使层析分离具有快速、高分辨率和重现性好的特点。

此外，离心法、过滤法、结晶法、沉淀法、萃取法等也可使待测物质得到一定程度的分离纯化。如离心法是将待测物质与提取残渣迅速分离的有效手段，采用不同的离心速度或进行密度梯度离心还可使样品得到进一步的分离纯化。

3. 浓缩与干燥　通过对水或溶剂的吸收或透析等方法，使低浓度溶液变为高浓度溶液的过程称为浓缩。浓缩的方法很多，如加热蒸发、加沉淀剂、离子交换法、吸收法、减压浓缩法、膜浓缩法、亲和层析法等。在实验室中最常用的是吸收浓缩法，即通过向溶液中投入吸收剂（如聚乙二醇、聚丙烯酰胺干凝胶等），直接吸收溶液中的水分，使溶液浓缩的方法。其次是膜分离技术，包括反渗透、纳滤和超滤。反渗透是利用反渗透膜选择性透过溶剂（通常是水）而截留离子的性质，以膜两侧静压差为推动力，克服溶剂的渗透压，使溶剂通过反渗透膜而实现对液体混合物进行膜分离的过程。纳滤可用于糖溶液的浓缩、单糖的精制及各种提取液的浓缩。超滤是指使用一种特制的薄膜对溶液中各种溶质分子进行选择性过滤的方法。超滤主要用于液相物质中分离大分子化合物（蛋白质、核酸、淀粉、天然胶、酶等）。此外，还常用减压浓缩法对不耐热的生物大分子及生物物品进行浓缩。其原理是通过降低液面之上的气体压力使液体沸点降低，加快蒸发。

所谓干燥就是将潮湿的固体或液体中的水或溶剂清除的过程。在植物生理学研究中最常用的干燥方法是真空干燥法（减压干燥法）和冷冻真空干燥法（升华干燥法）。前者适用于不耐高温、易氧化物质的干燥和保存，其真空度越高，溶液沸点越低，蒸发越快；后者适用于蛋白质、酶、激素等各类生物物质的干燥保存，可保持其天然结构与活力。在相同压力下，水蒸气压力随温度的下降而下降，因而在低温和高度真空下，水分变成固态冰，冰可以升华为气体，并直接被真空泵抽走而得以干燥。

4. 样品中待测组分的测定　质量分析法是测定样品组分的一种简便方法，常用的有蒸馏法（烘干法）和沉淀法。蒸馏法是利用加热或蒸馏的方法使试样中易挥发的组分分离，然后根据试样减轻的质量计算试样被测组分的含量。有时也可以将蒸发溢出的物质通过一定的装置收集起来，根据质量（或体积）计算被测组分的含量。沉淀法是使待测组分生成难溶性化合物沉淀下来，然后测定沉淀的质量，根据沉淀的质量计算待测组分的含量。

使用带有标准刻度的滴定管将已知准确浓度的试剂溶液（即标准溶液）滴加到待测物的溶液中，直到待测组分恰好完全反应，然后根据标准溶液的浓度和所消耗的体积，算出待测组分的含量，这一类分析方法统称为滴定分析法（容量分析法），包括酸碱滴定法、络合滴定法、氧化还原滴定法等。

在金属元素的分析中，常采用的络合滴定分析法是 EDTA 滴定，EDTA 分子可与金属离子形成稳定的络合物，其颜色与游离指示剂不同，因而它能够指示滴定过程中金属离子的浓度变化情况。钙、镁、硫、钠等金属离子的测定常采用这种方法。

氧化还原滴定法是以氧化还原反应为基础的滴定方法，可采用滴定分析的氧化还原反应很多，根据所用氧化剂和还原剂的不同，可将氧化还原滴定法分为高锰酸钾法、重铬酸钾法、碘法、溴酸钾法等。氧化还原滴定法的应用很广泛，可以用来直接测定氧化性或还原性物质，也可以用来间接测定一些能与氧化剂或还原剂发生反应的物质。

质量分析和容量分析由于分析时间太长，有时不能达到及时指导生产的作用，同时在灵敏度方面亦达不到要求。现代的植物生理实验同样越来越多地依赖于仪器分析方法。仪器分析方法是现代植物生理学实验中应用非常广泛的技术，它能达到质量分析和容量分析所不能达到的灵敏度，特别适用于植物体中微量物质的检测。如核磁共振技术、原子吸收分光光度技术、荧光光谱技术、紫外光谱技术、红外光谱技术、等离子发射光谱和旋光分析技术等，都是基于待测组分在特定的物理状态下具有相应的物理特性而进行测试的。

（四）实验数据处理和统计分析

做好实验记录是进行实验结果处理和分析的前提。收集数据是根据研究目的收集准确、完整的原始数据。整理数据是将原始数据系统化和条理化，便于计算统计指标和进行统计分析，目前这步工作往往通过计算机完成。已整理的数据可用简明的表格或图形形象地表达统计分析结果的大小、变化趋势以及分布情况和相互关系等。分析数据的目的是计算有关指标，反映数据的综合特征，揭示数据的内在联系和规律。

对实验数据进行记录、整理和统计分析，首先要考虑测定结果中有效数字的问题。测量结果中可靠数字加上一位可疑的数，统称为测量结果的有效数。记录数据时，只应保留一位不定数字。计算结果中过多的无效数值是没有意义的，在去掉多余尾数后进位或舍去时，以"四舍五入"为原则。

其次，测定中误差是绝对存在的，因此必须善于利用统计学的方法，分析实验结果的正确性，并判断其可靠程度。由于取材误差、仪器误差、试剂误差、操作误差等一些经常性的原因所引起的误差称为系统误差，系统误差的大小和正负总保持不变，或按一定的规律变化，或是有规律地重复。由于一些偶然的外因所引起的误差称为偶然误差，偶然误差的大小和正负以不可预见的方式变化。

系统误差影响分析结果的准确度，偶然误差影响分析结果的精密度。准确度是指测得值与真实值的符合程度，它用误差来表示。误差分为绝对误差和相对误差。精密度是指几次重复测定彼此间的符合程度，显示其重现性状况，它用偏差来表示。偏差也分为绝对偏差和相对偏差。精确度是对测量结果中系统误差和偶然误差的综合评价，准确度和精密度共同反映测定结果的可靠性。

实验所得数据只是表明每个个体的详细资料，为了能够反映综合特征，平均数和变异数是两类重要的参数。当没有极端数字影响，数据分布比较对称，使用平均数来表示样本的整体趋势。当实验数据较多或分散程度较大时，用标准差（即均方差 S）或相对标准偏差（即变异系数 CV）表示其变异情况。

显著性检验是统计分析的主要内容之一。显著性检验的主要用途是检验两个或两个以上样本的统计量是否有显著差别。一般按 3 个步骤进行检验。第一步：提出假说或假定样组的平均数是从全域中取出来的。第二步：通过实际计算，求出 t、F 等值。第三步：对假设做出取舍的决定。

t 检验的实质是差数的 5% 和 1% 置信区间，它只适用于检验两个相互独立的样品平均数。要明确多个平均数之间的差异显著性，还必须对各平均数进行多重比较。多重比较多采用最小显著极差法（简称 LSR 法），其特点是不同平均数间的比较采用不同的显著差数标准，可用于平均数间的所有相互比较，其常用方法有新复极差检验和 q 检验两种。各平均数经多重比较后，常采用标记字母法表示。在平均数之间，凡有一个相同标记字母的即为差异不显著，凡有不同标记字母的即为差异显著，并用小写字母 a、b、c 或 "＊" 号等表示 $\alpha=0.05$ 显著水平，大写字母 A、B、C 或 "＊＊" 等表示 $\alpha=0.01$ 显著水平。

F 检验是以数据的方差（变异数）分析为基础，故又称方差分析（或变异数分析）。上面讲到的 t 检验法只能对两组的平均数加以比较，而方差分析法却能对两组和两组以上的平均数加以比较。这在研究工作中是常遇到的情况。F 检验的功能在于分析实验数据中不同来源的变异对总变异的贡献大小，从而确定实验中的自变量是否对因变量有重要影响。即在科学实验中，方差分析可帮助我们掌握客观规律的主要矛盾或技术关键。F 检验是用试验结果的观察值与其平均值之差的平方和，来分析某些因素对试验结果是否有显著影响。它的基本步骤可概括为：①将资料总变异的自由度及平方和分解为各变异因素的自由度及平方和，进而算得其均方差；②计算均方比，做出 F 检验，以明了各变异因素的重要程度；③对各平均数进行多重比较。具体方法可以参考生物统计学教材及相关统计软件。

（五）实验报告

1. **实验记录**　实验课前应认真预习，将实验名称、目的和要求、原理、实验内容、操作方法和步骤等简单扼要地写在记录本中。实验记录本应标上页数，不要撕去任何一页，更不要擦抹及涂改，写错时可以划去重写。记录时必须使用钢笔或圆珠笔。

实验中观察到的现象、结果及数据，应及时记在记录本上，不用单片纸做记录或草稿。原始记录必须准确、简练、详尽、清楚。

记录时，应做到正确记录实验结果，切忌夹杂主观因素。在定量实验中观测的数据，如称量物的质量、滴定管的读数、光电比色计或分光光度计的读数等，都应设计一定的表格准确记录下正确的读数，并根据仪器的精确度正确记录有效数字，每一个结果至少要重复观测 3 次。实验记录本上的每一个数字，都是反映每一次的测量结果，所以，重复观测时即使数据完全相同也应如实记录。数据的计算也应予以记录。总之，实验的每个细节都应正确无遗漏地做好记录。

实验中使用仪器的类型、编号以及试剂的规格、化学式、分子量、准确的浓度等，都应记录清楚，以便总结实验时进行核对和作为查找实验成败原因的参考依据。

如果发现记录的结果有怀疑、遗漏、丢失等，都必须重做实验。将不可靠的结果当做正确的记录，在实际工作中可能造成难以估计的损失。在学习期间就应一丝不苟，努力培养严谨的科学作风。

2. **实验报告**　实验报告是对所做实验的再理解与再创造，是检查学生对知识掌握程度和衡量综合能力的重要尺度之一，是今后撰写科学论文的初始演练。实验结束后，应迅速整理和总结实验经过，写出实验报告。报告要全面地描述实验进行的情况。一般要求使用学校统一印制的报告纸。报告要求格式标准、卷面整洁、图表准确、字迹端正、简明精练，按时上交。写实验报告不宜使用圆珠笔，绘图宜用铅笔。注意文字规范，语句通顺，不用自造的不规范的简化字和代号。

实验报告中，实验目的应该是针对这次实验课必须达到的目的。实验原理应简述基本原理，要简明扼要，而实验条件和操作的关键环节必须写清楚。对于实验结果部分，应根据实验目的将一定实验条件下获得的实验结果和数据进行整理、归纳、分析和对比，并尽量总结成各种图表，如原始数据及其处理的表格、标准曲线图表等。另外，还应针对实验结果进行必要的说明和分析。讨论部分可以包括：关于实验方法或操作技术中存在的问题；对于实验设计的认识、体会和建议；对实验课的改进意见等。通常分条进行讨论，如影响实验的因素有哪些？实验中发现了哪些规律？实验中有哪些现象？将实验结果与理论结果相对照，解释它们之间存在的差异以及测量的误差分析等等。

实验报告一般包括：实验编号、实验名称、实验目的、实验原理、实验材料、设备试剂、实验步骤、实验结果、注意事项、问题讨论等。

写实验报告应以事实为根据，尽量用自己的语言表述。实验结果可在实验小组内讨论，必要时也可以参考其他组数据（需注明），但报告必须按要求独立完成。

四、实验室的安全

（一）植物生理学实验室规则

① 学生进入实验室必须服从指导老师和实验室工作人员安排，应遵守实验室一切规章制度，自觉遵守课堂纪律。

② 实验前必须认真预习实验内容，熟悉本次实验的实验目的、实验原理、实验步骤，了解所用仪器的正确使用方法。

③ 实验过程中要严格按照操作规程操作，并简要、准确地将实验结果和数据记录在实验记录本上，经任课老师签字后，再详细写出实验报告。

④ 实验台面应随时保持整洁，仪器与药品摆放整齐。公用试剂用毕，应立即盖严放回原处，勿使实验药品洒在实验台面和地面上。实验完毕，玻璃仪器需洗净放好，将实验台面擦拭干净，经指导老师验收后才能离开实验室。

⑤ 药品、试剂和各种物品必须注意节约使用。要注意保持药品和试剂的洁净，严防混杂污染。使用和洗涤仪器时，要小心、仔细，防止损坏仪器。使用贵重精密仪器时，应严格遵守操作规程，每次使用后应登记姓名并记录仪器使用情况，如发现故障应立即报告指导老师，不得擅自动手检修。

⑥ 注意安全。实验室内严禁吸烟，不得将含有易燃溶剂的实验容器接近火源。不得使用漏电设备。离开实验室前应检查水、电、门、窗。严禁用口吸取（或用皮肤接触）有毒药品、试剂。凡产生烟雾、有毒气体和不良气味的操作步骤均应在通风橱内进行。

⑦ 废弃液体（强酸、强碱溶液必须先用水稀释）可倒入水槽内，同时放水冲走。废纸、火柴及其他固体废物和带渣滓沉淀的废物都应倒入废品缸内，不能倒入水槽或到处乱扔。

⑧ 实验室内一切物品，未经指导教师批准，严禁携出室外，借物必须办理登记手续。

⑨ 每次实验课由班长安排轮流值日生，值日生要负责当天实验室的卫生、安全和一些服务性的工作。

（二）实验室安全及防护知识

1. **实验室安全知识** 植物生理学实验经常使用有腐蚀性、易燃、易爆或放射性药品及水、电等设备，必须十分重视安全工作。

① 进入实验室开始工作前，应了解水阀门及电闸所在处。离开实验室时，要将室内检查一遍，将水、电的开关关好，门窗锁好。

② 使用电器设备（如烘箱、恒温水浴、离心机、电炉等）时，严防触电，绝不可用湿手或在眼睛旁视时开关电闸和电器开关。检查电器设备是否漏电时，应用电笔测试，凡是漏电的仪器，一律不能使用。

③ 使用浓酸、浓碱必须极为小心操作，防止溅失。用吸量管量取这些试剂时，必须使用橡皮球，不可用口吸取。若不慎将试剂溅在实验台或地面上，必须及时用湿抹布擦洗干净。如果触及皮肤应立即治疗。

④ 使用可燃物品，特别是易燃物品（如乙醚、丙酮、苯、乙醇等）时，应特别小心。不要大量放在桌上，更不应放在火焰附近。只有在远离火源，或将火焰熄灭后，才可大量倾倒这类药品。低沸点的有机溶剂不准在火焰上直接加热，只能在水浴上利用回流冷凝管加热或蒸馏。

⑤ 如果不慎倾出了相当量的易燃液体，应按下法处理。

A. 立即关闭室内所有火源和电加热器。

B. 关门，开启小窗及窗户。

C. 用毛巾或者抹布擦拭洒出的液体，并将液体拧到大的容器中，然后倒入带塞的玻璃瓶中。

⑥ 废液，特别是强酸或强碱不能直接倒在水槽中，应先稀释，然后倒入水槽，再用大量自来水冲洗水槽及下水道。

⑦ 毒物应按实验室的规定办理审批手续后领取，使用时严格操作，用后

妥善处理。

2. 实验室灭火法　实验中一旦发生了火灾切不可惊慌失措，应保持冷静。首先立即切断室内一切火源和电源，然后根据具体情况采取正确的方法进行抢救和灭火。常用的方法如下。

① 在可燃液体燃着时，应立刻拿开着火区域内的一切可燃物质，关闭通风器，防止扩大火势。若着火面积较小，可用石棉布、湿布、铁片或沙土覆盖，隔绝空气使之熄灭。但覆盖时要轻，避免碰坏或打翻盛有易燃溶剂的玻璃器皿，导致更多的溶剂流出而再着火。

② 酒精及其他可溶于水的液体着火时，可用水灭火。

③ 汽油、乙醚、甲苯等有机溶剂着火时，应用石棉布或沙土扑灭。绝对不能用水，否则反而会扩大燃烧面积。

④ 金属钠着火时，可用沙子倒在它的上面。

⑤ 导线着火时不能用水及二氧化碳灭火器，应切断电源或用四氯化碳灭火器。

⑥ 衣服被烧着时切忌奔走，可用衣服、大衣等包裹身体或躺在地上滚动，以灭火。

⑦ 发生火灾时应注意保护现场，较大的着火事故应立即报警。

3. 实验室急救　在实验过程中不慎发生受伤事故，应立即采取适当的急救措施。

① 受玻璃割伤及其他机械损伤，首先必须检查伤口内有无玻璃或金属等碎片，然后用硼酸水洗净，再涂擦碘酒或红汞水，必要时用纱布包扎。若伤口较大或过深而大量出血，应迅速在伤口上部和下部扎紧血管止血，立即到医院诊治。

② 烫伤，一般用酒精消毒后，涂上苦味酸软膏。如果伤处红痛或红肿（一级灼伤），可擦医用橄榄油或用棉花蘸酒精敷盖伤处；若皮肤起泡（二级灼伤）不要弄破水泡，防止感染；若伤处皮肤呈棕色或黑色（三级灼伤），应用干燥而无菌的消毒纱布轻轻包扎好，急送医院治疗。

③ 强碱（如氢氧化钠、氢氧化钾）、钠、钾等触及皮肤而引起灼伤时，要先用大量自来水冲洗，再用 5％硼酸溶液涂洗。

④ 强酸、溴等触及皮肤而致灼伤时，应立即用大量自来水冲洗，再以 5％碳酸氢钠或 5％氢氧化铵溶液洗涤。

⑤ 如酚触接皮肤引起灼伤，可用酒精洗涤。

⑥ 水银容易由呼吸道进入人体，也可以经皮肤直接吸收而引起积累性中毒。严重中毒的征象是口中有金属味，呼出气体也有气味；流唾液，牙床及嘴

唇上有硫化汞的黑色；淋巴腺及唾液腺肿大。若不慎中毒时，应送医院急救。急性中毒时，通常用炭粉或呕吐剂彻底洗胃，或者食入蛋白（如1L牛奶加3个鸡蛋清）或蓖麻油解毒并使之呕吐。

⑦ 触电时可按下述方法之一切断电路：关闭电源；用干木棍使导线与被害者分开；使被害者和土地分离，急救时急救者必须做好防止触电的安全措施，手脚必须绝缘。

（三）放射性物质防护知识

① 一切与实验无关的人未经允许不得私自进入放射性实验室。一切与工作无关的个人物品均不得带入放射性实验室，禁止在室内吸烟、吃东西和喝饮料。

② 必须穿着工作服和工作鞋进入放射性实验室。进行放射性操作时，必须戴橡胶或塑料手套，并佩带剂量仪。正确使用区域和个人剂量监测仪器。必要时操作人员需戴口罩、面具和防护眼镜。

③ 放射性操作应在手套箱或铺有吸水纸的搪瓷盆内进行，以防污染工作台。

④ 严禁用嘴吸移液管或用嘴接触盛放射性物品的容器，移液时应用相应的器具。

⑤ 一切粉末状样品和产生尘埃的操作以及当放射性物质有可能进入空气时（如蒸发、煮沸烘干时）的操作都必须在通风柜中进行。

⑥ 不得把与测量无关的放射源带进测量室，不得穿戴具有放射性的工作服、工作鞋、手套进入测量室和操作测量仪器。

⑦ 放射性物质的收入量、使用量、转让和处理必须记录并保存记录。

⑧ 放射性样品，必须做好标记，并注明活度和种类。

⑨ 超过规定标准放射性活度的废物应回收，统一处理，不得随便把废液倒入水槽中。低活度的固体废物应置于污物桶内，不得放在盛非放射性物品的容器内。

⑩ 工作结束应将用过的器皿去污，洗净备用。用于放射性工作的器具、器皿不得拿出室外作他用。

⑪保持室内清洁，经常进行湿法清扫，每次工作结束都应清理工作现场。

⑫发生污染事故应立即采取措施防止污染扩展，并及时去污和报告。

⑬操作结束，应清洗手套、洗手并更衣后离开。不得穿戴工作服、工作鞋和手套走出放射室外，进入其他实验室和办公室。

⑭对违反上述放射性实验室规则者应进行批评教育，严重者应停止其工作。

（四）危险物质警告标志

图0-1 部分实验室安全警告标志

从第1行起从左至右依次为：致癌、有毒、放射性、腐蚀、爆炸、水敏、生物危害、引火、氧化剂、光敏、易燃液体、易燃固体。

第一章　植物细胞生理

实验一　植物细胞的活体染色及活性鉴定

一、实验目的

掌握植物细胞的活体染色技术，并利用中性红对植物细胞活性进行鉴定。

二、实验原理

活体染色是利用某些对植物无伤害的染料稀溶液对生物体细胞或组织进行染色的技术。其目的是显示生活细胞内的某些结构，而不影响细胞的生命活动、也不产生任何物理和化学变化以致引起细胞的死亡。中性红是常用的活体染料之一，它是一种弱碱性 pH 指示剂，变色范围在 pH 6.4~8.0 之间（由红变黄），在中性或弱碱性环境中，植物的活细胞能大量吸收中性红并向液泡中排泌。由于液泡在一般情况下呈酸性反应，因此，进入液泡的中性红便解离出大量阳离子而呈现樱桃红色。在这种情况下，原生质和细胞壁一般不着色。死细胞由于原生质变性凝固，细胞液不能维持在液泡内，因此，用中性红染色后，不产生液泡着色现象，相反，中性红的阳离子却与带有一定负电荷的原生质及细胞核结合，而使原生质与细胞核染色。

三、实验材料

洋葱鳞片叶（或大葱假茎基部幼嫩部位）及小麦叶片。

四、设备与试剂

0.03％中性红溶液、1 mol·L^{-1}的硝酸钾溶液；显微镜、小培养皿、载玻片、盖玻片、单面刀片、尖头镊子、酒精灯；擦镜纸、吸水纸。

五、实验步骤

（一）制备表皮细胞制片

切取一片较幼嫩的洋葱鳞片叶，用单面刀片在鳞片叶内侧纵横割划成0.5 cm×

0.5 cm左右的小块，用尖头镊子将内表皮小块轻轻撕下，立即投入中性红溶液中染色（注意将表皮内侧向下）。若用小麦叶片为材料，可将叶片背面朝上平放在载玻片上，再将此载玻片放入盛有少量清水的培养皿内，用左手将叶片按平，右手持刀片从一个方向轻轻刮去下表皮和叶肉部分，只留下透明的上表皮细胞。当刮到只剩下少量叶肉细胞时要十分小心，用力太重容易损伤表皮细胞，甚至只剩下一层细胞壁；太轻又会留下过多的叶肉细胞，影响观察。除小麦外，其他禾本科植物均可用此法制备表皮细胞制片。将刮好的制片切成约 0.5 cm×0.5 cm 的小块。

（二）染色

将制好的洋葱鳞片叶内表皮或小麦叶片上表皮小块投入 0.03％的中性红溶液中，染色 5～10 min，取出 1～2 片，在蒸馏水中稍加漂洗，在载玻片上滴一滴蒸馏水，小心地将表皮平展到载玻片上，盖上盖玻片。在显微镜下观察，可看到细胞壁被染成红色，而原生质和液泡均不染色，这是因为蒸馏水偏酸，在弱酸性条件下，细胞壁带负电荷和染料阳离子发生吸附作用的结果。

（三）镜检

将染色过的表皮组织放入 pH 略高于 7.0 的自来水中浸泡 10～15 min，再置于载玻片上镜检，将发现细胞壁未染色，而液泡却被染成樱桃红色，这是因为在 pH 高于 7.0 的情况下，中性红分子的解离作用很弱，主要以分子状态存在，不易被细胞壁吸附，但较易透过质膜和液泡膜进入液泡，而植物的细胞液多呈酸性反应，进入液泡的中性红发生解离，将液泡染成樱桃红色。此时细胞核和原生质不染色。

为了确证中性红染色的部位，可将上述染色的洋葱内表皮投入 1 mol·L^{-1} 的硝酸钾溶液中浸泡 10 min 左右，然后取出观察。由于硝酸钾能使原生质强烈膨胀，发生帽状质壁分离，因而能清楚地区分无色透明的原生质和染成红色的液泡。也可用滤纸片在盖玻片的一侧逐渐吸去水分，在另一侧滴加 1～2 滴 1 mol·L^{-1} 的硝酸钾溶液，并更换吸水纸继续吸水，使溶液慢慢渗入到盖玻片下，立即镜检。上述两种方法均可看到活细胞发生质壁分离，而死细胞则不会发生质壁分离。

在活体制片中仔细寻找，可能看到个别死细胞，其细胞核因被中性红染色而呈橙红色，清晰可辨。将活体制片放在酒精灯火焰上微微加热，以杀死细胞，再在显微镜下观察，会看到原生质凝结成不均匀的凝胶状，与细胞核一起被染成红色。

六、实验结果

制成洋葱鳞片叶细胞的显微制片，并观察记录实验现象。

七、注意事项

用于活体染色的染色剂浓度不能太高，染色时间不能过久。

八、问题讨论

1. 为什么说中性红液和詹纳斯绿 B（Janus green B）染液分别是植物细胞的液泡和线粒体专一性活体染色液？
2. 活体染色液为什么要配成很低的浓度？

实验二　植物组织培养技术

一、实验目的

加深对植物细胞的全能性、组织分化、脱分化、再分化和形态建成等基本概念的理解；掌握植物组织培养技术的一般程序和基本操作。

二、实验原理

植物组织培养技术是利用植物细胞的全能性，借助无菌操作技术，培养植物的离体器官、组织或细胞，使其在人工配制的培养基上通过细胞的分裂、增殖、分化和发育，最终再生成完整植株的过程。植物组织培养技术在快速繁殖、脱病毒、花药培养、单倍体育种、幼胚培养、体细胞无性系变异、突变体筛选、悬浮细胞培养、次生物质生产和种质保存等方面具有重要的理论意义和实用价值。

三、实验材料

胡萝卜储藏根、烟草茎、水稻幼穗、天竺葵叶片等作为外植体。

四、设备与试剂

高压灭菌锅、超净工作台、烘箱、光照培养箱或培养室、镊子、解剖刀、培养皿；70％乙醇、0.1％升汞及培养基各种成分（表1-1）。

五、实验步骤

（一）培养基的配制

1. 培养基的成分　包括植物组织培养中必需的无机营养元素（如氮、磷、硫、钙、钾、镁、铁、锰、铜、锌、硼、钼等）、含氮有机物（如必需维生素和氨基酸、水解酪蛋白、椰子汁、玉米胚乳、麦芽浸出物、番茄汁、酵母浸出物等)、碳源(如蔗糖、葡萄糖、果糖等);植物生长物质(如生长素类、细胞分裂素类、赤霉素类等)、琼脂或琼脂糖。

2. 培养基的配制过程

(1) 制备储备液 制备培养基前先配制一系列的储备液:大量元素、微量元素、铁盐、含氮有机物(表1-1)。

表1-1 MS 基本培养基储备液

大量元素(20倍) ($g \cdot L^{-1}$)		微量元素(200倍) ($mg \cdot L^{-1}$)		含氮有机物(200倍) ($mg \cdot L^{-1}$)		铁盐溶液(200倍) ($mg \cdot L^{-1}$)	
KNO_3	38.00	KI	166	烟酸	200	$FeSO_4 \cdot 7H_2O$	5 560
NH_4NO_3	33.00	H_3BO_3	1 240	盐酸硫胺素	200	$EDTA - Na_2$	7 460
$MgSO_4 \cdot 7H_2O$	7.40	$MnSO_4 \cdot 4H_2O$	4 460	盐酸吡哆醇	100		
$CaCl_2 \cdot 2H_2O$	8.80	$ZnSO_4 \cdot 7H_2O$	1 720	肌醇	20 000		
KH_2PO_4	3.40	$Na_2MoO_4 \cdot 2H_2O$	50	甘氨酸	400		
		$CuSO_4 \cdot 5H_2O$	5				
		$CoCl_2 \cdot 6H_2O$	5				

在制备储备液时,应使每种盐类分别溶解,然后再把它们混合。各种植物生长物质的储备液应当分别配制。所有的储备液都应储存于适当的容器中(铁盐储备液必须储存于棕色玻璃瓶中),置冰箱中保存。鲜椰子汁(液体胚乳)须加热煮沸以除去其中的蛋白质,过滤,然后置塑料瓶储存于-20 ℃的低温冰箱内。

(2) 制备培养基 称出规定数量的琼脂和蔗糖,加水直到培养基最终容积的3/4,在恒温水浴中加热使之溶解。在配制液体培养基时则无需加热,因为蔗糖甚至在微温的水中也能溶解。

分别按比例加入一定量的各种储备液,包括植物生长物质和其他特殊补加物。加蒸馏水至培养基的最终容积。

充分混合之后,用 $0.1 mol \cdot L^{-1}$ NaOH 或 $0.1 mol \cdot L^{-1}$ HCl 调节培养基的 pH。

把培养基分装到所选用的培养容器中,用棉塞或其他适宜的封口膜封严瓶口。

(二) 培养基及用具的灭菌

1. 灭菌基本要求 把装有培养基的容器置于高压灭菌锅中,在 10.29 ×

10^4 Pa（1.05 kgf·cm^{-2}）的压力下（121 ℃）消毒 15～20 min。灭菌效果取决于温度，而不是直接取决于压力。灭菌所需的时间取决于培养基体积的大小（表1-2）。灭菌结束后温度下降到 50 ℃以下，打开放气阀放气后，才能取出已灭菌的培养基和容器。

表 1-2　Blond 和 Thorpe（1981）**建议的培养基蒸汽灭菌所需的最少时间**

容积（mL）	121 ℃下所需的最少时间（min）
20～50	15
75	20
250～500	25
1 000	30
1 500	35
2 000	40

2. **灭菌注意事项**　某些植物生长调节物质（如 GA$_3$、玉米素、ABA）、尿素以及某些维生素，遇热时容易分解，不能进行高压灭菌。通过无菌的硝酸纤维素膜（$\phi 0.45$ μm 或 $\phi 0.22$ μm）过滤灭菌，再加到高压灭菌后温度降低且未凝固的培养基中，混匀即可。

玻璃器皿一般采用高压蒸汽灭菌，也可将它们置于烘箱中在 160～180 ℃下干热处理 3 h。干热灭菌的缺点是热空气循环不良和穿透很慢。因此，不应把玻璃容器在烘箱内放得太挤。灭菌后须待烘箱冷却下来后再取出玻璃容器。如果尚未足够冷却急于取出，外部的冷空气就会被吸入烘箱，因此，有可能使里面的玻璃器皿受到微生物污染，甚至有玻璃容器发生炸裂的危险。

有些类型的塑料器皿也可进行高温消毒。聚丙烯、聚甲基戊烯、同质异晶聚合物等可在 121 ℃下反复进行高压蒸汽灭菌。聚碳酸盐（polycarbonate）经反复的高压蒸汽灭菌之后机械强度会有所下降，因此，每次灭菌的时间不应超过 20 min。

对于无菌操作所用的各种器械，如镊子、解剖刀、解剖针、扁头小铲等，一般的消毒办法是把它们先浸泡在 70%乙醇中，然后再置火陷上灼烧，待冷却后使用。这些器械不但在每次操作开始前要这样消毒，在操作期间也还要再消毒几次。

（三）外植体的表面消毒

植株表面携带着各种微生物，它们是植物组织培养的污染源，所以在接种培养前必须进行彻底的表面消毒。消毒前需流水清洗植物材料的表面污垢，再用无菌洁净滤纸吸干水分。

可选择不同的灭菌剂进行植物组织表面消毒（表1-3）。同时注意，表面消毒剂对于植物组织也是有毒的。因此，应当正确选择消毒剂的浓度和处理时间，以尽量减少组织的死亡。

表1-3　一些表面消毒剂的消毒效果

(引自 Yeoman 等，1997)

消毒剂	使用浓度	消毒时间（min）	消毒效果
次氯酸钙	9%～10%	5～30	很好
次氯酸钠	2%	5～30	很好
过氧化氢	10%～12%	5～15	好
溴水	1%～2%	2～10	很好
硝酸银	1%	5～30	好
氯化汞	0.1%～1%	2～10	最好
抗生素	4～50 mg · L^{-1}	30～60	相当好

（四）接种与培养

按无菌操作将消毒过的外植体接种到培养基上，盖好封口膜，置于培养室（箱）中培养，温度控制在 25 ℃±2 ℃，采用适当光照强度和光周期，每 4～6 周继代一次。培养过程中如果有的培养物被微生物污染，应该马上将其清理，以免影响其他培养物。定期用紫外灯照射和用 70%乙醇喷洒培养室，保持培养室的洁净环境。

六、注意事项

① 植物材料的消毒和各种培养物的接种或继代培养操作都必须在超净工作台内进行。使用超净工作台时，需用 70%乙醇喷洒台壁和擦净台面，应开机至少 10 min 后再开始操作。在每次操作之前，要把实验材料和在操作中需使用的各种器械、药品等先放入台内，不要中途拿进，操作者的两手必须用 70%乙醇擦洗消毒。

② 采用多种灭菌剂对植物材料表面消毒比只使用一种灭菌剂的效果好。灭菌剂中加入表面活化剂如 Triton - X 或 Tween - 80，会提高杀菌效果。一般用 70%乙醇浸泡植物材料 30 s 后，用其他一种或两种灭菌剂相继浸泡消毒一定时间，然后倒掉该灭菌剂，加入无菌蒸馏水浸泡洗涤 3～5 次，每次在蒸馏水中停留 3～5 min 并适当摇动。

③ 配制培养基时，将盐类分别溶解后再依次加入水中混合，以免发生沉淀。

七、问题讨论

1. 组织培养的关键技术有哪些?
2. 植物激素与器官分化有何关系?

实验三　植物原生质体的分离和培养

一、实验目的

了解植物细胞结构及原生质体的有关知识；学习酶法分离植物原生质体的方法；学习植物原生质体培养技术。

二、实验原理

植物细胞区别于动物细胞的一个主要特点是其具有细胞壁，而去掉细胞壁之后的植物细胞即称为原生质体。早期分离原生质体曾采用机械法，但其分离效率很低，而且容易对原生质体产生伤害，目前主要采用酶解法分离原生质体。考虑到细胞壁及胞间层的主要成分是纤维素和果胶质，分离原生质体时使用的酶就是纤维素酶和果胶酶。根据不同植物材料，可相应改变酶的浓度及混合比例。另外，为了保证原生质体处于适当的渗透势环境，不至于破裂或皱缩，要保证整个分离、培养条件具有适当的渗透势。最常用的渗透势稳定剂是甘露醇，也有用葡萄糖的。分离用的酶液、培养液，乃至洗涤液都要加入一定量渗透势稳定剂。

三、实验材料

菠菜、蚕豆等植物的鲜嫩叶片。

四、设备与试剂

超净工作台、高压灭菌锅、台式离心机、倒置显微镜、过滤灭菌装置及 $0.20\sim0.45\ \mu m$ 的微孔滤膜、镍丝网、10 mL 刻度离心管、玻璃吸管、培养皿、镊子。

70%乙醇、0.1%升汞、无菌水、洗涤液（0.6 mol·L^{-1}甘露醇、3.5 mmol·L^{-1} $CaCl_2$·$2H_2O$，0.7 mmol·L^{-1} KH_2PO_4，pH 5.6）、混合酶液 [2%纤维素酶（Onozuka R-10）、1%果胶酶（Macerozyme R-10），溶于洗涤液中，

pH 5.6]、培养基 [B₅培养基（见附录4），培养基加入甘露醇使其终浓度为 $0.5 \sim 0.7$ mmol·L⁻¹]。

五、实验步骤

（一）材料准备与消毒

用自来水冲洗叶片，在超净工作台上将叶片浸入70％乙醇中2～3 s，立即取出用无菌水漂洗2～3次，再将叶片浸泡入0.1％升汞溶液中，用镊子小心地赶去叶面上气泡，4 min后，用无菌水漂洗3次。然后将叶片置无菌滤纸上，吸干余液，再置于另一无菌滤纸上，叶背朝上，小心地用镊子撕去下表皮。

（二）游离

用吸管将4～5 mL混合酶液转入直径6 cm的培养皿中，再将撕去了下表皮的叶片放在混合酶液上。去掉下表皮的一面朝下，使酶液与叶肉细胞充分接触。用封口膜封住培养皿，置25℃左右的黑暗条件下酶解2～3 h后，将酶解培养皿在倒置显微镜下观察，待足量原生质体游离下来后即可进行下一步的操作。

（三）净化

用吸管将含有原生质体的酶液通过镍丝网，过滤到10 mL离心管中，除去未被消化的叶组织。滤液用台式离心机（注意离心管都需带盖）以30 g离心2～3 min，使完整的原生质体沉淀。然后用吸管除去上层酶液，加入洗涤液，小心地将原生质体悬浮起来，待悬浮液充分混匀之后，再一次离心。这样反复操作洗涤2～3次，去除酶液与残余的细胞碎片。

（四）计数与培养

加入适量（如4 mL）的原生质体培养基，小心地将原生质体悬浮起来，取少量用血细胞计数板计数。离心去掉上述加入的培养基（此作为最后一次洗涤），再按计数结果加入相应量的培养基，使培养基中悬浮原生质体的密度为 10^5 个·mL⁻¹。将上述原生质体悬浮液转入培养皿内，控制液体的厚度在1 mm左右。盖好培养皿，用封口膜封住。置黑暗或微光下25℃恒温培养10 d左右。在倒置显微镜下统计原生质体再生分裂的频率。

当大部分原生质体再生了细胞壁并有部分发育成小细胞团时（约2周），添加含0.2 mol·L⁻¹甘露醇的新鲜培养基。当大部分原生质体发育成小细胞团时（培养1个月之后），以1∶1比例加入40～45 mL融化的固体培养基，充分混匀，琼脂的最终浓度在0.6％以下。当细胞团长到直径1.5～3 mm时，将其挑出接种在固体分化培养基上（培养基成分变化：去除甘露醇，植物生长物质组成改为 IAA 4 mg·L^{-1}、KT 2.56 mg·L^{-1}），做进一步的愈伤组织培养和分化。

六、实验结果

仔细观察和记录每一实验操作步骤所取得的结果。细胞壁完全去掉之后的原生质体为圆球状，具有部分细胞壁的原生质体呈椭圆形或不规则形状。在显微镜下不经染色即可观察到原生质体内部的叶绿体。在原生质体培养初期，用荧光增白剂染色后可观察到细胞壁的再生过程，培养后期可观察到细胞分裂形成细胞团及愈伤组织块。在分化培养基上，愈伤组织可分化成苗。

七、注意事项

① 为了防止原生质体在培养过程中受到污染，原生质体的分离和培养都应在严格无菌条件下进行，所有实验材料、用具、酶液、洗涤液、培养液都需灭菌。酶制剂在高温高压下将失活，故需采用过滤灭菌。另外，原生质体培养条件要求严格，为保证培养基成分的稳定，培养基、洗涤液也常用过滤灭菌。

② 原生质体因缺乏细胞壁，必须采用等渗浓度的培养基培养，低于等渗浓度时原生质体易于破裂，太高时易于收缩，均不利于细胞壁的再生。在细胞壁形成、细胞开始膨大和分裂时，可逐渐降低渗透剂浓度，方法是在培养过程中逐渐加入较低浓度的培养液，同时吸去原培养液。当增殖至细胞团或愈伤组织之后，其培养方法与组织培养相同。

八、问题讨论

1. 什么是细胞的全能性？
2. 原生质体培养与植物组织培养最大的区别是什么？

实验四 流式细胞仪法测定细胞内游离 Ca^{2+}

一、实验目的

学会流式细胞仪的使用操作；掌握植物细胞内 Ca^{2+} 的测定技术。

二、实验原理

作为植物体内的第二信使的 Ca^{2+} 可以将外界刺激（光、植物生长物质、重力、环境胁迫等）转变成植物细胞内信号，导致一系列生理生化反应。流式细胞仪法测量细胞内 Ca^{2+}，常用 Ca^{2+} 的荧光染料进行染色。用于 Ca^{2+} 的荧光

染料有 5 种，它们都是乙二醇双乙胺醚- N，N′-四乙酸（EGTA）的衍生物
（表 1-4），不仅具有荧光特性，而且能螯合 Ca^{2+}。

表 1-4　钙的荧光探针

荧光染料	低　钙		高　钙		测量方式
	激发光波长 （nm）	发射光波长 （nm）	激发光波长 （nm）	发射光波长 （nm）	
Quin-2	352	492	332	492	荧光强度
Indo-1	360	485	351	405	发射比例
Fura-2	380	520	340	502	激发比例
Fluo-3-AM	506	526	506	526	荧光强度
Rhod-2	556	576	553	576	荧光强度

这些染料本身不能透过细胞膜进入细胞内，将它接上醋酸甲酯（acetoxy-methylester，AM）后，可将染料导入细胞中，经细胞内非特异酯酶水解该酯键，释放出染料分子，使之与细胞内钙离子结合，经激光激发后，产生荧光。荧光强度与细胞内钙离子浓度呈正比。

三、实验材料

黄化绿豆幼苗下胚轴。

四、设备与试剂

FACScan 流式细胞仪（仪器配置：氩离子激光器，激发波长 488 nm，激光光斑为 $20~\mu m \times 64~\mu m$ 的椭圆形；FL1 PMT 可检测的发射荧光波长为 530 ± 30 nm、FL2 PMT 为 585 ± 45 nm、FL3 PMT 为 >630 nm）、$50~\mu m$ 孔径的尼龙网、可调式定量移液器、台式离心机（转头半径 18 cm）、恒温水浴锅。

洗涤液：5.5 g 甘露醇、0.05 g $CaCl_2$ 用 NT 培养液（见附录 4）配成 100 mL。

酶液：0.7 g 纤维素酶（EA₃-867）、5.5 g 甘露醇和 0.05 g $CaCl_2$ 配成 100 mL、pH 5.7 的溶液，溶解后 3 000 g 离心 15 min，取上清液，过 $0.45~\mu m$ 微孔滤膜减压过滤消毒，分装于灭菌的三角烧杯中，每瓶 10 mL。

pH 7.4 磷酸缓冲液（PBS）：8 g NaCl、0.2 g KCl、0.2 g KH_2PO_4 和 1.15 g Na_2HPO_4，配成 1 000 mL。

Fluo-3-AM 荧光染料：以少量乙醇溶解，PBS 缓冲液配制，浓度为 5 $\mu mol \cdot mL^{-1}$。

五、实验步骤

（一）黄化绿豆下胚轴原生质体的制备

将黄化绿豆幼苗下胚轴切碎或除去表皮后切成小段，放入盛有 10 mL 酶液的三角瓶中，于 28 ℃左右保温 1.5～3 h，再通过不锈钢网的细菌漏斗，滤去未被消化的组织碎片，得到的原生质体悬浮液移至 10 mL 离心管中，用翻口塞密封离心管，500g 离心 2 min，吸去上清液，加入洗涤液，重新悬浮原生质体，重复 2～3 次，最后悬浮于洗涤液中。

（二）调节密度

调节原生质体悬浮液密度约为 5×10^6 个·mL^{-1}。

（三）孵育

取原生质体悬浮液 200 μL，加入 200 μL 5 μmol·L^{-1} Fluo - 3 - AM 荧光染料，摇匀后置于 37 ℃恒温水浴锅，保温 60 min，间歇振荡。

（四）离心

将上述孵育好的原生质体以 PBS 离心洗涤 2 次，沉淀原生质体，最后用 1 mL PBS 摇匀。

（五）过滤

用 50 μm 孔径的尼龙网过滤到流式细胞仪的专用试管内，上机测量。

（六）采集数据

用 LYSYSV II 软件进行测量数据的采集。

六、实验结果

选 FL2 为阈值；FL2 PMT 的增益选用对数放大；设置测量 10 000 个细胞，并以 List Mode 形式储存数据；测量数据保存于自定义的文件中。测量时选 FL2 - W 与 FL2 -脉冲面积（FL2 - A）的二维点图作显示窗口，以控制机器状态的稳定和剔除假二倍体细胞产生的信号。最后以 FL2 -脉冲高度（FL2 - H）单参数直方图显示实验结果和数据资料分析。

七、注意事项

原生质体分离纯化操作过程均在无菌条件下进行，原生质体的得率与植物材料的年龄、生长部位和生长环境有关。

八、问题讨论

1. 除流式细胞仪法外，还有哪些测定细胞内游离 Ca^{2+} 的方法？

2. 制备原生质体的植物材料为何要预先进行暗培养?

实验五　叶绿体 DNA 的分离和提取

一、实验目的

有关叶绿体的分子生物学研究，有利于理解植物光合作用过程中的调控、核质互作关系及通过基因工程手段改变叶绿体的功能，从而创造有价值的新作物品种。本实验的主要目的是掌握叶绿体 DNA 的制备方法，理解叶绿体自身遗传物质在光合作用及生物进化、物种鉴定中的作用。

二、实验原理

叶绿体是植物细胞中特有的细胞器，其内含有自身的 DNA，称为叶绿体 DNA。叶绿体 DNA 分子呈环状，高等植物叶绿体 DNA 分子大小在 $120\sim160$ kb 之间。分离植物叶绿体 DNA 的方法包括以下几个主要过程：植物细胞的破碎、去除细胞核、通过蔗糖密度梯度离心制备完整的叶绿体。再用蛋白酶 K 裂解叶绿体，通过酚-氯仿抽提获得高纯度的叶绿体 DNA。

三、实验材料

新鲜菠菜叶或其他植物幼嫩叶片。

四、设备与试剂

超速离心机及配套的离心管、硅化的 250 mL 烧杯、宽口大枪头、真空干燥器、搅拌器、恒温水浴锅、$-20\ ℃$冰箱、尼龙筛（$50\ \mu m$ 和 $20\ \mu m$）。

缓冲液 A（提取缓冲液）：含 $0.3\ mol\cdot L^{-1}$山梨醇、$50\ mmol\cdot L^{-1}$ Tris - HCl 和 $20\ mmol\cdot L^{-1}$ EDTA。用于匀浆的缓冲液 A 含 0.1% 牛血清蛋白（BSA），牛血清蛋白临用前加。

缓冲液 B（裂解缓冲液）：含 0.5% SDS、$50\ mmol\cdot L^{-1}$ Tris - HCl、$0.4\ mmol\cdot L^{-1}$ EDTA和0.1%蛋白酶 K (m/V)，pH 8.0。蛋白酶 K 用前加，由于缓冲液 B 在室温下会出现沉淀，因此，使用前先将缓冲液加热。

TE 缓冲液：含 $10\ mmol\cdot L^{-1}$ Tris 和 $5\ mmol\cdot L^{-1}$ EDTA - Na$_2$，pH 7.5。

蔗糖梯度：分别含 60%、45% 和 30%的蔗糖，溶于缓冲液 A 中。

苯酚：以 TE 缓冲液饱和，pH 8.0。

含量分别为 99%、70% 和 20%的乙醇。

$3\ mol\cdot L^{-1}$乙酸钠。

酚-氯仿：按等体积混合。

五、实验步骤

以下所有操作，除特别指明外，均在 4 ℃下进行。将搅拌器和离心管预冷，使用冷藏的缓冲液。

（一）材料准备与匀浆

收集黑暗中预培养 24～28 h 的健康幼嫩叶片 20～30 g。如果植物材料已被感染或弄脏了，可先用次氯酸钠（5％）处理 5 min，然后用自来水漂洗 2～3 次。除去叶片中脉，称量，剪碎。将 10 g 碎片置于 200～250 mL 含有 BSA 的缓冲液 A 中（只在匀浆时使用的缓冲液 A 中加入 BSA），在搅拌器中高速匀浆，每次约 10 s，重复 2～3 次。

（二）叶绿体制备

用 50 μm 的尼龙筛过滤提取物。在 200～250 mL 含 BSA 的缓冲液 A 中对所剩的碎片再次匀浆和过滤。不能通过 50 μm 尼龙筛的匀浆物可集中起来再匀浆，每次 10 s，重复两次，再过滤。用 20 μm 的尼龙筛对提取物进行第二次过滤。

提取液以 1 000 g 离心 10 min。用软笔刷轻轻将沉淀重悬于 30 mL 不含 BSA 的缓冲液 A 中，再离心。绿色沉淀的底部可见白点为淀粉，应尽量避免搅动淀粉。根据淀粉的含量，可以重复这一冲洗步骤 4～6 次。

在冲洗的同时，可以制备蔗糖梯度液。分级梯度液底层为 3.5 mL 60％的蔗糖溶液，中间为 3.5 mL 40％的蔗糖溶液，顶层为 3.0 mL 20％的蔗糖溶液，不同梯度层要轻轻混匀，得到扩散中间相。可以用一个长的巴氏吸管小心地在层间上下搅动几次（巴氏吸管的末端开口应封上）。

小心将沉淀物重悬于总体积 2～6 mL 的缓冲液 A 中，将悬液分别加入有分级梯度液的 2～6 个小管中。梯度平衡后置于水平转头上以 70 000 g 于 4 ℃下离心 1 h。

将位于 45％与 20％蔗糖溶液中间层的叶绿体带用宽口枪头转至 50 mL 的离心管中。

缓慢加入 3 倍体积的缓冲液 A（防止叶绿体破裂）。开始时逐滴加入并轻轻搅匀（全部加完需 10～15 min）。以 3 000 g 离心 5 min，收集叶绿体。

（三）叶绿体裂解及其 DNA 提取

小心将沉淀重悬于 3 mL 缓冲液 A 中，加入 1/5 体积的缓冲液 B（用前加入蛋白酶 K），并于 50 ℃保温 15 min，使叶绿体裂解。

在室温下抽提叶绿体 DNA 2 次。加入 1 倍体积的苯酚（以 TE 饱和），颠倒小管数次混匀。室温下以 3 000 g 离心 10 min，使两相分离。收集上层溶液，再用 1 倍体积的酚-氯仿（1：1，V/V）抽提一次。

（四）叶绿体 DNA 的纯化

将 DNA 溶液（水相）转至一个 30 mL 的离心管中，加入 1/10 体积 3 mol·L^{-1} 乙酸钠和 2.5 倍体积的 99% 乙醇，−20 ℃ 沉淀 DNA 过夜。在 4 ℃ 下，以 18 000 g 离心 15 min，弃上清液。真空干燥沉淀（不要过度抽干沉淀），将收集的 DNA 溶于 400 μL TE 缓冲液中，待 DNA 溶解后加入 1/10 倍体积的 3 mol·L^{-1} 乙酸钠和 2 倍体积的 99% 乙醇，−20 ℃ 下沉淀 DNA 过夜。在微型离心机上，于 4 ℃ 下以 20 000 g 离心 15 min，弃上清液，管底 DNA 再用 20% 乙醇清洗、再离心，重复 2～3 次后真空干燥沉淀。将沉淀溶于 50～150 μL TE 缓冲液中，在 −20 ℃ 或 4 ℃ 保存。

六、实验结果

叶绿体 DNA 经乙醇沉淀、清洗、离心后在离心管底部形成絮状沉淀。经紫外分光光度法、琼脂糖凝胶电泳可测定叶绿体 DNA 的纯度和分子大小。

七、注意事项

① 在提取叶绿体之前，最好将植物在黑暗中培养 1～4d 以降低叶绿体中淀粉的含量。

② 在进行蔗糖梯度离心之前，最好先将裂解液在离心机上低速离心几分钟，以除去淀粉和细胞壁裂解碎片。

③ CsCl 梯度离心可进一步纯化叶绿体 DNA，并可用于分子克隆操作，但 CsCl 梯度离心耗时较长。

八、问题讨论

1. 如何将植物核基因组与叶绿体基因组进行分离？
2. 制备叶绿体 DNA 的材料为何事先需黑暗培养 1～4 d?

实验六　植物线粒体 DNA 的分离和提取

一、实验目的

线粒体具有自身的基因组和独立的转录、翻译体系。对线粒体基因组进行研究，不仅有助于了解线粒体的组织结构、起源进化方式、核基因和线粒体基因表达的协同机制，而且能进一步理解植物细胞质雄性不育过程。掌握线粒体

DNA 的分离提取方法，了解线粒体基因组的重要功能。

二、实验原理

　　线粒体 DNA 也为环状分子，分子大小在 $200\sim2\,500$ kb 之间。分离植物线粒体 DNA 与分离叶绿体 DNA 的原理基本一致，首先要分离出线粒体，然后再从线粒体中分离 DNA。提取的过程主要包括破碎细胞、差速离心、梯度离心、盐沉淀等。

三、实验材料

　　植物幼嫩叶片或愈伤组织小块。

四、设备与试剂

　　匀浆器、纱布、高速冷冻离心机、恒温水浴锅、$-20\,℃$ 冰箱、各种容量的硅化灭菌的离心管、$1\,000$ mL 烧杯、剪刀、单面刀片和带针头的注射器。

　　缓冲液 A（研磨缓冲液）：含 0.4 mol $\cdot$ L^{-1} 甘露醇、50 mmol $\cdot$ L^{-1} Tris - HCl、1 mmol $\cdot$ L^{-1} EDTA - Na$_2$ 和 5 mmol $\cdot$ L^{-1} KCl，pH 7.5；使用前加入 2 mmol $\cdot$ L^{-1} β-巯基乙醇、0.1% BSA、10 mg $\cdot$ mL^{-1} 聚乙烯吡咯烷酮（PVP）。

　　缓冲液 B：含 0.2 mol $\cdot$ L^{-1} 甘露醇、10 mmol $\cdot$ L^{-1} Tris - HCl 和 1 mmol $\cdot$ L^{-1} EDTA - Na$_2$，pH 7.2。

　　缓冲液 C：含 1 mmol $\cdot$ L^{-1} EDTA - Na$_2$ 和 15 mmol $\cdot$ L^{-1} Tris - HCl，pH 7.2。

　　蛋白酶 K：25 mg $\cdot$ mL^{-1}。

　　TE 缓冲液：含 1 mmol $\cdot$ L^{-1} Tris - HCl 和 1 mmol $\cdot$ L^{-1} EDTA - Na$_2$，pH 8.0。

　　蔗糖溶液：浓度分别为 20%、40%、52%、60%。

　　MgCl$_2$：0.1 mol $\cdot$ L^{-1}。

　　DNase Ⅰ：2 mg $\cdot$ mL^{-1}，溶于水。

　　SDS：10%。

　　RNase：30 mg $\cdot$ mL^{-1}。

　　乙酸钠：3 mol $\cdot$ L^{-1}。

　　次氯酸钠：1%。

　　乙醇，苯酚，氯仿，异戊醇，无菌水。

五、实验步骤

　　以下所有操作，除特别指明外，均在 $4\,℃$ 下进行。使用冷藏的缓冲液，将研钵、研棒和离心管预冷。

（一）材料准备与匀浆

剪取幼嫩叶片，用 1‰次氯酸钠溶液消毒 15 min，无菌水冲洗 3 次，再将其剪碎。按每克材料 10 mL 的比例加入研磨缓冲液，在研钵中将叶片研磨成匀浆。用 6 层纱布过滤，并收集滤液。

（二）线粒体的制备与纯化

滤液于 4 ℃下以 1 000 g 离心 15 min，收集上清液。上清液于 4 ℃下以 10 000 g 离心 25 min，弃上清液，沉淀用缓冲液 A（不加 β-巯基乙醇、BSA 和 PVP）悬浮，再于 4 ℃下以 10 000 g 离心 25 min，收集的沉淀即为粗线粒体。

加入 $MgCl_2$ 至终浓度 5 mmol·L^{-1}，加入 DNase Ⅰ 至终浓度为 30 μg·L^{-1}，冰浴 1 h 后加 EDTA-Na_2 至终浓度为 15 mmol·L^{-1} 以终止 DNA 酶解反应。

将粗线粒体铺于不连续浓度的蔗糖梯度上（蔗糖浓度由上至下依次为 20％、40％、52％和 60％，体积依次为 7 mL、10 mL、10 mL 和 7 mL，由缓冲液 C 配制）。于 4 ℃下以 50 000 g 超速离心 2.5 h，吸取 40％与 52％蔗糖界面的线粒体。在线粒体吸取物中加入 4 倍体积的缓冲液 B，于 4 ℃下以 10 000 g 离心 15 min。所得沉淀即为纯净、完整且表面无核 DNA 污染的线粒体。

（三）线粒体裂解及其 DNA 提取

将线粒体悬浮于裂解缓冲液中，加入 1/10 倍体积的 10％SDS 和 1/100 倍体积的 30 mg·L^{-1} RNase 液，50 ℃水浴 30 min。加入 1/150 倍体积的 25 mg·L^{-1} 的蛋白酶 K，水浴 30 min。依次用苯酚、苯酚-氯仿-异戊醇（25∶24∶1）、氯仿抽提 DNA。

（四）线粒体 DNA 的纯化

加 1/10 倍体积 3 mol·L^{-1} 乙酸钠和 2 倍体积的无水乙醇，混匀，−20 ℃下放置至少 30 min，然后于 4 ℃下以 20 000 g 离心 15 min，收集 DNA。DNA 再用 75％乙醇洗 2～3 次。DNA 沉淀于空气中干燥后溶于少量 TE 缓冲液中，−20 ℃下保存备用。

六、实验结果

DNA 经乙醇沉淀、清洗、离心后会在离心管底部形成絮状沉淀。可用紫外分光光度法、琼脂糖凝胶电泳对线粒体 DNA 的纯度、含量和分子大小进行检测。

七、注意事项

① 有的植物器官（如禾本科植物的叶）由于纤维太多而不易被彻底磨碎，

细胞破裂不彻底，从而影响线粒体 DNA 的提取量。因此，直接用植物器官作提取材料时，往往要在研磨后加上用纱布过滤这一步骤。

② 用 DNase I 处理线粒体粗提物的目的在于去除核 DNA 的污染，提高线粒体 DNA 的纯度；但采用 DNase I 处理会使线粒体 DNA 的产量大大下降。

③ 用于提取线粒体 DNA 的植物最好在黑暗条件下培养成黄化苗，以抑制叶绿体的发育，减少分离线粒体时叶绿体的干扰。

八、问题讨论

1. 如何将植物核基因组与线粒体基因组进行分离？
2. 为何用于提取线粒体 DNA 的材料需进行暗培养？

第二章 植物的水分关系

实验一 质壁分离法测定植物组织渗透势

一、实验目的

了解植物体内不同组织和细胞之间、植物与环境之间水分的转移与植物组织渗透势的关系；学习测定植物组织渗透势的基本方法。

二、实验原理

植物细胞的渗透势主要取决于液泡的溶质浓度，因此又称溶质势。植物细胞的渗透势是反映植物水分代谢、生长发育及抗逆性的重要指标。在干旱、盐渍等许多逆境条件下，一些植物常表现为细胞内主动积累溶质，以降低其渗透势，增加吸水能力，在一定程度上维持膨压，保障细胞的生长和气孔的开放，这种现象叫做渗透调节作用。渗透调节能力的大小可以用逆境条件下细胞渗透势的降低值来表示，因此，在水分生理与抗逆生理研究中渗透势是必不可少的测定指标。

渗透势的测定方法可分为两类：一类是液相平衡法（质壁分离法），另一类是气相平衡法（热电偶湿度计法、露点法、压力室法等）。

质壁分离法是目前测定植物组织渗透势常用的方法，其主要原理是：将植物组织放入一系列不同浓度的蔗糖溶液中，经过一段时间，植物细胞与蔗糖溶液间将达到渗透平衡状态。如果在某一溶液中细胞脱水达到平衡时刚好处于初始质壁分离状态，则细胞的压力势（Ψ_p）将下降为零。此时细胞液的渗透势（Ψ_s）等于外液的渗透势（Ψ_{s_o}）。此溶液称为该组织的等渗溶液，其浓度称为该组织的等渗浓度，根据下述公式即可计算出细胞液的渗透势（Ψ_s）。

$$\Psi_s = \Psi_{s_o} = -icRT$$

式中　Ψ_{s_o}——等渗溶液的渗透势（MPa）；

$\quad\quad i$——溶质的解离系数（蔗糖为1）；

$\quad\quad c$——等渗溶液的浓度（mol·kg^{-1}，以水作溶剂）；

R——气体常数（$0.008\ 31\ kg \cdot MPa \cdot mol^{-1} \cdot K^{-1}$）；

T——热力学温度（K）。

实际测定时，初始质壁分离状态难以在显微镜下直接观察到，所以一般均以质壁分离的最低外液浓度与不发生质壁分离的最高外液浓度的平均值作为判断等渗浓度的标准。

三、实验材料

洋葱鳞茎、紫鸭跖草、苔藓、红甘蓝、黑藻、丝状藻等。

四、设备与试剂

显微镜、载玻片、盖玻片、温度计、尖头镊子、刀片、小培养皿（直径为 6 cm）、试剂瓶、烧杯、容量瓶、量筒、吸管、吸水纸等，0.03％中性红溶液。

蔗糖系列标准溶液：蔗糖预先在 60～80 ℃下烘干。配制 $0.30\ mol \cdot kg^{-1}$、$0.35\ mol \cdot kg^{-1}$、$0.40\ mol \cdot kg^{-1}$、$0.45\ mol \cdot kg^{-1}$、$0.50\ mol \cdot kg^{-1}$、$0.55\ mol \cdot kg^{-1}$、$0.60\ mol \cdot kg^{-1}$、$0.65\ mol \cdot kg^{-1}$、$0.70\ mol \cdot kg^{-1}$ 等一系列不同浓度蔗糖溶液（具体范围可根据材料不同而加以调整），储于试剂瓶中，瓶口加塞以防蒸发。

五、实验步骤

（一）配制溶液

取干燥、洁净的培养皿 9 套编号，将配制好的不同浓度的蔗糖溶液按顺序加入各培养皿成一薄层，备用。

（二）取材染色

用镊子撕取（或用刀片刮取）供试材料的表皮，大小以 0.5 cm×0.5 cm 左右为宜，迅速投入各种浓度的蔗糖溶液中，使其完全浸入，每一浓度放 4～5 片，同时记录室温。为了便于观察，先将表皮置于 0.03％中性红内染色 5 min 左右后，吸去水分，再浸入蔗糖溶液中。如果不染色即能区别质壁分离，可以不经染色直接镜检观察。

（三）制片

5～10 min 后，取出表皮薄片放在滴有同样浓度蔗糖溶液的载玻片上，盖上盖玻片。

（四）显微观察

在低倍显微镜下观察，如果所有细胞都产生质壁分离现象，则取低浓度溶液中的制片做同样观察，并记录质壁分离的相对程度。如果在两个相邻浓度的制片中，一个制片没有发生质壁分离，另一个制片发生质壁分离的细胞数超过

50％，则这两个浓度的平均值为其等渗浓度。每一制片观察的细胞不应少于100 个。检查时可先从高浓度开始。

在找到上述浓度极限时，用新的溶液和新鲜的叶片重复进行几次，直至有把握为止。在此条件下，细胞的渗透势与等渗浓度溶液的渗透势相等。

六、实验结果

将实验结果记录于表 2-1 中。

表 2-1　植物细胞渗透势测定记载表

实验人＿＿＿＿＿　　日期＿＿＿＿＿　　材料名称＿＿＿＿＿　　实验室温度＿＿＿＿＿

蔗糖浓度（mol·kg⁻¹）	质壁分离的相对程度（作图表示）	视野中细胞发生质壁分离的百分率
0.30		
0.35		
0.40		
0.45		
0.50		
0.55		
0.60		
0.65		
0.70		

视野中细胞发生质壁分离的百分率以大于 50％或小于 50％表示。

由所得到的等渗浓度和测定的室温，用 $\Psi_s = \Psi_{s_0} = -icRT$ 计算等渗浓度溶液的渗透势（Ψ_s），即为细胞的渗透势。

七、注意事项

撕下的表皮组织必须完全浸没于蔗糖溶液中，浸没时间不能过短，否则会影响实验结果。

八、问题讨论

1. 发生细胞质壁分离时，植物细胞的水势由什么组成？

2. 哪些情况下可能发生细胞质壁分离？采用什么措施才能使发生质壁分离的细胞复原？

实验二 小液流法测定植物组织水势

一、实验目的

了解植物体内不同组织和细胞之间、植物与环境之间水分的移动与植物组织水势的关系；掌握小液流法测定植物组织水势的基本方法。

二、实验原理

植物组织的水势是表示植物水分状况的重要指标，植物各组织之间、各组织的细胞之间以及植物与土壤和大气环境之间的水分移动决定于它们的水势之差。因此测定植物组织的水势对于了解植物组织的水分状况是必要的，也为农业节水提供可靠的理论依据。

当植物组织与外液接触时，如果植物组织的水势低于外液的水势，组织吸水、质量增加而使外液浓度变大；反之，则组织失水、质量降低而外液浓度变小；若两者相等，则水分交换保持动态平衡，组织质量及外液浓度保持不变。组织吸水或失水会使溶液的浓度、密度、电导率以及组织本身的体积与质量发生变化。根据这些参数的变化情况可确定与植物组织水势相等的溶液。因此测定植物组织水势的方法有小液流法（根据外液密度的变化）、折射仪法（根据外液浓度的变化）和电导率仪法（根据外液电导率的变化），这些方法都属于液相平衡法。还可以通过气相平衡法（热电偶湿度计法、露点法和压力室法等）测定水势，主要是通过植物组织与周围气体的水势达到平衡，从而测定周围气体的水势。小液流法是目前比较快速、简单且准确性较好的一种方法。根据与组织接触并达到平衡的外液密度的变化情况即可确定与植物组织水势相同的溶液浓度，然后根据公式计算出溶液的水势，即为植物组织的水势。溶液水势的计算公式为

$$\Psi_w = -icRT$$

式中　　Ψ_w——溶液的水势（MPa）；

　　　　R——气体常数（0.008 31 kg·MPa·mol^{-1}·K^{-1}）；

　　　　T——热力学温度（单位为 K，K=273+t）；

　　　　i——为解离系数（蔗糖为1）；

　　　　c——等渗溶液的浓度（mol·kg^{-1}）。

三、实验材料

植物叶片或洋葱鳞茎。

四、设备与试剂

大试管（20 mL）、小试管（5 mL）、青霉素小瓶或指形管、5 mL 移液管、弯头毛细吸管、培养皿、打孔器（直径 1 cm 左右）、剪刀、镊子、解剖针、甲烯蓝粉末或甲烯蓝浓稠溶液。

蔗糖系列标准溶液：$0.30 \ mol \cdot kg^{-1}$、$0.35 \ mol \cdot kg^{-1}$、$0.40 \ mol \cdot kg^{-1}$、$0.45 \ mol \cdot kg^{-1}$、$0.50 \ mol \cdot kg^{-1}$、$0.55 \ mol \cdot kg^{-1}$、$0.60 \ mol \cdot kg^{-1}$、$0.65 \ mol \cdot kg^{-1}$、$0.70 \ mol \cdot kg^{-1}$等一系列不同浓度蔗糖溶液（具体范围可根据材料不同而加以调整）。

五、实验步骤

（一）配制蔗糖标准液

根据植物水势的大小确定配制相应的蔗糖系列标准溶液。

蔗糖系列标准溶液：蔗糖预先在 60～80 ℃下烘干。配制 $0.30 \ mol \cdot kg^{-1}$、$0.35 \ mol \cdot kg^{-1}$、$0.40 \ mol \cdot kg^{-1}$、$0.45 \ mol \cdot kg^{-1}$、$0.50 \ mol \cdot kg^{-1}$、$0.55 \ mol \cdot kg^{-1}$、$0.60 \ mol \cdot kg^{-1}$、$0.65 \ mol \cdot kg^{-1}$、$0.70 \ mol \cdot kg^{-1}$等一系列不同浓度蔗糖溶液（具体范围可根据材料不同而加以调整），储于试剂瓶中，瓶口加塞以防蒸发。

（二）编号

取干燥、洁净的大试管 9 支，小试管 9 支，青霉素小瓶 9 个，并编号。分别加入对应的蔗糖系列标准溶液。

（三）材料处理

取待测样品的功能叶数片，用打孔器打取小圆片约 180 片，放在培养皿中，混合均匀。用镊子分别加入 20 个小圆片到盛有 2 mL 不同浓度蔗糖溶液的青霉素小瓶中，浸没叶片，盖紧瓶塞，放置 30 min，并不断轻摇小瓶，以加速水分平衡（如温度低时可延长放置时间）。

（四）染色

用解剖针尖蘸取微量甲烯蓝粉末，加入各青霉素小瓶中，并摇动，使染色均匀。

（五）测定

把试管中不同浓度的系列标准液分别倒入相同编号的小试管中，用毛细吸管吸取相同编号青霉素小瓶内的有色溶液少许，插入相同编号的小试管溶液中部，轻轻挤出有色溶液一小滴，小心取出毛细管（勿搅动有色液滴），观察有色液滴的升降情况。然后在大试管中再实验、观察一次。

六、实验结果

若有色液滴上升，表示浸过叶片的溶液浓度变小（即植物叶片组织中有水排出），说明叶片组织的水势大于该浓度溶液的水势；若有色液滴下降，则说明叶片组织的水势小于该浓度的水势；若有色小液滴静止不动，说明叶片组织的水势等于该浓度溶液的水势。若在前一浓度溶液中下降，而在后一浓度中上升，则植物组织的水势可取两种浓度溶液的水势的平均值。将实验结果记录在表2-2内。

表2-2　小液流法现象观察记载表

蔗糖浓度（mol·kg^{-1}）	0.30	0.35	0.40	0.45	0.50	0.55	0.60	0.65	0.70
有色液滴移动方向									

分别观察不同浓度中有色液滴的升降，找出与组织水势相当的浓度。记录实验时的温度，根据原理公式计算出组织的水势。

七、注意事项

① 所取材料在植株上的部位要一致，打取叶圆片要避开主脉和伤口，取材以及打取叶圆片的过程操作要迅速，以免失水。

② 所有滴管尖端最好弯成直角，以保证从滴管出来的液滴不受向下冲力的影响。

八、问题讨论

小液流法测定植物组织水势和质壁分离法测定植物组织渗透势都以外界蔗糖溶液的溶质势为依据，它们的主要异同点是什么？

实验三　露点法测定植物叶片水势

一、实验目的

掌握露点法测定植物叶片水势和渗透势。

二、实验原理

水势与渗透势的测定方法除了前面介绍的液相平衡法（质壁分离法、小液流法）外，还有压力平衡法（压力室法测水势）和气相平衡法（包括热电偶湿度计法、露点法）等。露点法是将叶片或组织汁液密闭在体积很小的样品室内，经一定时间后，样品室内的空气和植物样品将达到水势的平衡状态。此时，气体的水势（以蒸汽压表示）与叶片的水势（或组织汁液的渗透势）相等。因此，只要测出样品室内空气的蒸汽压，便可得知植物组织的水势（或汁液的渗透势）。由于空气的蒸汽压与其露点温度具有严格的定量关系，通过测定样品室内空气的露点温度可得知其蒸汽压。仪器装有高分辨能力的热电偶，热电偶的一个节点安装在样品室的上部。测量时，首先给热电偶施加反向电流，使样品室内的热电偶节点降温，当节点温度降至露点温度以下时，将有少量液态水凝结在节点表面，此时切断反向电流，并根据热电偶的输出电位记录节点温度变化。开始时，节点温度因热交换平衡而很快上升；随后，则因表面水分蒸发带走热量，而使其温度保持在露点温度，呈现短时间的稳衡状态；待节点表面水分蒸发完毕后，其温度将再次上升，直至恢复原来的温度平衡。记录稳衡状态下的温度，便可将其换算成待测样品的水势。

三、实验材料

植物叶片。

四、设备与试剂

本试验所用仪器为 HR-33T 型露点微伏压计，该微伏压计实际上就是一个精密的电位计，能准确测出热电偶两端点温度差异产生的细微电位变化。仪器配套的 C-52 和 L-51 型样品室的基本结构都是由一个灵敏的热电偶和一个铝合金制的隔热性很好的叶室组成（图 2-1）。前者用于离体叶片水势测定，后者主要用于活体测定。

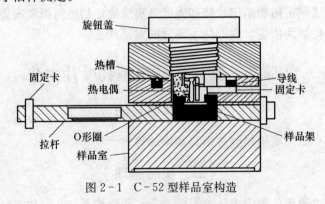

图 2-1　C-52 型样品室构造

五、实验步骤

（一）离体测定法

用打孔器在待测叶片上打取直径 0.6 cm 的叶圆片，迅速放入 C-52 型样品室中平衡 2 h（平衡时间视材料水势高低而定）。样品室与仪器连接，再按左边 πV，用 πVset 调至空白读数；用 Read 挡调零点；Cool 挡指针至满度；D. P. 挡指针自动回转；稳定后读数，即为待测样品的 μV 数，除以 0.75 μV 则为以 bar 为单位的水势值（bar 为非法定计量单位，应换算为 Pa，1 bar＝10^5 Pa）。

（二）活体测定法

在田间供试植株的待测叶片上装上 L‐51 型热电偶，平衡一段时间后测定，其余步骤同前。

（三）叶片渗透势测定

1. 叶圆片冻融法　打取供试植株叶圆片，然后迅速放入叶室中密封，随即放入－40～－35 ℃下冰冻 3 h，取出于室温下平衡 3 h 后，即可测定。

2. 榨出汁液法　取供试植株叶片，去中脉，迅速放入一尖底离心管，封口，于－40 ℃下冰冻 1 h 后，取出融化，用一平头玻璃棒挤压叶片以榨出汁液，吸取 10 μL 置于 C‐52 叶室中，平衡一段时间（30 min 以上）即可测定。

六、实验结果

记录 HR‐33T 型露点微伏压计工作条件，记录比较植物不同部位的叶片水势。

七、注意事项

本试验介绍的露点法比湿度法较少受外界环境的影响，前者灵敏度比后者高约 1 倍，测定结果更为可靠。

样品水势不同，所需平衡时间不同，样品水势越低，所需平衡时间越长。如正常供水的小麦旗叶水势为－0.32 MPa，平衡时间 50～60 min 即可；而严重干旱的小麦叶水势为－2.27 MPa，平衡时间需 2 h 以上。平衡时间过短，所测结果不准确；平衡时间太长，也会造成实验误差。

一般认为从叶圆片边缘的水分散失和离体期间的淀粉水解会造成一定的测定误差，但只要合理取样并迅速将叶圆片密封到样品室中，可把误差减少到最小。

八、问题讨论

1. 测定植物组织水势，为何说露点法的灵敏度比湿度法的高？
2. 为何说叶片的水势越低，所需平衡时间越长？

实验四　压力室法测定植物组织水势

一、实验目的

学习压力室法测定植物组织水势。

二、实验原理

植物叶片通过蒸腾作用不断地向周围环境散失水分，产生蒸腾拉力。导管中的水分由于内聚力的作用而形成连续的水柱。因此，对于正进行蒸腾作用的植物，其导管中的水柱由于蒸腾拉力的作用，承受着一定的张力或负压，使水分连贯地向上运输。当叶片或枝条被切断时，木质部中的液流由于张力解除而迅速缩回木质部。将叶片装入压力室钢筒，叶柄切口朝外，逐渐加压，直到导管中的液流恰好在切口处显露时，所施加的压力正好抵偿了完整植株导管的原始负压（图 2 - 2）。这时所施加的压力值（通常称为平衡压）将叶片中的水势提高到相当于开放大气中导管中的液体渗透势 Ψ_s 水平。由于导管周围完整活细胞溶质势几乎接近于零（活性溶质含量很低），因此，有下式成立

$$p + \Psi_w = \Psi_s \approx 0 \qquad \Psi_w = -p$$

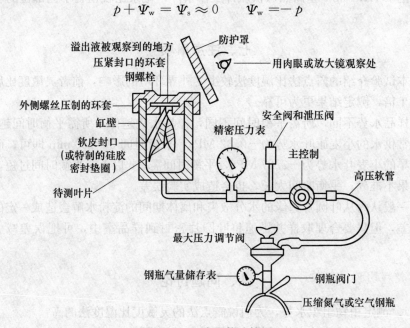

图 2-2　压力室构造简图

式中　p——平衡压（MPa）；

　　　Ψ_w——叶片或枝条的水势（MPa）；

　　　Ψ_s——木质部汁液的渗透势（MPa）。

三、实验材料

小麦、棉花、天竺葵。

四、设备与试剂

压力室水势测定仪、氮气储气瓶。

五、实验步骤

（一）仪器准备

打开仪器箱，用高压金属软管通过过渡接头把储气瓶与水势仪连接好。取下压力室盖，按测定材料的需要装好相应大小的孔（缝）金属垫片和橡胶密封垫，放在仪器台上的凹陷处。关闭进气阀和排气阀。为了避免仪器加压过高引起压力室内升温和空气变干的影响，可用湿润的纱布块放在压力室底部（注意不要堵塞进气孔）或罩在材料上。

（二）取样和装样

用小刀取供试样品（枝条或具柄叶片），叶柄和枝条应多出 3 cm 的长度用于固定到密封垫上，试样如不能立即测定时，应迅速将其装入塑料袋或微湿润的纱布内，放入带盖的瓷盘中防止水分散失。材料的切面应力求平整，否则应再做一次薄的垂直平滑切割。将它穿过盖上的孔（缝）使切割端露出几毫米，转动具有把手的压帽将材料夹好，要做到密封又不损伤材料（这需要操作经验）。为了减少水分散失，应尽快将盖放回，使它沿槽下降并顺时针转动，使盖上的字码与筒体字码重合，关好压力室。切记关好压力室！若疏忽大意，在未盖好盖子时加压，会使压力室盖脱出造成危险。

（三）加压测定

打开储气瓶阀少许（不宜开得过大），仪器台面上的小压力表指针转动，停下的位置显示储气瓶气压。轻微打开进气阀，使压力以 1.96×10^4 Pa·s^{-1}（0.2 kgf·cm^{-2}·s^{-1}）的速度上升，并用发光放大镜在压力室上部从 35°角处观察材料切面。当切面呈现湿润时立即关闭进气阀，从精密压力表上记下读数，从表 2-3 上换算出水势值（MPa），如果操作时光线不好或在夜间工作，可打开发光镜开关观察（用法见仪器说明书）。操作中如密封垫因未压紧漏气时，可轻轻将压帽进一步拧紧到不漏气为止。

表2-3　工作压力与水势换算表

工作压力（kgf·cm^{-2}·s^{-1}）	水势（MPa）
1	0.098 1
2	0.196 1
3	0.294 2
4	0.392 3
5	0.490 3
6	0.588 4
7	0.686 5
8	0.784 5
9	0.882 6
10	0.980 7
20	1.961 3
30	2.941 3
40	3.922 7
50	4.903 3
60	5.884 0
70	6.864 7
80	7.845 3
90	8.826 0
100	9.806 7

读数结束后，打开排气阀使压力室内的气体逸出，精密压力表指针回到零处，打开压力室盖，取下材料，关闭排气阀，进行下一次测定。工作结束后关闭储气瓶阀门，把仪器中的气体放尽，做好清洁工作，把箱盖盖好。

（四）野外操作

在野外操作时，一定要先装好铝管支架方可开始工作。

（五）节省气体操作

当测定样品为棒状枝条或禾本科植物叶片时（大叶片可取中脉旁的一部分），可将附件木筒放入压力室内填充室内容积50％，以减少气体用量和操作时间，提高工效，还可减少野外工作携带气体的数量。

六、实验结果

根据测定的压力值按表2-3工作压力与水势换算表的关系计算出植物的水势。

七、注意事项

① 压力室盖一定要关闭到位。

② 操作时切记不要把手和脸放在压力室的上方，以免发生意外事故。

③ 加压速度不宜过快，否则会因传导滞后效应使得到的结果偏高。

④ 仪器上的精密压力表，使用一段时间后，应按说明校验。仪器应注意轻搬轻放，强烈振动会影响仪表精度。

⑤ 仪器勿超压使用，当出现超压时，安全阀会发出泄气声，应立即停止加压。

⑥ 所用气体为氮，如果含二氧化碳、氧气太多，会对细胞有害，影响结果。

八、问题讨论

测定植物组织的水势方法有哪些？其原理各是什么？各有何优缺点？

实验五　植物组织中自由水和束缚水的测定

一、实验目的

学习植物组织中自由水和束缚水的测定方法；了解植物体的含水状况；比较不同植物的抗逆性强弱。

二、实验原理

植物组织中的水分以自由水和束缚水两种状态存在。自由水与束缚水含量的高低与植物的生长及抗逆性有密切关系。自由水与束缚水比值高时，植物组织或器官的代谢活动旺盛，生长较快，但抗逆性较弱；反之，则生长较缓慢，但抗逆性较强。因此，自由水与束缚水的相对含量可以作为衡量植物组织代谢活动及抗逆性强弱的重要指标。

自由水未被细胞原生质胶体颗粒吸附而可以自由移动、蒸发和结冰，可以作为溶剂。束缚水则被细胞原生质胶体颗粒吸附而不易移动，因而不能作为溶剂。基于上述特点以及水分依据水势差而移动的原理，将植物组织浸入高浓度（低水势）的糖溶液中一定时间后，自由水可全部扩散到糖液中，组织中便留下束缚水。自由水扩散到糖液后增加了糖液的体积，同时降低了糖液的浓度。测定此浓度，即可求出糖液的质量。用糖液的质量减去高浓度糖液的质量，即为植物组织中的自由水的质量（即扩散到高浓度糖液中的水的质量）。最后，用同样的植物组织的总含水量减去此自由水的含量即是植物组织中束缚水的含量。

糖液浓度的改变可用阿贝折射仪来测定。

三、实验材料

植物叶片。

四、设备与试剂

阿贝折射仪、分析天平或电子天平（感量 0.1 mg）、烘箱、干燥器、称量瓶、打孔器（面积 0.5 cm² 左右）、烧杯、瓷盘、托盘天平（感量 0.1 g）、量筒。

质量百分浓度为 60％～65％ 的蔗糖溶液：用托盘天平称取蔗糖 60～65 g，置于烧杯中，加蒸馏水 40～35 g，使溶液总重量为 100 g，溶解后备用。

五、实验步骤

（一）组织中总含水量的测定

取称量瓶 3 只（3 次重复），依次编号并准确称量。在田间选取生长一致的待测植物数株，选取各部位、长势、叶龄一致有代表性的叶片数片，用打孔器打取小圆片 150 片（注意避开粗大的叶脉），立即装到称量瓶中（每瓶随机装入 50 片），盖紧瓶盖并精确称量。将称量瓶连同小圆片置于 105 ℃ 的烘箱中烘 15 min，以杀死植物细胞，再于 80～90 ℃ 下烘干到恒重（称重前须在干燥器中冷却后再称）。

设称量瓶质量为 m_1，称量瓶与小圆片的总质量为 m_2，称量瓶与烘干的小圆片的质量为 m_3（重量均以 g 为单位），植物组织中的总含水量（％）可按下式计算

$$植物组织中的总含水量 = \frac{m_2 - m_3}{m_2 - m_1} \times 100\%$$

根据上式可分别求出 3 次重复所得到的植物组织总含水量值，进一步求出其平均值。

（二）植物组织中自由水含量的测定

取称量瓶 3 个并编号，并分别准确称量。在田间选取生长一致的待测植物数株，选各部位、长势、叶龄一致有代表性的叶片数片，用打孔器打取小圆片 150 片（注意避开粗大的叶脉），立即装到称量瓶中（每瓶随机装入 50 片），盖紧瓶盖并准确称量。3 个称量瓶中各加入 60％～65％ 的蔗糖溶液 5 mL，再分别准确称重。各瓶于暗处放置 4～6 h（经减压处理后，只需在暗处放置 1 h），其间不时轻轻摇动。到预定的时间后，充分摇动溶液。用阿贝折射仪分别测定各瓶糖液浓度，同时测定原来的糖液浓度。

设称量瓶重量为 m_1，称量瓶与小圆片的总重量为 m_2，称量瓶与小圆片及糖液的总重量为 m_4，糖液原来的浓度为 c_1，浸过植物组织后的糖液的浓度为 c_2。则植物组织中自由水的含量可由下式计算

$$植物组织中的自由水的含量 = \frac{(m_4 - m_2) \times \dfrac{c_1 - c_2}{c_1}}{m_2 - m_1} \times 100\%$$

根据上式可求出 3 次重复的测定值，并进一步求出其平均值。

（三）植物组织中束缚水含量的计算

植物组织中束缚水的含量 ＝ 组织中总含水量－组织中自由水含量

六、实验结果

1. 结果记录　将实验结果记入表 2 - 4。

表 2 - 4　植物组织中各种形态水含量

序号	m_1	$m_2 - m_1$	$m_3 - m_1$	$\dfrac{m_2 - m_3}{m_2 - m_1}$	$m_4 - m_2$	c_1	c_2	自由水含量	束缚水含量	$\dfrac{自由水含量}{束缚水含量}$
1										
2										
3										

2. 结果分析　根据测定结果，分析不同植物间及同一植物不同组织间的自由水与束缚水比值的变化与其生理代谢状况的关系。

七、注意事项

① 比较不同植物，要求选材一致。

② 烘干后的植物样品一定要置于干燥器中，否则易吸水，影响实验结果。

八、问题讨论

1. 测定植物组织中自由水和束缚水含量有何意义？

2. 自由水与束缚水比值的大小与植物生长、代谢活动及抗逆性关系如何？

附：阿贝折射仪的构造及使用方法

根据光学原理，当光线从某种透光介质射入密度不同的另一种介质时，其行进方向即发生改变，这种现象称为折射或折光，入射角正弦与出射角正弦之比称为折光率或折光系数。折光系数视介质的种类及浓度而异，亦随温度而变化，因此在同一温度之下，可以鉴别不同物质或同一物质的不同浓度。阿贝折射仪的构造如图 2 - 3a 所示。使用时把仪器放在光亮处，调节反光镜和校正螺丝，使望远镜中光线明亮，打开棱镜，滴上测定液 2～3 滴，将棱镜锁紧，使溶液在两个棱镜间成一薄层，无气泡，此时望远镜视野中可见到明暗不同的两个半圆，调节转动螺旋，消除因色散而产生的虹彩，只余黑白二色，再调节转动螺旋，使明暗交界线正通过十字交叉线的交点，如图2-3b所示。此时十字线如不清晰，可转动望远镜上的目镜，至清晰为止。然后从标尺镜中读出折光系数或相当于含糖量的百分数，如图2-3c所示。查表2-5求出温度在20℃时的含糖百分率，如温度不是20℃，则应查表2-6加以校正。

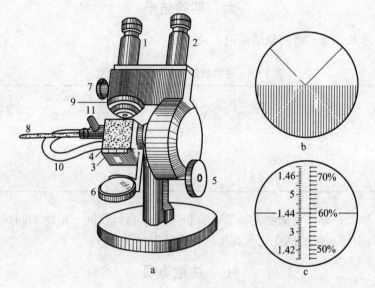

图2-3　阿贝折射仪
a. 阿贝折射仪的构造　b. 望远镜视野中可见到明暗不同的两个半圆
c. 标尺镜中读出折光系数或相当于含糖量的百分数
1. 望远镜　2. 标尺镜　3、4. 棱镜　5. 转动螺旋　6. 反光镜　7. 补偿棱镜调节器
8. 温度计　9. 校正螺丝　10、11. 通水保温装置

表2-5　根据温度20℃时折光系数测定糖液中含糖量的百分数

折光系数 (20℃)	含糖量 (%)	折光系数 (20℃)	含糖量 (%)	折光系数 (20℃)	含糖量 (%)	折光系数 (20℃)	含糖量 (%)
1.333 0	0	1.337 9	3.5	1.343 0	7.0	1.348 3	10.5
1.333 7	0.5	1.338 6	4.0	1.343 8	7.5	1.349 1	11.0
1.334 4	1.0	1.339 3	4.5	1.344 5	8.0	1.349 9	11.5
1.335 1	1.5	1.340 0	5.0	1.345 3	8.5	1.350 7	12.0
1.335 8	2.0	1.340 8	5.5	1.346 0	9.0	1.351 5	12.5
1.336 5	2.5	1.341 5	6.0	1.346 8	9.5	1.352 2	13.0
1.337 2	3.0	1.342 3	6.5	1.347 5	10.0	1.353 0	13.5

（续）

折光系数 （20℃）	含糖量 （%）	折光系数 （20℃）	含糖量 （%）	折光系数 （20℃）	含糖量 （%）	折光系数 （20℃）	含糖量 （%）
1.353 8	14.0	1.362 9	19.5	1.372 1	25.0	1.381 9	30.5
1.354 6	14.5	1.363 7	20.0	1.373 0	25.5	1.382 8	31.0
1.355 4	15.0	1.364 5	20.5	1.373 9	26.0	1.383 8	31.5
1.356 2	15.5	1.365 4	21.0	1.374 8	26.5	1.384 7	32.0
1.357 1	16.0	1.366 2	21.5	1.375 7	27.0	1.385 6	32.5
1.357 9	16.5	1.367 1	22.0	1.376 0	27.5	1.386 5	33.0
1.358 7	17.0	1.367 9	22.5	1.377 4	28.0	1.387 4	33.5
1.359 6	17.5	1.368 7	23.0	1.378 3	28.5	1.388 4	34.0
1.360 4	18.0	1.369 6	23.5	1.379 2	29.0	1.389 3	34.5
1.361 2	18.5	1.370 4	24.0	1.380 1	29.5		
1.362 0	19.0	1.371 3	24.5	1.381 0	30.0		

表 2-6　温度不是 20℃时折射仪的读数校正数

温度（℃）	试样中糖分含量（%）									
	5	10	15	20	30	40	50	60	70	80
	含糖百分数中减去（或加上）数值									
15	−0.25	−0.27	−0.31	−0.31	−0.34	−0.35	−0.36	−0.37	−0.36	−0.36
16	−0.21	−0.23	−0.26	−0.27	−0.29	−0.31	−0.31	−0.32	−0.31	−0.29
17	−0.16	−0.18	−0.20	−0.20	−0.22	−0.23	−0.23	−0.23	−0.20	−0.17
18	−0.11	−0.14	−0.14	−0.14	−0.15	−0.16	−0.16	−0.15	−0.12	−0.09
19	−0.06	−0.08	−0.08	−0.08	−0.09	−0.09	−0.09	−0.08	−0.07	−0.05
21	+0.06	+0.07	+0.07	+0.07	+0.07	+0.07	+0.07	+0.07	+0.07	+0.07
22	+0.12	+0.14	+0.14	+0.14	+0.14	+0.14	+0.14	+0.14	+0.14	+0.14
23	+0.18	+0.20	+0.20	+0.21	+0.21	+0.21	+0.23	+0.21	+0.22	+0.22
24	+0.24	+0.26	+0.26	+0.27	+0.28	+0.28	+0.30	+0.28	+0.29	+0.29
25	+0.30	+0.32	+0.32	+0.31	+0.36	+0.36	+0.38	+0.36	+0.36	+0.37
26	+0.36	+0.39	+0.39	+0.41	+0.41	+0.43	+0.46	+0.44	+0.43	+0.44
27	+0.43	+0.46	+0.46	+0.48	+0.50	+0.51	+0.55	+0.52	+0.50	+0.51
28	+0.50	+0.53	+0.54	+0.56	+0.58	+0.59	+0.63	+0.60	+0.57	+0.59
29	+0.57	+0.60	+0.61	+0.62	+0.66	+0.67	+0.71	+0.68	+0.65	+0.67
30	+0.64	+0.67	+0.70	+0.71	+0.74	+0.75	+0.80	+0.76	+0.73	+0.75

实验六　叶片气孔状态和数目的观测

一、实验目的

了解叶片气孔的分布、密度、形状、大小以及开闭情况；学习印迹法观测叶片气孔开闭的情况。

二、实验原理

气孔是植物叶片与大气间进行气体交换的主要通道，气孔在叶片上的分布、密度、形状、大小以及开闭情况等，可影响叶片扩散阻力而对植物的光合作用与蒸腾作用产生影响。在研究环境条件对气孔开闭的影响时，经常需要了解和测定气孔的开闭程度。观测气孔开闭状况的方法很多，如渗入法、印迹法等。而印迹法是最直观的方法，包括火棉胶印迹法、牛皮胶印迹法等，其中牛皮胶印迹膜韧性较大，针挑、镊夹及封片时均不易破碎，风干后的薄膜均匀平整，镜检时十分清晰，且胶液成本低，配制简便，成膜速度适中，不至于伤害植物组织，同一组织的表面能做连续印迹取样。

印迹法的原理就是将有机物的溶胶涂于叶片表面，干后即成为表皮细胞及气孔的印膜，供永久保存。将印膜撕下，在显微镜下计量气孔密度、观察气孔开闭、测量气孔的大小等。

单位叶面积气孔的数目：先记录显微镜每一视野中气孔的数目，再用显微测微尺量出视野直径，求得视野面积，由此计算出单位叶面积气孔的数目。

三、实验材料

植物叶片。

四、设备与试剂

显微镜、显微测微尺、载玻片、盖玻片、磨口玻璃瓶、毛笔或小玻璃棒、解剖针、尖头镊子、脱脂棉。

牛皮胶溶液：称取牛皮胶 5～10 g，放入 100 mL 水中，置水浴锅中加热使成溶胶。如需保存较长时间，可加数滴防腐剂（如甲苯），若加入亮绿或番红等染料防腐，能保存 1 年以上。

醋酸纤维素溶胶：称醋酸纤维素 1 g，加 100% 丙酮 10 mL 溶解即可。

石蜡或阿拉伯胶。

五、实验步骤

(一) 测定气孔数目和密度

将新鲜叶片上表皮或下表皮制片，置于显微镜下计算视野中气孔的数目，移动制片，在表皮的不同部位进行 5～6 次计数，求其平均值。随后用显微测微尺量得视野的直径，按公式 $S=\pi r^2$ 计算出显微镜的视野面积 S，用视野中气孔的平均数除以视野面积，即可求出气孔密度，以"$cfu \cdot mm^{-2}$（气孔个数·毫米$^{-2}$）"表示。

(二) 气孔状态的观测

用干净毛笔或小玻璃棒在供试植物叶片的下表皮上均匀地刷一薄层牛皮溶胶，待胶膜干后，用镊子取下胶膜，放在载玻片上，盖上盖玻片，在放有显微测微尺的显微镜下观察，测量 10 个气孔的开张宽度，求出平均值，即为供试植物在当时条件下的气孔开张度。

六、实验结果

记录不同植物叶片和同一叶片的上下表皮气孔数和密度以及气孔的开张度。

七、注意事项

① 表皮不易撕开的叶片，可用火棉胶制取叶片表面模型，然后进行测定。
② 牛皮胶膜如遇水会吸湿，印迹胶膜则立即变形或消失。
③ 为了长期保存，可在干燥条件下用石蜡或阿拉伯胶把盖玻片封固。
④ 可用火棉胶液或醋酸纤维素胶代替牛皮胶，优点是胶膜干燥速度快，缺点是对植物组织有伤害。

八、问题讨论

阴生植物与阳生植物的叶片气孔密度有何不同？阴天和晴天叶片的气孔状态有何不同？

实验七 钾离子对气孔开度的影响

一、实验目的

了解钾离子对气孔开度的影响。

二、实验原理

保卫细胞的渗透系统可由钾离子所调节,非环式光合磷酸化或环式光合磷酸化形成的 ATP 不断供给保卫细胞原生质膜上的钾-氢离子交换泵使保卫细胞逆着离子电化学势差而从周围表皮细胞吸收钾离子,降低保卫细胞的渗透势,从而使气孔张开。

三、实验材料

盆栽蚕豆、鸭跖草、紫鸭跖草。

四、设备与试剂

显微镜、培养皿、温箱、镊子、载玻片、盖玻片;0.5%硝酸钾、0.5%硝酸钠。

五、实验步骤

(一) 植株预处理

于实验前 1 h 用两支 1 000 W 碘钨灯对盆栽蚕豆进行照光处理,其间随时用水喷洒叶片,以保持叶片润湿,促使气孔开放,从植株取一叶片,撕取下表皮,做镜检。如有相当部分的气孔已张开,则可进行下列实验。

(二) 处理植物表皮

在 3 个培养皿中分别加入 0.5% KNO_3、0.5% $NaNO_3$ 及蒸馏水各 15 mL,将撕下的蚕豆叶表皮若干放入 3 个培养皿中,培养皿置于 1 000 W 碘钨灯下光照 1~1.5 h。

(三) 镜检

在显微镜下观察各处理表皮的气孔开度。

六、实验结果

记录并比较不同植物叶片的气孔开度。

七、注意事项

① 实验前用光照进行处理,以促使气孔开张,缩短实验时间,提高处理效应,是实验成功之关键。

② 室温低时,将照光培养皿放置得离光源稍近一些,使培养皿中溶液温度能上升至 30~35℃。

八、问题讨论

1. 试比较在何种溶液中气孔的开度最大？为什么？
2. 观察前为何要加温与照光？

实验八 植物蒸腾速率的测定

一、实验目的

学习恒态气孔计的基本结构及其应用原理；学习植物蒸腾速率的测定方法。

二、实验原理

气孔是二氧化碳及水气进出叶片的门户，气孔的开闭对于调节光合速率与蒸腾速率，使水分利用效率达到最优化具有至关重要的作用。因此在植物生理生态研究中，需要经常对蒸腾速率和气孔扩散阻力进行定量化描述。植物蒸腾速率的测定有很多经典的方法，如离体快速称量法、干燥管吸湿法等。这些方法是在没有现代先进仪器的简单条件下进行的，现在人们设计出各种类型的气孔计来完成这类任务，如 LI-1600 恒态气孔计（steady state porometer）。另外，目前 LI-6400 型便携式光合作用测定系统也能快捷地测定蒸腾速率和气孔导度，但无论哪种仪器，其测定原理是相似的。现将该仪器的测定原理介绍。

蒸腾作用是水气分子从叶肉细胞间隙通过气孔向空气中扩散的过程，其结果是使叶片周围的空气湿度增加。原则上，只要测得叶片周围一定体积的空气中在一定时间内相对湿度的变化，即可求得叶片蒸腾速率。这种测定方式称为非恒态测定，其主要缺点是在测定过程中，叶片周围空气中不断增大的相对湿度会使蒸腾速率持续下降，很难测得蒸腾速率在某种稳恒条件下的恒定值。而 LI-1600 恒态气孔计则在测定过程中不断向叶室补充干空气，利用湿度传感器反馈给流量自动控制器的信号，使干空气的流量恰好能使叶室中的湿度维持开始测定时的设定值，从而实现了恒态测定；仪器借助其中的微处理器和温度、湿度、流量等传感器，自动测出进入叶室的干、湿空气和流出叶室的空气温度、湿度、流量以及叶片温度等参数，并对测得的各个参数进行运算，即可显示出蒸腾速率、气孔阻力（或气孔导度，即气孔阻力的倒数）等结果。

对于蒸腾速率 E（$mg \cdot cm^{-2} \cdot s^{-1}$），有

$$E = (\rho_c - \rho_d)\frac{F}{A} \qquad (1)$$

式中 ρ_c——叶室内空气的水气密度〔可由当时空气温度下的饱和水气密度（有关数据已储存在仪器中）乘以测得的相对湿度求出，$mg \cdot cm^{-3}$〕；

ρ_d——补充的干空气的水气密度（其值一般固定在相对湿度为 2%）（$mg \cdot cm^{-3}$）；

F——干空气的容积流量（$cm^3 \cdot s^{-1}$）；

A——叶面积（cm^2）。

既然蒸腾作用是水气分子的扩散，其过程应符合费克扩散定律，即水气的扩散通量与扩散途径两端的水气密度梯度成正比，而与扩散途径的阻力成反比。因此，蒸腾速率还可用下式表示

$$E = \frac{\rho_i - \rho_c}{R} \qquad (2)$$

式中 ρ_i——叶肉细胞间隙中的水气密度（$mg \cdot cm^{-3}$）；

R——叶片对水气的扩散阻力（$s \cdot cm^{-1}$）。

此式与欧姆定律十分相似，可以按照类比方法进行处理。在实际测量时，可把 ρ_i 视为被测叶片叶温下的饱和水气密度，只要测得叶片温度，即可按现成公式计算或查表求得（已储存在仪器的微处理器中）。如前所述，ρ_c、E 均可由仪器测得。获得这些参数后，便可按上式计算出叶片扩散阻力 R，或叶片导度 G。

$$R = \frac{\rho_i - \rho_c}{E} \qquad (3)$$

$$G = \frac{1}{R} = \frac{E}{\rho_i - \rho_c} \qquad (4)$$

叶片的扩散阻力还可细分为气孔阻力（r_s）、角质层阻力（r_c）和界面层阻力（r_b）3 部分。由于气孔在调节蒸腾作用方面具有特殊的重要性，因而成为研究的重点。角质层虽然具有一定的透水性，但除了尚未完全展开的幼叶以外，一般成长叶片的角质层阻力很大（即角质层导度很小），致使角质层蒸腾十分微弱，故常略而不计。界面层阻力指叶表面空气滞留层对气体扩散产生的阻力，它的大小与叶表面的性质、叶片大小和风速有关。叶表面愈光滑、叶片愈小，风速愈大，则界面层阻力愈小；反之则愈大。直接测定叶片界面层阻力比较困难，一般用变通的方法，即将浸湿的滤纸片代替叶片置放在仪器中，用内置风扇吹以标准的风速，测定单位时间内叶室内湿度的增加值，在这种情况

下，湿滤纸相当于被剥去表皮的叶片，气孔阻力为零，只有界面层阻力 r_b 存在，所以，根据式（3）计算出的 R 值就是界面层阻力 r_b。实际上，没有必要对每张叶片都测定一次界面层阻力，因为，表面性质相近的叶片，r_b 值差异不大。本仪器的设计者已根据实测资料，将不同种类植物叶片的界面层阻力分为若干类型输入到仪器中，测定时只需选择其中相近的数据输入即可，对于大多数叶片，仪器将 r_b 设为 $0.15\ \mathrm{s \cdot cm^{-1}}$。

由水气的扩散途径可以看出，r_s 和 r_b 相当于串联电路中的两个电阻，因此叶片总阻力 R 等于两者之和

$$R = r_s + r_b \tag{5}$$

将式（5）代入式（3），整理，得气孔阻力的计算公式

$$r_s = \frac{\rho_i - \rho_c}{E} - r_b \tag{6}$$

在大多数情况下，常用气孔导度 g_s 来代替气孔阻力 r_s，两者是互为倒数关系：

$$g_s = \frac{1}{r_s} \tag{7}$$

气孔导度的优点是与通量成正比关系，容易进行数据处理；而气孔阻力与通量则呈双曲线关系，数据处理常有不便。

气孔阻力的常用量纲为 $\mathrm{s \cdot cm^{-1}}$，气孔导度的量纲则为 $\mathrm{cm \cdot s^{-1}}$。本仪器中，同时给出了另一种表示方法，即气体密度以摩尔分数（$\mathrm{mol \cdot mol^{-1}}$）表示，这是一个无量纲单位，本仪器给出的蒸腾速率的单位均为 $\mu\mathrm{g\ (H_2O) \cdot m^{-2} \cdot s^{-1}}$，要换算成国际单位 $\mathrm{mmol\ (H_2O) \cdot m^{-2} \cdot s^{-1}}$。

三、实验材料

植物叶片。

四、设备与试剂

恒态气孔计，硅胶。

恒态气孔计由两大部分组成：读数控制台和感应探头。

读数控制台包括：电源开关及充电装置、与感应探头相通的插孔、干空气通道及其控制装置、读数显示装置、数据输出插孔（图 2-4）。

感应探头亦可叫做叶室，其中有湿敏电阻、混合风扇，上部孔口附有夹叶片的叶夹和孔帽，近手柄处有 "HUM. SET"、"HOLD" 开关，还有测叶温的热电偶及测定光照的光量子探头。

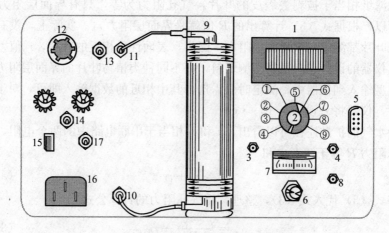

图 2-4 恒态气孔计的读数控制台

1. 显示窗　2. 读数转换旋钮　① 叶温挡位　② 叶室温度挡位
③ 气流速度挡位　④ 输入测定面积挡位　⑤ 相对湿度挡位　⑥ 光量子密度挡位
⑦ 扩散阻力挡位　⑧ 蒸腾强度挡位　⑨ 输入大气压挡位　3. 输入测定面积电位计
4. 输入大气压电位计　5. 数据输出连接插孔　6. 零点调节阀　7. 零点调节指示器
8. 零点增益调节电位计　9. 干燥剂管　10. 干空气进入处　11. 干空气输出处
12. 探头电线连接插孔　13. 探头软管连接插孔　14. 外接电源插孔
15. 电压选择开关　16. 交流电插销　17. 开关

五、实验步骤

（一）测定前的准备

① 在接通交流电源之前，务必将电压选择开关拨至 230 V AC（我国市电为 220 V），并装配合适的保险丝。

② 打开仪器开关之前必须将感应探头上电线和软管线连接到读数控制台相应的插孔上。否则显示窗会显示"HELP"字样，易使仪器损坏。

③ 室内测定可直接用交流电，电源插头插在读数控制台"AC POWER"位置。田间测定则需要事先充电 16～24 h，一次充电可用 6～8 h。充电电池耗竭时，显示窗出现断续小点闪烁，仪器自动关闭。

④ 测定前需向仪器输入当地大气压值。将读数控制旋钮转向"PRESS. SET"位，用小螺丝刀调节输入大气压电位计，直至显示窗显示当地大气压数值。

⑤ 测定前还需输入小孔帽面积（即所测叶面积值）。将读数控制转换旋钮转向"APER. SET"位，用小螺丝刀调节输入小孔面积电位计，直至显示窗显示小孔面积数值。该仪器可调范围为 0～12 cm²，但低于 0.5 cm² 不能测定。

⑥ 每次测定前需用175 ℃烘干1 h的硅胶干燥剂，更换探头和读数控制台两个干燥剂管中干燥剂。注意，烘干的干燥剂必须先放凉后，才能使用。

（二）测定

① 将"ON–OFF"开关拨向"ON"位，接通电源，预热。

② 输入零点RH。第一次测定前，或关闭电源后再次接通电源，或环境RH（相对湿度）变化较大时，均需输入零点RH。先关闭零点调节阀，将读数控制转换旋钮转向"FLOW"位，显示窗显示零（即无干空气进入叶室）。再将旋钮转向"REL. HUM"位，打开叶夹，使叶室与周围环境平衡。平衡时间长短与环境RH波动大小有关，一般为几分钟，有时则需1 h。在显示窗中RH值稳定后，按"HUM. SET"开关1 s，零位调节指示器指针位于中心位置，此时显示窗中数值为零点RH。

如果需要零点RH低于环境RH，压住"HUM. SET"开关6 s后，打开零点调节阀，RH开始下降，当RH达到预期值时，放开"HUM. SET"开关，此RH为零点RH。

如果需要零点RH高于环境RH，关闭零点调节阀，夹住叶片，当RH高于环境RH并达到预期值，压住"HUM. SET"开关1 s，此RH为零点RH。

③ 夹住欲测叶片。若RH显示高于零点RH，零点调节指示器指针向右偏离中心，应反时针旋转零点调节阀，增加干空气流入量。若显示窗RH显示低于零点RH，零点调节指示器指针向左偏离中心，应顺时针方向旋转零点调节阀，减少干空气流入量。

如果零点调节指示器指针处在标度范围内，RH接近零点RH，此时不需调节零点调节阀。因为微处理器可调节干空气气流，使RH达到零点RH。假如指针移动很快，表示零点调节阀开得太大；如果指针移动太慢，还需加大零点调节阀。

当零点调节指针稳定地指向中心时，实际上已达到稳态条件的零点RH。假如指针稍偏离中心，而且是稳定的，实际上也达到了稳态条件。

通常扩散阻力为5 s·cm^{-1}的叶片，达到稳态条件大致需10～20 s。扩散阻力大时，需要时间较长。假如几个叶片扩散阻力变化不大，不需要调节零点调节阀。

④ 当显示窗RH达到零点RH，将"HOLD"开关压向左面，然后再读数。

⑤ 旋转读数控制转换旋钮到各个读数挡位，在显示窗中读出：叶温、叶室温度、光量子密度、扩散阻力、蒸腾速率。

⑥ 读数完毕，将"HOLD"开关压向右边，进行另一叶片测定。

⑦ 测定结束后，关闭电源开关，并将探头的两根接线从读数控制台上卸下，装入箱中。

六、实验结果

计算叶片总阻抗与环境蒸腾速率。

七、注意事项

① 第一次使用此仪器前，必须先阅读说明书，或请仪器管理者给予技术指导。

② 该仪器不能在含二氧化硫等酸性环境和烟煤灰尘太多的地方使用。酸性环境中使用时，若露水或水滴落至湿敏电阻上，会损坏仪器。

③ 叶室内零点 RH 虽然可任意输入，但在 $20\%\sim80\%$ 范围内精度最高。

④ 每台仪器右边数据输出连接插孔，通过 RS232C 接口与计算机相连，将"HOLD"开关拨向左边，读数可转储于计算机中。

⑤ 如果测定的扩散阻力和蒸腾速率超过显示器显示范围，显示窗呈现"0000"，表示干空气输入为零，数字无用。

⑥ 在冷凉干燥和温暖潮湿环境中交替使用仪器时，叶室内会发生冷凝作用。冷凝以后需数小时后才能恢复正常。

⑦ 测定过程中物理振动可能造成某些植物气孔关闭，影响测定准确性。

⑧ 仪器在阴凉干燥环境中保存。

八、问题讨论

1. 在田间条件下测定，不同层次叶片的蒸腾速率有何差别？
2. 在测定蒸腾速率的时候，叶片不同部位的值有何差别？
3. 光强与蒸腾速率有何关系？

第三章　植物的矿质营养

实验一　植物的溶液培养技术及缺素症状观察

一、实验目的

掌握植物的溶液培养技术及植物缺素症状的识别方法。

二、实验原理

植物的溶液培养有水培法、砂培法等。水培法是将植物培养在含有多种盐的溶液中。而砂培法则是以固体成分（石英砂、蛭石等）作为植物的固定物，通过添加各种盐的混合液来培养植物。植物必需的大量营养元素、微量营养元素以及各种元素的缺乏症都是通过水培法或砂培法来确定的。对植物成分进行化学分析并不能判定哪种元素是植物所必需的，只有通过缺素培养，再观察植物的生长发育，才能确定植物的必需元素。所以，到目前为止，缺素培养仍然是研究植物营养的基本手段。水培法比砂培法简单，只要严格清洗容器，水和盐都十分纯净，就可以进行培养研究。而砂培法所用的固体成分往往有许多水溶性或酸溶性杂质，在研究微量元素的必要性时即使经过严格的清洗，也很难保证绝无干扰。但是，砂培介质的通气性比水培要好，采用能排水的容器，可以保证根际有较好的通气性。

三、实验材料

番茄、向日葵、烟草、菜豆等对缺素敏感植物 7～10 d 的幼苗。

四、设备与试剂

火焰光度计（或原子吸收分光光度计），pH 计或 pH 试纸，1 000 mL 试剂瓶，500 mL、1 000 mL 容量瓶，5 mL 移液管，1～2 L 的培养盆，有孔木塞，软木塞，打孔器，刀片，棉花，各种营养液（表 3-1 至表 3-3）。

表 3-1　常量元素储备液（浓度在应用时可酌情调整）

储备液编号	化学药品	用量（g·L^{-1}）	浓度（mol·L^{-1}）
1	$NH_4H_2PO_4$	23	0.20
2	NH_4NO_3	40	0.50
3	$Ca(NO_3)_2$	189	1.15
4	$CaCl_2$	29	0.26
5	$MgCl_2 \cdot 6H_2O$	41	0.20
6	$Mg(NO_3)_2 \cdot 6H_2O$	51	0.20
7	$MgSO_4 \cdot 7H_2O$	99	0.40
8	KH_2PO_4	27	0.20
9	KNO_3	121	1.20
10	K_2SO_4	87	0.50
11	$FeCl_3 \cdot 6H_2O$	10	0.04

表 3-2　微量元素储备液

（各种盐一起混合，浓度是指某种盐在混合液中的最终浓度）

储备液编号	化学药品	用量（g·L^{-1}）	浓度（mol·L^{-1}）
	H_3BO_3	0.72	1.2×10^{-2}
	$CuCl_2 \cdot 2H_2O$	0.02	1.2×10^{-4}
12	$MnCl_2 \cdot 4H_2O$	0.45	2.3×10^{-3}
	$ZnCl_2$	0.06	4.4×10^{-4}
	$H_2MoO_4 \cdot H_2O$	0.01	6.0×10^{-5}
13	Fe-EDTA	每升溶液中含 2.68 g EDTA-Na$_2$ 和 1.98 g $FeSO_4 \cdot 7H_2O$	

表 3-3　缺素营养液

储备液编号	完全营养液	-N	-P	-K	-Ca	-Mg	-S	-Fe^{3+}	-Fe^{2+}	-微量元素
1	5	—	—	5	5	—	5	5	5
2	—	—	1	6	8	6	—	—	—
3	5	—	5	—	5	5	5	5	5
4	5	5	5	5	—	5	5	5	5
5							5			
6	—	—	—	—	—	5	—	—	—

（续）

储备液编号	完全营养液	-N	-P	-K	-Ca	-Mg	-S	-Fe³⁺	-Fe²⁺	-微量元素
7	5	5	5	5	5	—	—	5	5	5
8	5	—	—	—	5	5	—	—	—	—
9	5	—	5	—	5	5	5	5	—	5
10	5	—	—	—	—	4	—	—	—	—
11									2	
12	2	2	2	2	2	2	2	2	2	—
13	2	2	2	2	2	2	2	—	—	2

注：①表中的数字表示每升营养液中所用储备液的毫升数。②配制营养液时，要根据容器的容量按比例配制，每加一种储备液应即刻充分搅匀，然后再加下一种储备液，注意不要污染储备液，否则得不到预期实验效果。③表中"-N"表示缺 N，余同。

几种常见营养液的配方：见表 3-4 至表 3-7。

表 3-4　Knop 溶液

成　　分	用量（g·L⁻¹）	浓度（mol·L⁻¹）
KNO_3	0.2	2×10^{-3}
$Ca(NO_3)_2 \cdot 4H_2O$	0.8	5×10^{-3}
K_2HPO_4	0.2	1.5×10^{-3}
$MgSO_4 \cdot 7H_2O$	0.2	9.5×10^{-4}
$FePO_4$	0.1	6.62×10^{-4}

表 3-5　Hoagland 溶液

成　　分	用量（g·L⁻¹）	浓度（mol·L⁻¹）
KNO_3	0.51	0.005
$Ca(NO_3)_2$	0.82	0.005
$MgSO_4 \cdot 7H_2O$	0.49	0.002
KH_2PO_4	0.136	0.002
酒石酸铁 0.5% 溶液（以 Fe-EDTA 代替）	每升加 1 mL	
微量营养物质（A-Z溶液）	每升加 1 mL	

表 3-6 A-Z溶液：Arnon（1938）

成　　分	用量（mg·L^{-1}）
H$_3$BO$_3$	2.86
ZnSO$_4$·7H$_2$O	0.22
CuSO$_4$·5H$_2$O	0.08
MnCl$_2$·4H$_2$O	1.81
H$_2$MoO$_4$·H$_2$O	0.09

表 3-7 木村 B 溶液（适于水稻培养）

试　　剂	培养液（mg·L^{-1}）	营养液元素浓度（mg·L^{-1}）	
(NH$_4$)$_2$SO$_4$	48.2	N	23.0
KH$_2$PO$_4$	24.8	P	5.6
KNO$_3$	18.5		
K$_2$SO$_4$	15.9	K	21.4
Ca(NO$_3$)$_2$	59.9	Ca	14.6
MgSO$_4$	65.9	Mg	13.3
柠檬酸铁		Fe	1.4~3.5

注：表中的柠檬酸铁可用 Fe-EDTA 代替，每升培养液加 1 mL。

　　Fe-EDTA 溶液：将 5.57 g FeSO$_4$·7H$_2$O 和 7.45 g EDTA-Na$_2$ 分别溶于 200 mL 蒸馏水中。对 EDTA-Na$_2$ 溶液加热，再缓慢加入 FeSO$_4$·7H$_2$O 溶液，并不断搅拌。冷却后定容至 1 L。采用此法制备的 Fe-EDTA 溶液比较稳定，在培养液中，铁不会发生沉淀。

五、实验步骤

（一）水培法

　　① 用于水培的容器（陶瓷或高分子材料），经自来水洗净之后，用 5 mol·L^{-1} 盐酸处理。然后用去离子水淋洗干净。特别是做缺某种微量元素的培养，容器的清洗应相当严格（先依次用乙醇、酸和水清洗，再用高压蒸汽处理。在使用之前再用 1% 醋酸和去离子水淋洗一次，以清除可能吸附的痕量铁）。

　　② 将配制的营养液倒入容器。

　　③ 将培育 7~10 d 的幼苗用去离子水清洗根系，然后移栽于营养液中。移

栽时，在容器盖的每组小孔中放入一棵幼苗（留出一孔作加水用）。与孔沿接触的茎基部用棉花包裹，然后用钻有孔分成两半的软木塞夹住塞入盖孔中。使根系全部浸入溶液中，最后用去离子水充满容器。

④ 每天通气 10 min。

⑤ 在培养过程中，注意用 pH 试纸或 pH 计测试营养液的 pH 变化。铵盐往往使培养液 pH 降低，硝酸盐使 pH 升高。在 pH 4.0 以下和 pH 8.5 以上均会伤害根系。过低的 pH 造成酸害，过高的 pH 往往使 P 与 Fe 沉淀而出现缺 Fe 和缺 P 症。小麦在 pH 4.0 以下仍然生长较好。番茄、莴苣在 pH 4.0 及 pH 9.0 还能健壮生长，所以不同植物适用的 pH 范围各不相同。培养液的 pH 可用 $0.1 \text{ mol} \cdot \text{L}^{-1}$ HCl 或 KOH 进行调节。

培养时间为 3～5 周，注意观察植物的生长情况，记录出现的缺素症状及其出现时期与出现的部位。待植株症状明显后，将缺素培养液换成完全培养液，留下一株继续培养，观察植株症状是否减轻以至消失。

（二）砂培法

采用 80％～90％直径为 0.5～1.0 mm 的砂粒作砂培，可使许多植物生长繁茂。若砂子过细，表面易长藻类，在表面加一层粗砂即可避免。

作常量元素分析用的砂子，用水冲洗干净即可使用。但作钙素营养分析的试验砂，则必须先用 3％的冷盐酸浸泡一星期。先用水淋洗，后用适合的营养液每天早晚各淋洗一次。直到洗出液与原液 pH 相同为止。再用适合的营养液浸泡 24 h，pH 不变，方可终止淋洗。可用溴甲酚绿作指示剂。用上述方法处理，大约要两个星期以上，绝不能贪图省事。

作微量元素试验的砂子，应严格处理。一般先用 9％～10％热盐酸处理，再加 10％热草酸处理，随后用去离子水或用玻璃蒸馏装置制得的蒸馏水将酸冲洗干净。反复处理 3 次，每次用酸浸泡 3～4 h，最后用适合的营养液平衡。

处理后的砂子根据需要可装入排水的或不排水的容器中（比如小米在排水砂培中比在不排水砂培中生长较好）。排水容器装的砂子可以粗一些（直径 2～2.5 mm），不排水容器装的砂子可以细一些（直径 0.2～1.0 mm）。用排水容器砂培，适于滴加营养液。而不排水容器则可定期添加营养液。使砂保持一定的含水量并供给植物养分。

同水培法一样，砂培法先育苗，然后移栽。每盆移栽两株，待成活后去除一株，留下一株。根据容器大小，每盆株数可酌情安排。砂培时间为 3～5 周，注意观察生长发育情况，记录其出现的缺素症状、出现时期及出现的部位。待植株症状明显后，将缺素培养液换成完全培养液，留下一株继续培养，观察植株症状是否减轻以至消失。

六、实验结果

① 观察记录植株生长情况。

② 用火焰光度计测定溶液中或植物中的钾或钠的变化状况。

③ 元素缺乏症检索：

Ⅰ. 老叶先受影响。

（1）影响遍及全株，下部叶片干枯并死亡。

    a. 植株淡绿色，下部叶片发黄，叶柄短而纤弱 ……………… 缺 N

    b. 植株深绿色，并出现红或紫色，下部叶子发黄，

       叶柄短而纤弱 …………………………………………… 缺 P

（2）影响限于局部，有缺绿斑，下部叶片不干枯，叶片边缘卷曲呈凹凸不平。

    a. 叶片缺绿斑有时变红，有坏死斑，叶柄纤弱 ……………… 缺 Mg

    b. 叶片缺绿斑，在叶片边缘和近叶尖或叶脉间出现

       小坏死斑，叶柄纤弱 …………………………………… 缺 K

    c. 叶片缺绿斑，叶片包括叶脉产生大的坏死斑，

       叶片变厚，叶柄变短 …………………………………… 缺 Zn

Ⅱ. 幼叶先受影响。

（1）顶芽死亡，叶片变形和坏死。

    a. 幼叶变钩状，从叶尖和边缘开始死亡 …………………… 缺 Ca

    b. 叶基部淡绿，从基部开始死亡，叶片扭曲 ……………… 缺 B

（2）顶芽仍活着，缺绿或萎蔫而无坏死斑。

    a. 幼叶萎蔫，不缺绿，茎尖弱 ……………………………… 缺 Cu

    b. 幼叶不发生萎蔫，缺绿。

    （a）有小坏死斑，叶脉呈绿色 …………………………… 缺 Mn

    （b）无坏死斑，叶脉呈绿色 ……………………………… 缺 Fe

    （c）无坏死斑，叶脉失绿 ………………………………… 缺 S

七、注意事项

① 水稻种子用漂白粉溶液表面灭菌 30 min，用无菌水洗几次，放在尼龙网上发芽。

② 玻璃、瓷质、塑料（聚乙烯）的培养缸均可。培养缸内液面不宜过高，便于自然通气。缸不宜过浅，浅则对根的生长不利。做微量元素试验时，最好用聚乙烯培养缸，或用聚乙烯薄膜的袋子装培养液放一般培养缸中，这样可避

免缸内释放微量元素的干扰。缸数不多可用金鱼缸通气的气泵，缸数多要用小型的空气压缩机，压出的空气要经过洗涤去除油气，才能通入培养缸。

③ 水稻的培养液用木村 B 溶液。做微量元素试验，要用高纯度的试剂，或所有试剂经过纯化才能使用。所用各种化学试剂见各营养液配方或采用缺素培养液配方。

④ 溶液培养用的水，可以用离子交换纯水器制备，做微量元素试验时要用硬质玻璃蒸馏器制备的重蒸水，或用玻璃蒸馏器制备的蒸馏水再经过离子交换纯水器处理后才可用。

⑤ 在水稻的培养液中加硅酸钠（水玻璃：$100\sim300\ mg \cdot L^{-1}$）。水玻璃碱性很大，不宜直接加入培养液。要先用稀盐酸中和稀释水玻璃，至水玻璃成乳白色的沉淀，才能加入培养液，每升培养液中加入 1 mL 水玻璃。

⑥ 选取尼龙网上生长大小一致的水稻幼苗，并将尼龙网木框放置培养缸上培养。

⑦ 夏天水培水稻要大量通气。当不通气或通气量小时，培养液发出硫化氢的臭味，并且溶液发黑，根也发黑。

⑧ 水培水稻到开花结实并不难，但要在培养过程中精心管理，经常调节培养液的 pH。

⑨ 根据生长的快慢，决定每周更换溶液的次数。每天补充蒸发、蒸腾失去的水分。防止病害、虫害。

⑩ 水稻的矿质营养对硅有特殊的需要，营养液中加硅可使水稻地上部和地下部都生长良好。

⑪ 水稻虽为沼泽植物，体内有通气的构造，但大量通气仍有利于生长。

八、问题讨论

1. 溶液培养方法有哪些？
2. 常用溶液培养液的配方有哪些？
3. 溶液培养的应用有哪些方面？

实验二　氯化三苯基四氮唑法测定植物根系活力

一、实验目的

掌握 TTC 法测定植物根系活力的原理和方法。植物根系与植株整个生命活动紧密相关，其作用主要有：对地上部的支持和固定；物质的储藏；对水分和盐类的吸收；合成氨基酸、激素等物质。因此根系的活力是植物生长的重要生理指标之一，它直接影响地上部的生长和营养状况及产量水平。

二、实验原理

氯化三苯基四氮唑（TTC）是标准氧化电位为 80 mV 的氧化还原色素，溶于水中成为无色溶液，但还原后即生成红色而不溶于水的三苯基甲腙（TTCH 或 TTF），比较稳定，不会被空气中的氧自动氧化，所以 TTC 被广泛地用做酶促反应实验的氢受体。根系中脱氢酶的活性强弱与根的活力成正相关。所以 TTC 还原量能表示脱氢酶活性并作为根系活力的指标。

$$\left[C_6H_5 - \underset{N=N-C_6H_5}{\overset{N-N-C_6H_5}{\diagdown}} \right] Cl \xrightarrow{+2H} C_6H_5 - \underset{N=N-C_6H_5}{\overset{\overset{H}{\mid}}{\underset{N-N-C_6H_5}{\diagdown}}} + HCl$$

TTC(无色)   TTF(红色)

三、实验材料

水培、砂培水稻、小麦等植物根系。

四、设备与试剂

分光光度计，电子天平，温箱，研钵，漏斗，试管架，药勺，石英砂，50 mL 三角瓶，100 mL 量筒，10 mL 移液管，10 mL 刻度试管，10 mL 容量瓶，10 mL、1 000 mL 烧杯。

乙酸乙酯（分析纯）或丙酮，保险粉（连二亚硫酸钠，$Na_2S_2O_4$）。

1% TTC 溶液：准确称取 TTC 1.0 g，溶于少量水中，定容到 100 mL。用时稀释至需要的浓度。

0.1 mol·L^{-1}磷酸缓冲液（pH7.5）。

1 mol·L^{-1}硫酸：用量筒取相对密度为 1.84 的浓硫酸 55 mL，边搅拌边缓慢加入盛有 500 mL 蒸馏水的烧杯中，冷却后稀释至 1 000 mL。

五、实验步骤

（一）制作标准曲线

取 0.4% TTC 溶液 0.2 mL 放入 10 mL 刻度试管中，加少许 $Na_2S_2O_4$ 粉末摇匀后立即产生红色的三苯基甲腙。再用乙酸乙酯或丙酮定容至刻度，摇匀。然后分别取此液 0.25 mL、0.50 mL、1.00 mL、1.50 mL、2.00 mL 置于 10 mL 容量瓶中，用乙酸乙酯定容至刻度，即得含三苯基甲腙 25 μg·mL^{-1}、50 μg·mL^{-1}、

$100\ \mu\text{g} \cdot \text{mL}^{-1}$、$150\ \mu\text{g} \cdot \text{mL}^{-1}$、$200\ \mu\text{g} \cdot \text{mL}^{-1}$ 的标准比色系列溶液，以空白作参比，在 485 nm 波长下测定吸光度，绘制标准曲线。

（二）样品处理

称取根尖样品 0.5 g，放入 10 mL 烧杯中，加入 0.4％ TTC 溶液和磷酸缓冲液的等量混合液 10 mL，把根充分浸没在溶液内，在 37 ℃下暗保温 1～3 h，此后加入 1 mol·L^{-1} 硫酸 2 mL，以停止反应。与此同时做一空白实验，先加硫酸，再加根样品，其他操作同上。然后把根取出，吸干水分后与乙酸乙酯或丙酮 3～4 mL 和少量石英砂一起在研钵内磨碎，以提取三苯基甲腙。将红色提取液移入试管，并用少量乙酸乙酯或丙酮把残渣洗涤 3 次，皆移入试管，最后加乙酸乙酯或丙酮使总量为 10 mL，用分光光度计在 485 nm 波长下比色，以空白试验作参比测出吸光度，查标准曲线，即可求出 TTC 的还原量。

六、实验结果

按下列公式计算 TTC 的还原量（以鲜重计），求出根活力大小。

$$\text{TTC 的还原强度}(\mu\text{g} \cdot \text{g}^{-1} \cdot \text{h}^{-1}) = \frac{xa}{mt}$$

式中　x——标准曲线上查得的 TTCH 浓度（$\mu\text{g} \cdot \text{mL}^{-1}$）；

$\quad\quad a$——样品中被还原的 TTCH 定容的量（mL）；

$\quad\quad m$——鲜样品质量（g）；

$\quad\quad t$——样品反应时间（h）。

七、注意事项

TTC 溶液储于棕色瓶中，并放入冰箱中避光储存，最好现配现用。

八、问题讨论

植物的根系活力与植物的呼吸作用有何关系？

实验三　α-萘胺氧化法测定植物根系活力

一、实验目的

熟悉用 α-萘胺氧化法测定植物根系活力的原理和方法。

二、实验原理

植物的根系能氧化吸附在根表面的 α-萘胺，生成红色的 α-羟基-1-萘

胺，沉淀于有氧化力的根表面，使这部分根染成红色，其反应如下

$$\text{α-萘胺} \xrightarrow{[O]} \text{α-羟基-1-萘胺}$$

根系活力是根系吸收、合成与生长等生理活动的综合表现，而这些生理活动都需要一定的能量。因此，在理论上可用根呼吸作用的强弱来判断根系活力的大小。而 α-萘胺能为植物活体产生的 H_2O_2 在含铁氧化酶（主要指过氧化氢酶）的参与下所氧化，该酶的活力愈强，对 α-萘胺的氧化力也愈强，染色也愈深。所以，可根据染色深浅判断根系活力的高低；也可测定溶液中未被氧化的 α-萘胺量，以确定根系活力的大小。

α-萘胺在酸性环境中与对氨基苯磺酸和亚硝酸盐作用生成红色的偶氮染料，可供比色测定 α-萘胺含量，其反应如下

$$\text{对氨基苯磺酸} + 2H^+ + NO_2^- \longrightarrow \text{重氮化合物} + 2H_2O$$

$$\text{α-萘胺} + \text{重氮化合物} \longrightarrow \text{对-苯磺酸-偶氮-α-萘胺}$$

三、实验材料

水稻或小麦等植物根系。

四、设备与试剂

分光光度计、分析天平、烘箱、三角瓶、量筒、移液管。

α-萘胺溶液：称 10 mg α-萘胺，先用约 2 mL 95% 乙醇溶解，然后以蒸馏水定容到 200 mL，浓度为 50 $\mu g \cdot mL^{-1}$。取 50 $\mu g \cdot mL^{-1}$ α-萘胺溶液 150 mL 加蒸馏水 150 mL 稀释成 25 $\mu g \cdot mL^{-1}$ 的 α-萘胺溶液。

0.1 $mol \cdot L^{-1}$ 磷酸缓冲液（pH 7.0）。

1%对氨基苯磺酸：将 1 g 对氨基苯磺酸溶解于 100 mL 30％ 醋酸溶液中。

亚硝酸钠溶液：称 10 mg 亚硝酸钠溶于 100 mL 水中。

五、实验步骤

(一) 定性观察

从田间挖取水稻植株，用水冲洗根部所附着的泥土，洗净后再用滤纸吸去附着在水稻根上的水分。然后将植株根系浸入盛有 α-萘胺溶液的容器中（α-萘胺的浓度为 25 $\mu g \cdot mL^{-1}$），容器的外面用黑纸包裹，静置 24～36 h 后观察水稻根系着色状况。着色深者，其活力较着色浅者为大。

(二) 定量测定

1. α-萘胺的氧化　用水洗净挖出的水稻植株根系上的泥土，剪下根系，再用水洗，待洗净后用滤纸吸去根表面的水分，称取 1～2 g 根放在 100 mL 三角烧瓶中。然后加 50 $\mu g \cdot mL^{-1}$ 的 α-萘胺溶液与磷酸缓冲液（pH 7.0）等体积混合液 50 mL，轻轻振荡，并用玻璃棒将根全部浸入溶液中，静置 10 min。吸取 2 mL 溶液，测定 α-萘胺含量，作为实验开始时的数值。再将三角瓶加塞，放在 25 ℃恒温箱中，经 3 h 后，再进行 α-萘胺含量测定。此外，另用一只三角瓶置同样数量的 α-萘胺溶液与磷酸缓冲液（pH 7.0）的混合液，但不放根，在相同条件下测定，作为 α-萘胺自动氧化的空白，求它自动氧化量的数值。

2. α-萘胺含量的测定　吸取 2 mL 溶液，加入 10 mL 蒸馏水，再在其中加入 1％ 对氨基苯磺酸溶液 1 mL 和亚硝酸钠溶液 1 mL，在室温放置 5 min，待混合液变成红色，再用蒸馏水定容到 25 mL。在 20～60 min 内用分光光度计进行比色。选用 510 nm 波长，读取吸光度，查对标准曲线得相应的 α-萘胺浓度。

用实验开始（10 min）时的数值减去自动氧化的数值，即为溶液中所有的 α-萘胺量，再减去实验结束时 α-萘胺含量，即得试验期间为根系所氧化的 α-萘胺量。

3. α-萘胺标准曲线的绘制　取浓度为 50 $\mu g \cdot mL^{-1}$ 的 α-萘胺溶液，配制成浓度为 50 $\mu g \cdot mL^{-1}$、45 $\mu g \cdot mL^{-1}$、40 $\mu g \cdot mL^{-1}$、35 $\mu g \cdot mL^{-1}$、30 $\mu g \cdot mL^{-1}$、25 $\mu g \cdot mL^{-1}$、20 $\mu g \cdot mL^{-1}$、15 $\mu g \cdot mL^{-1}$、10 $\mu g \cdot mL^{-1}$、5 $\mu g \cdot mL^{-1}$ 的系列溶液，各取 2 mL 放入试管中，加蒸馏水 10 mL、1％ 对氨基苯磺酸溶液 1 mL 和亚硝酸钠溶液 1 mL，在室温下放置 5 min，混合液即变成红色，再加蒸馏水定容到 25 mL，在 20～60 min 内用分光光度计进行比色，波长为 510 nm，读取吸光度 A_{510}，然后以 A_{510} 为纵坐标，α-萘胺浓度为横坐

标，绘制标准曲线。

六、实验结果

按下列公式计算 α-萘胺的氧化强度，求出根活力大小。

$$\text{α-萘胺的氧化强度 }(\mu g \cdot g^{-1} \cdot h^{-1}) = \frac{25x}{mt}$$

式中　x——氧化的 α-萘胺浓度（$\mu g \cdot mL^{-1}$）；

　　　25——样品中被还原的 α-萘胺定容的量（mL）；

　　　m——鲜样品质量（g）；

　　　t——氧化的时间（h）。

七、注意事项

① 注意记录 α-萘胺的氧化时间；② α-萘胺溶液尽量现配现用。

八、问题讨论

植物的根系活力受哪些因素的影响？

实验四　根际 pH 的显色测定

一、实验目的

了解根际 pH 的显色方法；掌握根系吸收矿质元素的特点及其机理。

二、实验原理

根际是指由于植物根系的生命活动引起周围微域土壤物理、化学和生物环境发生变化，形成不同于原土体的特殊土壤区域，它一般是紧贴于根表几个毫米的土壤（1~5 mm）。植物根系进行呼吸作用所释放出的 CO_2 溶于 H_2O 后分解为 H^+、HCO_3^-。植物根系吸收所需的养分必须经历的过程是：H^+ 和 HCO_3^- 与土壤溶液中的阳离子和阴离子进行非代谢性交换吸附，由于 H^+ 和 HCO_3^- 进入土壤溶液中，则使土壤中的酸碱性发生改变，从而改变植物根际的营养状况。

本实验是利用 pH 指示剂在不同酸碱条件下颜色变化的特点，测试根际 pH。将 pH 指示剂加入到一定营养条件下的琼脂溶液中，组成琼脂 pH 指示剂混合液。植物根系可直接用其作为基质生长，由于根系的吸收和溢泌等生理活动，使根际 pH 不同于原介质，由此产生不同显色反应，对照标准 pH 变色范围，可以确定根际 pH 上升或下降的幅度。

三、实验材料

水培 7～10 d 的水稻苗（根长 10～15 cm）。

四、设备与试剂

培养皿、电炉、烧杯。

琼脂、0.6％ 溴甲酚紫指示剂、0.01 mol·L^{-1} NaOH、0.01 mol·L^{-1} HCl。

50 mg·L^{-1} NH_4^+ 的培养液：1 000 mL 水加 183 mg（NH_4）$_2$ SO_4 和 136 mg $CaSO_4$。

五、实验步骤

（一）显色基质的准备

取 100 mL 含 50 mg·L^{-1} NH_4^+ 的培养液，加入 1 g 琼脂和 1 mL 0.6％ 的溴甲酚紫指示剂，加热至 100 ℃溶解，冷至 40 ℃，用 0.01 mol·L^{-1} NaOH 或 0.01 mol·L^{-1} HCl 调节 pH 至 6.0 左右（紫红色）。

（二）显色

将冷却至 40 ℃的培养基倒入培养皿，让其凝固。将水稻根系洗干净，于塑料薄膜上展开，吸干，反贴于培养基上，轻压嵌入培养基，排除气泡，室温条件下光照培养 30 min，根际 pH 指示剂呈现颜色变化（紫红色→黄色）。

六、实验结果

定性观察记录根系各区域根际的颜色变化情况，并做进一步的分析。

七、注意事项

① 溴甲酚紫需用 90％ 乙醇溶解后，再用蒸馏水稀释定容。

② 塑料薄膜和根表的水分必须吸干，否则影响显色结果。

③ 溴甲酚紫的显色范围为 pH 5.2～6.8（黄色→紫红色），适于微酸性条件下使用；甲酚红变色范围为 pH 7.2～8.3（黄色→红色），适于碱性条件下使用。

④ 保护水稻苗不被折断，并让其露在薄膜外，可进行光合作用，提高根系的吸收能力。

⑤ 在培养基中加入一定量的 Ca^{2+}，可以维持渗透压，稳定膜的结构。

实验五 植物根系体积的测定

一、实验目的

了解植物根系的生长发育状况；掌握植物根系体积的测定方法。

二、实验原理

根系浸没在水中，它排开水的体积即为根系本身的体积。利用简单的体积计，用水位取代法，即可测知根系的体积。

三、实验材料

7～10 d（根长为 10～15 cm）的水稻苗（水培或土培）。

四、设备与试剂

长颈漏斗、移液管、橡皮管、铁架台、蒸馏水。

五、实验步骤

(一) 连接长颈漏斗和移液管

用橡皮管连接作为体积计的长颈漏斗和移液管，然后将其固定在铁架台上，使移液管成一倾斜角度，角度越小，则仪器灵敏度越高。

(二) 取样

选取不同生长条件下的植物材料并编号。将待测植物的根系小心挖出，用水轻轻漂洗，除尽根系上的沙土。应尽量保持根系完整无损，切勿弄断幼根，然后用吸水纸小心吸干水分。

(三) 测量

向体积计中加入水，水量以能浸没根系为度，调节刻度移液管位置，以使水面靠近橡皮管的一端，记下读数（A_1）。将吸干水分后的根系浸入体积计中，此时移液管中的液面即上升，记下读数（A_2）。取出根系，此时移液管中水面将降至 A_1 以下，向体积计中加水，使水面回至 A_1 处。用移液管向体积计中加水，使水面自 A_1 升至 A_2，此时加入的水量即代表被测根系的体积。

六、实验结果

记录和比较植物根系在不同生长条件下的根系体积大小。

七、注意事项

① 在挖取植物根系及洗涤时，尽量不要损坏根系。

② 应根据植物根系的大小选择长颈漏斗的大小。

八、问题讨论

植物根系体积的大小与其生长发育状况有何关系？

实验六 植物根系吸收表面积的测定

一、实验目的

了解植物根系吸收表面积与植物根系活力的关系；掌握植物根系吸收表面积的测定方法。

二、实验原理

根据沙比宁等人的理论，植物对溶质的最初吸收具有吸附的特性，并假定这时在根系表面均匀地覆盖了一层被吸附物质的单分子层，而后在根系表面产生吸附饱和，根的活跃部分将原来吸附着的物质解吸到细胞中去，继续产生吸附作用。常用甲烯蓝作为被吸附物质，它的被吸附量可以根据吸附前后甲烯蓝浓度的改变算出，甲烯蓝浓度可用比色法测定。已知 1 mg 甲烯蓝成单分子层时占有的面积为 $1.1 m^2$。据此即可算出根系的总吸收表面积，从解吸后继续吸附的甲烯蓝量，即可算出根系活跃的吸收表面积，可作为根系活力的指标。

三、实验材料

水培或砂培的水稻、小麦等植物根系。

四、设备与试剂

烧杯、移液管、比色试管、分光光度计。

$0.002 mol \cdot L^{-1}$ 甲烯蓝（每毫升溶液中含有 0.064 mg 甲烯蓝）。

五、实验步骤

（一）加甲烯蓝溶液并编号

将 $0.002 mol \cdot L^{-1}$ 甲烯蓝溶液分别倒在 3 个小烧杯中，编好号码，每个烧杯中溶液的体积约 10 倍于根系的体积。准确记下每个烧杯中的溶液量。

（二）浸泡根系

取冲洗干净的待测根系，用吸水纸小心吸干，慎勿伤根，然后按顺序浸入盛有甲烯蓝溶液的烧杯中，在每个烧杯中浸 1.5 min，注意每次取出时都要使甲烯蓝溶液能从根上流回到原烧杯中去。

（三）比色

从 3 个小烧杯中各吸取甲烯蓝溶液 1 mL，分别加到 3 支比色试管中，每管各加水 9 mL，即稀释 10 倍，甲烯蓝的测定可用比色法测定，波长 660 nm，记下比色所得浓度（甲烯蓝标准浓度为 $1\,\mu g \cdot mL^{-1}$、$2\,\mu g \cdot mL^{-1}$、$3\,\mu g \cdot mL^{-1}$、$4\,\mu g \cdot mL^{-1}$、$5\,\mu g \cdot mL^{-1}$、$6\,\mu g \cdot mL^{-1}$），然后与标准溶液进行比较，据此求得每杯中为根系吸收掉的甲烯蓝的量（mg）。

六、实验结果

总吸收面积$(m^2)=$[第一杯被吸收甲烯蓝的量(mg)$+$

第二杯被吸收甲烯蓝的量(mg)]$\times 1.1\,m^2 \cdot mg^{-1}$

活跃吸收面积（m^2）$=$第三杯被吸收甲烯蓝的量（mg）$\times 1.1\,m^2 \cdot mg^{-1}$

$$活跃吸收面积百分率 = \frac{根系活跃吸收面积（m^2）}{根系总的吸收面积（m^2）} \times 100\%$$

$$比表面积(m^2 \cdot cm^{-3}) = \frac{根系总的吸收面积（m^2）}{根的体积（cm^3）}$$

七、注意事项

取样和洗涤时尽量不要损伤植物的根系。

八、问题讨论

植物根系吸收表面积与植物根系活力的关系怎样？

实验七　植物伤流液的收集及成分分析

一、实验目的

比较不同植物伤流量的大小；了解伤流液的成分组成；掌握伤流液中某些主要成分的鉴定方法。

二、实验原理

当植物地上部分被切去时，其伤口有液体流出，这种现象称为伤流。流出的汁液即伤流液。伤流反映了根系的活力情况。

植物根系不仅是吸收水分和矿质元素的重要器官，同时也是许多重要物质的合成器官。因此，伤流液中除含有大量的水分和无机盐外，还含有少量的有机物。用蒽酮试剂和茚三酮试剂可以鉴定出伤流液中可溶性糖和氨基酸的存在。

三、实验材料

丝瓜、南瓜等多汁的植物幼苗。

四、设备与试剂

三角瓶、试管、乳胶管、软木塞、刀片、玻璃管、烧杯、钻孔器、水浴锅、移液管。

蒽酮试剂：称取 1 g 蒽酮溶于 1 000 mL 稀硫酸（将 760 mL 相对密度为1.84 的硫酸用蒸馏水定容至 1 000 mL）溶液中。

茚三酮试剂：称取 0.1 g 茚三酮溶于 100 mL 95％乙醇中。

五、实验步骤

（一）伤流液的收集

① 取内径 3～4 mm，长约 20 cm 的玻璃管，离一端约 3 cm 处在煤气灯上弯成约 45°角。

② 剪取与玻璃管粗细相当的乳胶管 4 cm，紧紧地套在弯好的玻璃管较短的一头，并用线扎紧，以防漏水。

③ 取与三角瓶口相当的软木塞一个，塞上打两个孔，其中一孔插入玻璃管的长端，孔的大小必须与玻璃管紧密接触。另一小孔内插入约 4 cm 长细玻璃管，将软木塞紧紧塞于三角瓶上。

④ 挑选茎的基部直径约 4 mm 的植株，在离地面 3 cm 处用锋利的小刀切去地上部分，将乳胶管的另一端紧套在植株的基部茎上，并用线扎紧不使其漏水。将三角瓶位置放得稍低于地表（可事先挖一小坑）。在植株根部浇上足够的水，第二天就可以获取伤流液。

（二）伤流液中可溶性糖的鉴定

取伤流液 1 mL 于干燥洁净的试管中，加入蒽酮试剂 5 mL 混合，于沸水浴中煮沸 5～10 min，绿颜色表示糖的存在，其绿色深浅与糖的含量成正相关。

（三）伤流液中氨基酸的鉴定

取伤流液 1 mL 于干燥洁净的试管中，加入茚三酮试剂 3～4 滴混合，于沸水浴中煮沸 5～10 min，颜色变为蓝色表示有氨基酸存在。

六、实验结果

① 记录不同植物的伤流量。
② 记录伤流液中可溶性糖的鉴定结果。
③ 记录伤流液中氨基酸的鉴定结果。

七、注意事项

利用此法作为研究手段时，应注意伤流液的收集与气候的关系。

八、问题讨论

植物伤流量的大小及其组成与根系活力有何关系？

实验八　植物体内某些灰分元素的分析测定

一、实验目的

了解植物体内灰分元素的组成；掌握某些灰分元素的测定方法。

二、实验原理

植物组织中含有的各种元素，可以利用微量化学分析进行测定。植物所必需的某些元素，除碳、氢、氧、氮在植物组织干燥和灰化过程中丧失外，其余的元素均能在灰分中检出。通常可以利用元素与特殊试剂进行专一性反应，产生一定形状的结晶或颜色，可在显微镜下做定性鉴定。

三、实验材料

菠菜或其他植物材料。

四、设备与试剂

高温电炉、烘箱、显微镜、天平、搪瓷盘、白瓷比色板、载玻片、盖玻片。

磷试剂：7 g 钼酸铵溶于 50 mL 蒸馏水中，加入 50 mL 6 mol · L^{-1} HNO$_3$，放置过夜，取上清液备用。

硫试剂：10%氯化钡溶液。

钾试剂：2 g 亚硝酸钠、0.9 g 醋酸铜和 1.6 g 醋酸铅溶解在 15 mL 0.4%

醋酸溶液中。

钙试剂：5％硫酸溶液。

镁试剂：5％磷酸氢二钠溶液。

铁试剂：5％硫氰化钾溶液或5％亚铁氰化钾溶液。

10％盐酸。

另外，分别配制 1％ $MgSO_4$、1％ K_2HPO_4、1％ $CaCl_2$、1％ $FeCl_3$ 溶液，作为已知元素，用于测定时作对照进行比较。

五、实验步骤

(一) 材料灰化

取 50 g 菠菜（或其他植物材料），用自来水洗后再用蒸馏水冲洗一次，吸干水分，放在搪瓷盘中，放入烘箱中 105 ℃ 条件下烘干。然后置于 550 ℃ 高温电炉中进行灰化，直至材料成灰白色为止。

(二) 溶解过滤

将灰分 0.5 g 溶解于 2 mL 10％ 盐酸中，过滤后的灰分溶液用于以下的测定。

(三) 元素的测出

1. 磷　放一滴 1％ K_2HPO_4 溶液于载玻片上，在煤气灯上用小火烘干，于残迹上加 1 滴磷试剂，盖好盖玻片，用低倍显微镜观察结晶的形状和颜色。然后用灰分溶液作同样试验，观察其结果。

2. 硫　与上述步骤相同，先用 1％ $MgSO_4$ 和硫试剂作用，在显微镜下观察结晶的形状和颜色。然后用灰分溶液做同样试验，观察其结果。

3. 钾　与上述步骤相同，先用 1％ K_2HPO_4 和钾试剂作用，在显微镜下观察结晶形状和颜色，然后用灰分溶液做同样试验，观察其结果。

4. 钙　与上述步骤相同，先用 1％ $CaCl_2$ 和钙试剂作用，在显微镜下观察结晶形状和颜色。然后用灰分溶液做同样试验，观察其结果。

5. 镁　与上述步骤相同，先用 1％ $MgSO_4$ 和镁试剂作用，在显微镜下观察结晶形状和颜色。然后用灰分溶液做同样试验，观察其结果。

6. 铁　取 1％ $FeCl_3$ 溶液滴于白瓷比色板上，加 1 滴铁试剂观察是否有颜色出现（试剂为硫氰化钾则产生红色，如为亚铁氰化钾则产生蓝色）。然后用灰分溶液做同样试验，观察其结果。

六、实验结果

将测出结果填入表 3-8 内。

表 3 - 8　灰分元素的分析结果

元素名称	观察结果
磷	
硫	
钾	
钙	
镁	
铁	

七、注意事项

磷试剂具有强烈的腐蚀性，切勿让其接触显微镜镜头。

八、问题讨论

植物的灰分元素组成与植物的完全溶液培养有何关系？

实验九　原子吸收分光光度法测定植物体中的钾和钙

一、实验目的

掌握原子吸收分光光度计的操作及其原理。

二、实验原理

除了铬以外，几乎所有的金属均可溶解在一定浓度的硝酸溶液中。因此，可用原子吸收分光光度法测定绝大多数金属元素，而用比色法测定铬元素。将植物样品灰化后，用稀硝酸在低温电炉上加热提取，在硝酸温度提高过程中，灰分中各种金属元素会逐渐溶解在硝酸中。这样，一份样品中所含的多种金属元素可同时被抽提出来。用原子吸收分光光度计，采用不同的金属阴极灯即可测出样品中除铬以外的多种金属元素的浓度。

钾和钙是植物中两种重要的必需矿质元素。将植物样品在 550 ℃ 高温下灼烧灰化，使碳水化合物分解挥发，而钾、钙等矿质元素存留在灰分中，用热盐酸将灰分中的钾和钙溶解出来后，即可用原子吸收分光光度法测定其含量。

三、实验材料

植物材料。

四、设备与试剂

1/10 000 电子天平，高温电炉及温度自动控制器，瓷坩埚，100 mL 容量瓶，洗瓶，漏斗，移液管，原子吸收分光光度计以及相应的钾、钙空心阴极灯。

5.8 mol·L⁻¹ HCl：11.6 mol·L⁻¹ 浓 HCl 与去离子水按 1∶1（$V∶V$）混匀即成。

0.5% HCl：5 ml 浓 HCl 用去离子水定容至 1 L。

1 mol·L⁻¹ HCl，2% HCl。

500 mg·L⁻¹ K 标准母液：准确称取经 105 ℃ 烘干 5 h 的 KCl 0.953 4 g，用去离子水定容至 1 L。

500 mg·L⁻¹ Ca 标准母液：准确称取经 110 ℃ 烘干恒重的 $CaCO_3$ 1.248 5 g，溶解于 1 mol·L⁻¹ HCl 中，赶走 CO_2 后，定容至 1 L。

3% $LaCl_3$ 或 $SrCl_2$：称取 30 g 分析纯 $LaCl_3$ 溶解后用去离子水定容至 1 L。

0.1% EDTA。

五、实验步骤

（一）植物样品的干灰化

任选植物材料烘干用 1/10 000 电子天平称取烘干样品约 2 g 于已知质量的瓷坩埚中（精确至 μg），先在普通电炉上炭化，然后将坩埚置于高温电炉中，将坩埚盖斜盖于坩埚上，加热至 550 ℃，灼烧 2 h，打开电炉门待温度降至约 200 ℃时，用坩埚钳取出坩埚放入干燥器内冷却 0.5 h，即在电子天平上称量，随后再放入高温电炉中灼烧 1~30 min，冷却同上，称量（两次质量之差不大于 0.000 3 g）。

（二）钾、钙的提取

在上述植物灰分样品中加入 5 mL 热的 5.8 mol·L⁻¹ HCl 溶解灰分，过滤，滤液收集于 100 mL 容量瓶中。用 0.5% HCl 洗坩埚数次，过滤至 100 mL 容量瓶中，用 0.5% HCl 定容至 100 mL。

（三）原子吸收分光光度法测定钾和钙

1. 调节测试条件　先熟悉原子吸收分光光度计的操作规程，并按表 3-9 调节测量条件。

表 3-9　原子吸收分光光度法测定钾和钙的测定条件

测量条件	K	Ca
波长（nm）	766.5	422.7
狭缝（mm）	0.2	0.2

（续）

测量条件	K	Ca
灯电流（mA）	1	2
燃烧器高度（mm）	5	6
空气压力（kg·cm^{-2}）	3	3
乙炔压力（kg·cm^{-2}）	0.9	0.9
空气流量（L·min^{-1}）	6.5	6.5
乙炔流量（L·min^{-1}）	1.7	1.7
火焰类型	氧化性蓝色焰	氧化性蓝色焰

2. 用标准曲线法测定植物样品中钾和钙的含量 取 6 个 100 mL 容量瓶编号，分别加入 K 标准母液 0.0 mL、0.2 mL、1.0 mL、2.0 mL、3.0 mL、4.0 mL；Ca 标准母液 0.0 mL、0.2 mL、0.4 mL、1.0 mL、1.6 mL、2.0 mL；每个容量瓶中均加入 10 mL 3% LaCl$_3$，再用 2% HCl 定容，即配制成表 3-10 的钾、钙混合标准溶液。取 10 mL 待测液转入 100 mL 容量瓶，加入 10 mL 3% LaCl$_3$ 再用 2% HCl 定容。

表 3-10 钾、钙混合标准溶液的配制

编 号	1	2	3	4	5	6
K(mg·L^{-1})	0	1	5	10	15	20
Ca(mg·L^{-1})	0	1	2	5	8	10

先以去离子水清洗燃烧器，然后测定 1 号标准液（空白）调 0，再测定 6 号标准液调吸光度 0.90 左右。重新喷洗燃烧器，然后测定 1～6 号标准液，记录吸光度值，绘制标准曲线或求得直线回归方程。

吸取经稀释 10 倍的待测液，测定，记录吸光度值，由标准曲线或回归方程查得 K、Ca 含量。

六、实验结果

$$样品钾含量 = \frac{标准曲线或回归方程所得钾含量(mg·L^{-1}) \times 100 \times 10}{植物干样品质量(g) \times 10^6} \times 100\%$$

$$样品钙含量 = \frac{曲线或回归方程所得钙含量(mg \cdot L^{-1}) \times 100 \times 10}{植物干样品质量(g) \times 10^6} \times 100\%$$

式中，100 表示测定液体积为 100 mL，10 为稀释 10 倍。

七、注意事项

① 按操作规程使用原子吸收分光光度计。

② 灰化时坩埚盖斜盖于坩埚上，要留一小缝。

八、问题讨论

应用原子吸收分光光度法测定植物体灰分元素的技术要点是什么？

附：WFX－ID 型原子吸收分光光度计操作规程

① 先检查仪器各种开关是否关闭或调到最低挡（逆时针转到头），打开光源室，装上需用的空心阴极灯。

② 打开稳压器电源，打开仪器主机电源开关，开关上方指示灯亮。

③ 视所用灯插座号码，开启相应的供电开关，然后顺时针转动灯电流调节旋钮至适当值（注：不同阴极灯电流大小不同）。

④ 调整狭缝宽度及测定波长。

⑤ 能量调整。将主机工作开关调至能量挡，调节能量旋钮至 20%～50% 左右时，校正测定波长（即左右调节波长视能量值为最高峰为准），然后调节阴极灯上下、前后位置使能量达最高值，再将能量旋钮调至 80% 左右。

⑥ 完成上述操作后，经预热 15～30 min，即可进入测定工作状态。

⑦ 打开燃烧室排气扇，开启空气压缩机，在有气从气孔排出时，开通助燃气导管开关、调节助燃气流量计至适当位置。

⑧ 开启燃气（乙炔）开关（注：先开总开关，再开压力开关），然后调节乙炔气流量计旋钮，点燃燃烧器火焰，将进样管插入去离子水中清洗导管和燃烧器。

⑨ 标准曲线制作。先将工作开关调至吸光挡，用对照调零（按一下调零钮），用最高浓度标样调吸光值为 0.8～1.0 左右（通过调整火焰角度来调节），并记下读数，然后按标样梯度重复测定 2 次，并记下各自的吸光值。

⑩ 样品测定。按样品顺序依次测定吸光值（瞬时值或积分值），记下稳定的读数（第 2 个或第 3 个积分值）。

⑪ 关机。样品测定后，先用去离子水冲洗进样管和燃烧器，移出进样管。

然后关掉燃气总开关、压力开关，让管道中燃气充分燃尽后，关掉燃气流量计开关。调节能量至最低，再关灯电流及灯开关，最后将工作开关调至能量挡，关主机电源开关及稳压器电源开关，拔掉电源插头。

实验十　植物根系对矿质离子的吸收特点的测定

一、实验目的

加深对根系离子吸收特点的理解。

二、实验原理

植物根系对不同离子吸收量是不同的，即使是同一种盐类，对阳离子与阴离子的吸收量也不相同。本实验是利用植物对不同盐类的阴、阳离子吸收量不同，使溶液的 pH 发生改变。

三、实验材料

水稻或小麦植株。

四、设备与试剂

pH 计、精密 pH 试纸、移液管、100 mL 三角瓶；$0.5\ mg \cdot L^{-1}\ (NH_4)_2SO_4$、$0.5\ mg \cdot L^{-1}\ NaNO_3$。

五、实验步骤

（一）材料准备

在实验前 2～3 周培养根系完好的小麦（或其他植物）植株。

（二）溶液初始 pH 的测定

实验开始时吸取 100 mL $0.5\ mg \cdot L^{-1}\ (NH_4)_2SO_4$ 和 100 mL $0.5\ mg \cdot L^{-1}$ $NaNO_3$ 分别置于两个 100 mL 三角瓶中，另一 100 mL 三角瓶中放蒸馏水 100 mL。用 pH 计或精密 pH 试纸测定以上各溶液和蒸馏水的原始 pH。

（三）样品溶液的 pH 测定

取根系发育完善的、大小相似的小麦植株 3 份，每份数株，但数目相等，分别将其根部放于上述 3 个三角瓶中，在室温下经 2～3 h 后取出植株，并测定溶液的 pH。记录实验结果。

六、实验结果

按表 3 - 11 记录实验结果。

表 3-11　pH 测定结果

材料	$(NH_4)_2SO_4$		$NaNO_3$		H_2O	
编号	开始前 pH	开始后 pH	开始前 pH	开始后 pH	开始前 pH	开始后 pH
1						
2						
3						

七、注意事项

为了避免根系的分泌作用影响实验结果，用蒸馏水作对照，将上述 pH 变化进行修正，即得真实的 pH 变化。

八、问题讨论

植物根系对不同离子的吸收与根际 pH 的变化有何关系？

实验十一　植物对矿质离子的运输

一、实验目的

学习放射自显影技术；了解磷在植物体内的运输途径。

二、实验原理

实验标本中示踪核素所放出的射线作用于 X 光底片时，可使底片上的卤化银颗粒"感光"，并经过底片加工，使"感光"卤化银颗粒中的 Ag^+ 还原为金属银原子，从而得到黑色的痕迹。通过观察底片上的黑点，就可得知极微量放射性示踪原子在植物组织或器官中的位置和分布密度，从而了解植物对矿质离子的运输情况。

三、实验材料

水稻或小麦植株。

四、设备与试剂

烘箱，暗室，X 光片，X 光暗盒，培养缸，玻璃纸。

^{32}P 完全营养液：以 $^{32}P - NaH_2PO_4$ 制剂加入到营养液中配制成比活度为 $18.5 \sim 37$ kBq·mL^{-1} 的 ^{32}P 完全营养液。

显影液：800 mL 水（$35 \sim 45$ ℃）中加入 2.2 g 米吐尔、72 g 无水亚硫酸

钠、8.8 g 对苯二酚和 4 g 溴化钾，加水至 1 000 mL。

酸性坚膜定影液：500 mL（50 ℃）水中加入 240 g 硫代硫酸钠（海波）、15 g 无水亚硫酸钠、7.5 g 硼酸、48 mL 28％ 醋酸和 15 g 钾矾，定容至 1 000 mL。

五、实验步骤

（一）材料培养

取稻、麦或其他植物的幼苗数株，用水洗去根部的泥沙，插入比活度为 18.5～37 kBq·mL^{-1}的^{32}P 完全营养液中培养 24 h。

（二）材料处理

取出培养的植株，充分洗去表面吸附的放射性物质，用滤纸吸干，整形后放在垫有草纸和吸水纸的木质标本夹中间，并固定标本夹，然后置于烘箱中 60 ℃烘干。

（三）曝光

① 将烘干的植物样品取出并固定在纸板上，然后放入 X 光片暗盒中，放置的顺序如下：打开暗盒垫入 2 张草纸，将标本置于草纸上，上盖一张玻璃纸。

② 在暗室中安全灯下将裁好的 X 光底片放在玻璃纸上，位置必须与植物标本相对应，其上再覆盖一层玻璃纸。

③ 关闭暗盒，存放于干燥且无放射源的地方曝光。

曝光时间的长短与放射源的比活度和种类、植物的生理活性、X 光底片的灵敏度等因素有关。一般选用实验曝光法。所谓实验曝光法，就是多制备一些自显影标本，每隔一定的时间取片冲洗，直至选到影像最佳的片子，此时的时间定为最佳的曝光时间。本实验曝光时间为 8～24 h。

（四）显影和定影

曝光到适当时间之后，在暗室中从 X 光暗盒里取出 X 光底片进行显影和定影。18 ℃下显影 3～4 min，定影 15 min 即可。定影后将片子在流水中冲洗数十分钟，取出在室温下晾干。

六、实验结果

观察自显影片以影像中的黑度来判断标本中放射性^{32}P 的分布与数量，确定磷的运输途径。

七、注意事项

① 洗净植物体表黏附的放射性物质。

② 曝光期间防止 X 光暗盒漏光以及标本和 X 光胶片之间的位移。

③ 确定适当的曝光时间。

④ 控制显影时间。放射性废物按规定处理。

八、问题讨论

1. 自显影曝光时间的长短取决于哪些因素？

2. 标本与 X 光胶片之间为什么要隔一层玻璃纸。

实验十二　活体法测定硝酸还原酶的活性

一、实验目的

掌握活体法测定植物硝酸还原酶活性的方法和原理。

二、实验原理

硝酸还原酶是植物氮素代谢作用中关键酶之一，与作物吸收和利用氮肥有关。它作用于 NO_3^- 使之还原为 NO_2^-。

$$NO_3^- + NADH + H^+ \longrightarrow NO_2^- + NAD^+ + H_2O$$

产生的 NO_2^- 可以从组织内渗透到外界溶液中，并积累在溶液中，测定反应溶液中 NO_2^- 含量的增加，即反映该酶活性的大小。

NO_2^- 含量的测定用磺胺比色法。在酸性条件下，对氨基苯磺酸（磺胺）与 NO_2^- 形成重氮盐，再与 α-萘胺形成红色的偶氮化合物。反应液的酸度大，则加快重氮化作用的速度，但降低偶联作用的速度，颜色比较稳定。提高温度可以加快反应速度，但降低重氮盐的稳定度，所以反应需要在相同条件下进行。这种方法非常灵敏，能测定每毫升含 $0.5~\mu g$ 的 $NaNO_2$。

硝酸还原酶是诱导酶，在取材前一天将 $50~mmol \cdot L^{-1}~KNO_3$ 或 $NaNO_3$ 加到培养苗的水中以诱导硝酸还原酶的产生。

三、实验材料

烟草、向日葵、油菜等植物叶片。

四、设备与试剂

分光光度计、真空泵（或注射器）、保温箱、电子天平、真空干燥器、打孔器、三角瓶、移液管、烧杯。

$0.1~mol \cdot L^{-1}$ 磷酸缓冲液（pH 7.5）、$0.2~mol \cdot L^{-1}~KNO_3$。

磺胺试剂：1 g 磺胺加 25 mL 浓盐酸，用蒸馏水稀释至 100 mL。

α-萘胺试剂：0.2 g α-萘胺溶于含 1 mL 浓盐酸的蒸馏水中，定容至 100 mL。

$NaNO_2$ 标准溶液：1 g $NaNO_2$ 用蒸馏水溶解成 1 000 mL。然后吸取 5 mL，再加蒸馏水稀释成 1 000 mL，此溶液为 5 $\mu g \cdot mL^{-1}$ $NaNO_2$，用时稀释。

五、实验步骤

（一）叶片采集与处理

将采取的新鲜叶片（烟草、向日葵、油菜等）用水清洗，吸水纸吸干表面水分，用打孔器取直径约 1 cm 的叶圆片，用蒸馏水洗涤 2～3 次，吸干水分，然后于电子天平上称取等质量的 2 份叶圆片，每份 0.3～0.4 g（或每份取 50 个叶圆片），分别置于含有下列溶液的 50 mL 三角瓶中：①5 mL 0.1 mol·L^{-1} 磷酸缓冲溶液（pH 7.5）加 5 mL 蒸馏水；②5 mL 0.1 mol·L^{-1} 磷酸缓冲液（pH 7.5）加 5 mL 0.2 mol·L^{-1} KNO_3。然后将三角瓶置于真空干燥器中，接上真空泵抽气，放气后，圆片即沉于溶液中（如果没有真空泵，也可以用 20 mL 注射器代替，将反应液及圆片一起倒入注射器中，用手指堵住注射器出口小孔，然后用力拉注射器使成真空，如此抽气放气反复进行多次，即可使叶圆片中的空气抽去而沉于溶液中）。将三角瓶置于 30 ℃温箱中，避光保温 30 min，然后分别吸取反应溶液 1 mL，以测定 NO_2^- 含量。

注意取样前叶片要进行一段时间的光合作用，以积累碳水化合物，如果组织中的碳水化合物含量低，会使得酶的活性降低，此时则可于反应溶液中加入 30 μg 3-磷酸甘油醛或 1，6-二磷酸果糖，能显著增加 NO_2^- 的量。

（二）NO_2^- 含量的测定

保温 30 min 结束时，吸取反应溶液 1 mL 放入一试管中，加入磺胺试剂 2 mL 及 α-萘胺试剂 2 mL，混合摇匀，静置 30 min，用分光光度计测定 520 nm 处 A 值，从标准曲线上读出 NO_2^- 含量，再计算酶活力，以 $\mu g \cdot g^{-1} \cdot h^{-1}$ 或 $\mu mol \cdot g^{-1} \cdot h^{-1}$ 表示。

（三）绘制标准曲线

测定的磺胺比色法比较灵敏，可检出低于 1 $\mu g \cdot mL^{-1}$ 的 $NaNO_2$ 含量，可于 0～5 $\mu g \cdot mL^{-1}$ 浓度范围内绘制标准曲线。由于显色反应的速度与重氮化作用及偶联作用的速度有关，温度、酸浓度等都影响显色速度，同时也影响灵敏度，但如果标准溶液与样品的测定都在相同条件下进行，则显色速度相同，彼此可以比较。

吸取不同浓度的 $NaNO_2$ 溶液（例如 5 $\mu g \cdot mL^{-1}$、4 $\mu g \cdot mL^{-1}$、3 $\mu g \cdot mL^{-1}$、

$2\,\mu g \cdot mL^{-1}$、$1\,\mu g \cdot mL^{-1}$、$0.5\,\mu g \cdot mL^{-1}$）$1\,mL$ 于试管中，加入磺胺试剂 $2\,mL$ 及 α-萘胺试剂 $2\,mL$，混合摇匀，静置 $30\,min$（或于一定温度的水浴中保温 $30\,min$），立即于分光光度计中进行测定，测定时的波长为 $520\,nm$，比色，读取吸光度 A。绘制标准曲线（A-浓度曲线）。

六、实验结果

按下式计算硝酸还原酶的活力

$$硝酸还原酶的活力（\mu g \cdot g^{-1} \cdot h^{-1}）=\frac{xa}{mt}$$

式中　x——从标准曲线上查到的 NO_2^- 浓度（样品管 x_1－对照管 x_2，$\mu g \cdot mL^{-1}$）；

$\quad\quad a$——样品提取液体积（$10\,mL$）；

$\quad\quad m$——新鲜样品质量（g）；

$\quad\quad t$——保温反应时间（h）。

七、注意事项

① 取样前叶片要进行一段时间的光合作用，以积累碳水化合物。

② 硝酸还原酶为诱导酶，取材前的 NO_3^- 诱导处理不可少。

③ 放入三角瓶中的叶片一定要使其沉入溶液中。

八、问题讨论

什么叫诱导酶？硝酸还原酶与植物氮代谢有何关系？

实验十三　离体法测定硝酸还原酶的活性

一、实验目的

熟悉离体法测定硝酸还原酶的活性。

二、实验原理

实验原理同第三章实验十二。

三、实验材料

烟草、向日葵、油菜等植物叶片。

四、设备与试剂

分光光度计、冷冻离心机、保温箱、天平、纱布、研钵、石英砂。

$0.1 \text{ mol} \cdot L^{-1}$ 磷酸缓冲液（pH 7.5）。

提取液：0.121 1 g 甲硫氨酸和 0.037 2 g EDTA 溶于 100 mL 0.025 mol $\cdot L^{-1}$ 的磷酸缓冲液（pH 8.8）中。

$0.1 \text{ mol} \cdot L^{-1}$ KNO_3：溶解 10.11 g KNO_3 于 1 000 mL $0.1 \text{ mol} \cdot L^{-1}$ 磷酸缓冲液（pH 7.5）中。

$2 \text{ mg} \cdot mL^{-1}$ NADH：2 mg NADH 溶于 1 mL 水中。

磺胺试剂：1 g 磺胺加 25 mL 浓盐酸，用蒸馏水稀释至 100 mL。

α-萘胺试剂：0.2 g α-萘胺溶于含 1 mL 浓盐酸的蒸馏水中，稀释至 100 mL。

$NaNO_2$ 标准溶液：1 g $NaNO_2$ 用蒸馏水溶解并定容至 1 000 mL。然后吸取 5 mL，再加蒸馏水稀释成 1 000 mL，此溶液为 $5 \text{ } \mu g \cdot mL^{-1}$ $NaNO_2$，用时稀释。

五、实验步骤

（一）酶的提取

剪取材料，洗净，用吸水纸吸干，切成小块。称取 0.5 g 置研钵中，冰冻 30 min。然后加入适量石英砂和提取液（共 4 mL），研磨成匀浆。匀浆用两层纱布过滤，在 0～4 ℃下以 3 250 g 离心 20 min，上清液即为粗酶液。

（二）含量的测定

吸取粗酶液 0.2 mL 于试管中，加入 0.5 mL $0.1 \text{ mol} \cdot mL^{-1}$ KNO_3 和 0.3 mL $2 \text{ mg} \cdot mL^{-1}$ NADH，混合后在 25 ℃保温 30 min。保温结束后立即加入磺胺试剂 2 mL 及 α-萘胺试剂 2 mL，混合均匀，静置 15 min，用分光光度计在 520 nm 下进行比色，记录吸光度 A。以不加 NADH（加入 0.2 mL 水）作为空白对照。从标准曲线读出 NO_2^- 含量，再计算酶活力，以 $\mu g \cdot g^{-1} \cdot h^{-1}$ 或 $\mu mol \cdot g^{-1} \cdot h^{-1}$ 表示。

（三）绘制标准曲线

具体操作同第三章实验十二。

六、实验结果

硝酸还原酶的活力（$\mu g \cdot g^{-1} FW \cdot h^{-1}$）$= \dfrac{xa}{mt}$

式中 x——从标准曲线上查到的 NO_2^- 浓度（样品管 x_1－对照管 x_2，$\mu g \cdot mL^{-1}$）；

a——样品提取液体积（10 mL）；

m——新鲜样品质量（g）；

t——保温反应时间（h）。

七、注意事项

硝酸还原酶是诱导酶，实验前一天应在培养液中加 NO_3^- 以诱导酶的产生。

八、问题讨论

试比较活体法与离体法测硝酸还原酶的优缺点。

第四章　植物的呼吸作用

实验一　酸碱滴定法测定植物的呼吸强度

一、实验目的

呼吸强度是植物生命活动的重要指标。在植物生理学研究及生产实践等方面都有重要的意义。测定不同条件下植物呼吸强度，可了解环境因素对呼吸强度的影响。熟悉酸碱滴定法测定植物呼吸强度的原理与方法。

二、实验原理

植物呼吸放出 CO_2 可用 $Ba(OH)_2$ 溶液吸收，然后用草酸滴定剩余的 $Ba(OH)_2$，从空白和样品滴定时二者消耗草酸溶液之差可计算一定量植物材料在单位时间内放出 CO_2 的数量，即呼吸强度（或呼吸速率）。其反应如下

$$CO_2 + Ba(OH)_2 \longrightarrow BaCO_3 + H_2O$$
$$Ba(OH)_2 + H_2C_2O_4 \longrightarrow BaC_2O_4 + 2H_2O$$

空白滴定时瓶内 CO_2 少，消耗用于吸收 CO_2 的 $Ba(OH)_2$ 少，剩余的量就多，则滴定时的草酸用量多；呼吸后，瓶内 CO_2 多，消耗用于吸收 CO_2 的 $Ba(OH)_2$ 多，剩余的量则少，因而滴定时草酸用量少。本实验又叫小篮子法、广口瓶法。

三、实验材料

萌发的小麦种子、吸胀的小麦种子、干小麦种子、其他植物种子。

四、设备与试剂

呼吸测定装置（图 4-1）、天平、酸式和碱式滴定管、滴定管架、恒温水浴锅、温度计。

$1/44\ mol \cdot L^{-1}$ 的草酸溶液：准确称取 $2.864\ 5\ g$ 重结晶 $H_2C_2O_4 \cdot 2H_2O$ 溶于蒸馏水并定容至 $1\ 000\ mL$，此液每毫升相当于 $1\ mg\ CO_2$。

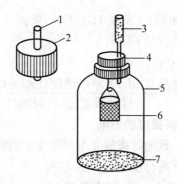

图 4-1　酸碱滴定法测呼吸强度的装置

1. 带玻璃塞的滴定孔　2. 滴定用橡皮塞　3. 碱石灰管　4. 反应用橡皮塞
5. 广口瓶　6. 塑料小筐　7. 碱吸收液

$1/44$ mol·L^{-1} Ba(OH)$_2$溶液：称取 3.894 g Ba(OH)$_2$配成 1 000 mL 溶液。

酚酞指示剂：1 g 酚酞溶于 100 mL 95％乙醇，储于滴瓶中。

五、实验步骤

(一) 呼吸强度的测定

1. 测定装置的制作　取 1 个 500 mL 广口瓶，选择两个与其瓶口能够配合很好的橡皮塞，一个用于滴定，上钻一个孔，平时用玻璃塞封闭；另一个作为呼吸反应用，其上有一孔插一盛碱石灰的干燥管，使呼吸过程中能进入无 CO_2 的空气，在橡皮塞底部中央装上小挂钩，以便悬挂装有待测样品的小筐。

2. 空白测定　用水洗净广口瓶后，以滴定用橡皮塞盖严瓶口，拔去玻璃塞，向瓶中准确加入 15 mL $1/44$ mol·L^{-1} 的 Ba(OH)$_2$ 溶液，立即塞紧橡皮塞和玻璃塞，充分摇动 2 min，待瓶内 CO_2 全部被吸收后，拔出密封玻璃塞，加入1～2滴酚酞，将滴定管插入孔中，用 $1/44$ mol·L^{-1} H$_2$C$_2$O$_4$滴定至红色消失为止，记录 H$_2$C$_2$O$_4$用量。

3. 样品测定　倒出废液，用水将瓶洗净后，再用无 CO_2 的蒸馏水（煮沸过的）清洗一遍，重新加入同一 Ba(OH)$_2$ 溶液 15 mL。同时称取植物材料（种子）5～10 g，小心装入小筐子内，挂于反应用橡皮塞的吊钩上，然后将其与瓶口上的滴定用橡皮塞交换并塞紧瓶塞，开始记录时间。经 20～30 min，其间轻轻摇动数次，破坏溶液表面的 Ba(OH)$_2$ 薄膜，以利于 CO_2 的充分吸收。到预定时间后，再轻轻开塞，把带小筐子的反应用橡皮塞迅速取下，立即换上滴定用橡皮塞重新塞紧，充分摇动 2 min，最后拔出密封玻璃塞，加入酚酞

1～2滴，用草酸滴定（如前）。记录 $H_2C_2O_4$ 用量。

计算呼吸强度（以吸收的 CO_2 计）

$$呼吸强度(mg \cdot g^{-1} \cdot h^{-1}) =$$

$$\frac{滴定值(空白-样品)(mL) \times 草酸浓度(mol \cdot L^{-1}) \times CO_2相对分子质量}{样品质量(g) \times 时间(h)}$$

（二）不同条件对呼吸强度的影响

用前面描述的大小一致的呼吸瓶 4 个（可 4 个实验小组联合做）进行如下处理，使其在不同条件下进行反应：

① 取干种子 100 粒于 10～20 ℃室温下。

② 取吸胀种子 100 粒于 10～20 ℃室温下。

③ 取出芽种子 100 粒于 20 ℃水浴中。

④ 取出芽种子 100 粒于 30 ℃水浴中。

20～30 min 后，轻轻取出种子，照前述方法用草酸滴定，并用下式计算种子呼吸强度（以吸收的 CO_2 计）

$$呼吸强度(mg \cdot 100粒^{-1} \cdot h^{-1}) =$$

$$\frac{滴定值(空白-样品)(mL) \times 草酸浓度(mol \cdot L^{-1}) \times CO_2相对分子质量}{样品质量(100粒) \times 时间(h)}$$

六、实验结果

实验结果记录于表 4-1。

表 4-1 各处理的测定结果

作物名称	处理方式	材料量	测定时间(min)	空白滴定(mL)	样品滴定(mL)	呼吸强度(mg·100 粒$^{-1}$·h^{-1})
	干种子	粒克				
	吸胀种子	粒克				
	20 ℃下出芽种子	粒克				
	30 ℃下出芽种子	粒克				

七、注意事项

① 在测定中要防止口中呼出的 CO_2 进入瓶内。

② 各次滴定的速度尽量一致。

八、问题讨论

1. 以同样粒数和同样质量两种方式比较测定发芽与吸胀种子的呼吸强度有无差异？为什么？应以何种方式更为合适？

2. 为保证测定结果的准确性，在操作过程中应注意些什么？

实验二　呼吸缸法测定植物的呼吸速率

一、实验目的

通过实验掌握植物呼吸速率的测定原理和方法。

二、实验原理

植物的呼吸速率（呼吸强度）是指单位质量组织在单位时间内吸收的 O_2 或放出的 CO_2 或消耗的干物质的量。通过测定 CO_2 的放出量来求得植物材料的呼吸强度。这是采用化学滴定的原理，即用 NaOH 作为 CO_2 的吸收基质，加入饱和 $BaCl_2$ 来固定 CO_3^{2-}，生成 $BaCO_3$ 沉淀，然后用 HCl 滴定过剩的 NaOH，以酚酞作指示剂，同时以不放植物材料作空白测定，测定瓶内空气中的 CO_2 含量。根据两者所测定的值之差，可求得 CO_2 的释放量。

三、实验材料

马铃薯、香蕉、苹果等植物材料。

四、设备与试剂

呼吸缸、酸式滴定管、三角瓶、天平、移液管、容量瓶、烧杯；凡士林、$1\,mol \cdot L^{-1}$ NaOH 溶液、$1\,mol \cdot L^{-1}$ HCl 标准溶液（需经过标定）、酚酞指示剂（0.1％酚酞）、$BaCl_2$ 饱和溶液。

五、实验步骤

（一）呼吸反应

将实验材料称量并放于呼吸缸中并检查气密性。在盛液漏斗中准确加入 25 mL $1\,mol \cdot L^{-1}$ NaOH，呼吸 1.5～2.0 h，记下呼吸时间。另一呼吸缸中不放植物材料，作为空白对照。

(二) 呼吸强度的测定

用三角瓶收集反应后的混合液，用少量蒸馏水冲洗盛液漏斗，加入 5 mL 饱和 $BaCl_2$ 溶液和 3 滴 0.1% 酚酞，用标定好的盐酸溶液快速滴定（由红色→无色），记录消耗的 HCl 的体积 (V_s) 和空白滴定消耗的 HCl 的体积 (V_c)。

六、实验结果

$$呼吸强度(mg \cdot 100\ g^{-1} \cdot h^{-1}) = \frac{(V_c - V_s) \times c \times 22 \times 100}{t \times m}$$

式中　V_c——滴定空白呼吸缸中 NaOH 所消耗的 HCl 量（mL）；

　　　V_s——滴定待测样品呼吸缸中 NaOH 所消耗的 HCl 量（mL）；

　　　c——HCl 的浓度（$mol \cdot L^{-1}$）；

　　　t——呼吸时间（h）；

　　　m——植物鲜组织质量（g）。

七、注意事项

① 呼吸缸一定要保证不漏气。

② 碱石灰管的成分：CaO、NaOH 和碱性指示剂（粉红色），如果粉红色消失，则需更换。

③ 在实验过程中，不要用嘴对着三角瓶，要防止口中呼出的气体干扰。

④ 要求空白和样品两次滴定的时间尽量保持相同，以便减小误差。

⑤ HCl 需标定。

⑥ $BaCO_3$ 沉淀物在滴定的操作过程，易在表面形成一层膜状物，阻止反应的进行，所以要不断地进行摇动。

⑦ 如用绿色材料做实验，需用黑布遮光。

八、问题讨论

试比较几种测定植物呼吸强度方法的优缺点。

实验三　应用高精度 pH 计测定植物的光合速率和呼吸速率

一、实验目的

掌握应用高精度 pH 计测定植物的光合速率和呼吸速率的方法。

二、实验原理

在一定温度和气压条件下，一定浓度的 $NaHCO_3$ 溶液的 pH 是随溶解在其中的 CO_2 量而改变的。溶液能吸收或放出 CO_2 与空气中的 CO_2 保持平衡关系。当空气中的 CO_2 与一定温度压力条件下的 $NaHCO_3$ 稀溶液中的 CO_2 达到动态平衡时，溶液就有一个确定的 pH。这种关系可用下式表示

$$CO_2(空气中) \Longleftrightarrow CO_2(溶液中) + H_2O \Longleftrightarrow H_2CO_3 \Longleftrightarrow HCO_3^- + H^+$$

$$\Updownarrow$$

$$OH^- + H_2CO_3 \Longleftrightarrow H_2O + HCO_3^-$$

当空气中 CO_2 分压升高时，反应向右进行，这时 H^+ 增多而 OH^- 减少，pH 变小；相反，当空气中 CO_2 分压降低时，反应向左进行，这时 H^+ 减少，而 OH^- 增多，pH 变大。溶液中的 CO_2 浓度与 pH 的关系为：

$$H_2CO_3 \overset{K_1}{\Longleftrightarrow} H^+ + HCO_3^-$$

$$K_1 = \frac{[H^+] \cdot [HCO_3^-]}{[H_2CO_3]}$$

由于溶液的 CO_2 只有不足 1‰ 的量是以 H_2CO_3 的形式存在，因此上式可写成

$$K_2 = \frac{[H^+] \cdot [HCO_3^-]}{[CO_2]}$$

即

$$[H^+] = \frac{K_2 \cdot [CO_2]}{[HCO_3^-]}$$

因为 $pH = -\lg[H^+]$，并设 $-\lg K_2 = pK_2$，则有

$$pH = pK_2 - \lg \frac{[CO_2]}{[HCO_3^-]} = pK_2 + \lg \frac{[HCO_3^-]}{[CO_2]} = pK_2 + \lg[HCO_3^-] - \lg[CO_2]$$

所以 $\lg[CO_2] = pK_2 + \lg[HCO_3^-] - pH$

式中，$\lg[CO_2]$ 是平衡后溶液中 CO_2 浓度的对数；pK_2 是在生理 pH 条件下溶于液体中的 CO_2 向 HCO_3^- 转化的平衡常数，其值与温度有关，在 38 ℃时为 6.317，随温度的降低而增加，增加的温度系数 b 在 20～40 ℃ 范围内为 0.005，10～20 ℃ 范围内为 0.006，在 0～10 ℃ 范围为 0.010。

式中 $[HCO_3^-]$ 的减少可忽略，可看成是 $NaHCO_3$ 稀溶液的浓度。所以，可根据溶液 pH、温度和 $NaHCO_3$ 溶液的浓度，求得溶液中的 CO_2 浓度 $(mol \cdot L^{-1})$。

$$\lg[CO_2] = 6.317 + b(38\,^\circ\!C - t\,^\circ\!C) + \lg[HCO_3^-] - pH$$

例如，在 20 ℃下当 $NaHCO_3$ 溶液的浓度为 $0.001\ mol \cdot L^{-1}$，其中，pH 为 8.258 时，求每升溶液中的 CO_2 浓度（$mol \cdot L^{-1}$）。

此时，$pK_2 = 6.317 + 0.005 \times (38 - 20) = 6.407$

$$\lg[HCO_3^-] = \lg 0.001 = -3$$
$$\lg[CO_2] = 6.407 - 3 - 8.258 = -4.851$$
$$[CO_2] = 1.409 \times 10^{-5}(mol \cdot L^{-1})$$

与此相平衡的空气中的 CO_2 浓度，可根据亨利（Henry）定律和道尔顿（Dalton）分压定律得出下列计算公式

$$c = K_c \cdot [CO_2] \times 10^6 = 25.51 \times 1.409 \times 10^{-5} \times 10^6$$
$$= 359.44(\mu mol \cdot mol^{-1})$$
$$= 0.658(mg \cdot L^{-1})$$

式中，c 为空气中 CO_2 的浓度（$\mu mol \cdot mol^{-1}$ 或 $g \cdot L^{-1}$）；$[CO_2]$ 为溶液中 CO_2 的浓度（$mol \cdot L^{-1}$）；K_c 为亨利常数，见表 4 - 2。

表 4 - 2　一个大气压、不同温度下 CO_2 在水中的亨利常数（K_c）

温度（℃）	K_c	温度（℃）	K_c	温度（℃）	K_c
10	18.76	17	23.43	24	28.68
11	19.41	18	24.14	25	29.51
12	20.05	19	24.83	26	30.35
13	20.68	20	25.51	27	31.20
14	21.33	21	26.23	28	32.05
15	21.98	22	27.02	29	32.84
16	22.74	23	27.86	30	33.68

三、实验材料

待测植物叶片。

四、设备与试剂

三通阀、叶室、电极槽、pH 复合电极、pH 计、缓冲瓶、流量计、气泵、温度计、橡皮管、照度计。

$NaHCO_3$ 溶液：称取 0.084 g 分析纯的 $NaHCO_3$ 和 7.45 g KCl，蒸馏水溶

解后定容至 1 000 mL（含 0.001 mol·L^{-1} NaHCO$_3$和 0.1 mol·L^{-1} KCl），储于棕色瓶中备用。

标准 pH 缓冲液：pH 6.868 和 pH 9.182（市售或自配）。

KCl 溶液：称取 22.36 g 分析纯的 KCl 结晶体，用蒸馏水溶解后定容至 100 mL，浓度为 3 mol·L^{-1}。

五、实验步骤

（一）气路的连接

用硅橡胶管或乳胶管按图 4-2 将各种设备连接起来，各种仪器间的连接尽可能短，并检查气路的密封性，以保证系统不漏气。按照测定要求，旋转三通阀以形成对照气路和测定气路。

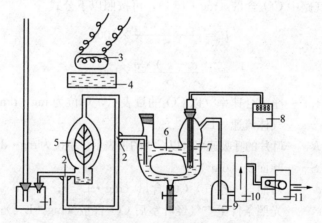

图 4-2　pH 计法光合测定系统的气路连接
1. 气源　2. 三通阀　3. 光源　4. 降温隔水层　5. 叶室　6. 电极槽
7. pH 复合电极　8. pH 计　9. 空气缓冲瓶　10. 流量计　11. 气泵

（二）pH 复合电极的标定

本方法采用 ORION 868 型 pH 计，将 pH 综合电极浸泡于 3 mol·L^{-1}的 KCl 溶液中 2 h 时以活化电极，蒸馏水冲洗并擦干，插入盛有标准 pH 缓冲液的烧杯中进行标定，可人工标定或自动标定，待测液的 pH 应在两点标定 pH 范围之内。

（三）对照气路 CO$_2$ 浓度的测定

旋转三通阀，形成对照气路。打开采样开关，使气泵抽气，调节流量计旋钮，使空气流量保持在一定值（如 30 cm^2 的叶面积可保持在 1 L·min^{-1} 左右）。这时的气流方向为：气源→电极槽→空气缓冲瓶→流量计→气泵→大气。

照光 3～5 min，待测试仪上出现"READY"，记下此时的 pH 读数或打印读数。

（四）样品 CO_2 浓度的测定

转换三通阀，形成测定气路，这时的气流方向为：气源→叶室→电极槽→空气缓冲瓶→流量计→气泵→大气。3～5 min 后，测试仪上出现"READY"，记下此时的 pH 读数或打印读数。

若测定呼吸速率，可将叶室用黑布或黑纸罩上，测定方法同上。与对照气路相比，可观察到测定气路中 pH 下降，为呼吸作用放出的 CO_2 所致。

六、实验结果

根据对照气路与测定气路的 pH 以及测定时的温度值，按前面的计算公式可求出相应气路中 CO_2 含量（mg·L^{-1}），可按照以下公式

$$P_n = \frac{(c_1 - c_2) \cdot v}{S} \times 100$$

$$R = \frac{(c_3 - c_1) \cdot v}{S} \times 100$$

式中　P_n——净光合速率（以 CO_2 的量表示，单位为 mg·dm^{-2}·h^{-1}）；

　　　v——气体流速（L·h^{-1}）；

　　　R——叶片的呼吸速率（以 CO_2 的量表示，单位为 mg·dm^{-2}·h^{-1}）；

　　　S——叶面积（dm^2）；

　　　c_1——对照气（空气）CO_2 含量（mg·L^{-1}）；

　　　c_2——光照条件下空气经叶室后 CO_2 含量（mg·L^{-1}）；

　　　c_3——黑暗条件下空气经叶室后 CO_2 含量（mg·L^{-1}）。

七、注意事项

① 气源应稳定，室内测定的气源以胶管采自屋顶，在室内配备大容量缓冲瓶，以避免操作人员呼出 CO_2 对空气 CO_2 浓度的干扰，野外测定也应以气袋采自同一气源的空气，以便室内外的测定结果之间的比较。

② 当叶片从黑暗中转移到光下或从弱光下转移到强光下时，叶片的光合作用需要经过一个或长或短的诱导期才能到达光合速率较高的稳态，因此，仪器此时出现"READY"所需的时间相对较长。

③ 控制适宜的空气流量。因为叶室的通气流量对测定光合速率影响较大，流量过小会引起 CO_2 亏缺而限制光合作用，测定值偏低，测定时间也长；流量过大会引起叶室外进出口处的 CO_2 浓度差过小，仪器的测定误差大。最适宜的

通气流量因叶室大小、叶面积大小、叶片光合能力、环境温度等因素而异，大多数农作物的适宜空气流量在 $60\sim120\ L\cdot h^{-1}$ 之间。

八、问题讨论

测定植物的光合速率和呼吸速率的方法有哪些？各有何优缺点？

实验四　呼吸商的测定

一、实验目的

掌握测定呼吸商的技术；学会用呼吸商判断呼吸底物的性质及代谢情况。

二、实验原理

呼吸商是表示呼吸作用的重要指标之一，呼吸商可用来研究植物呼吸底物的种类、无氧呼吸的存在、氧化作用是否完全以及植物体内物质转化、合成作用的情况。

呼吸作用所放出的 CO_2 和吸收的 O_2 的体积比或摩尔数比称为呼吸商（简称 RQ）。有氧呼吸中呼吸商的大小因呼吸基质不同而异：以碳水化合物为基质时，$RQ=1$；以有机酸为基质时则 $RQ>1$；以脂类为基质时则 $RQ<1$。

本实验利用特殊的仪器装置，在加碱除去 CO_2 时测得 O_2 的体积；而不加碱时测得 O_2 及 CO_2 两者体积改变的差。然后进行计算，即可求得呼吸商。

三、实验材料

萌发的小麦、大豆等种子。

四、设备与试剂

丹尼（Denny）管、大型玻璃层析缸、橡皮管、500 mL 广口瓶、尼龙小篮、橡皮塞、玻璃活塞开关，20% NaOH。

五、实验步骤

（一）仪器组装

按图 4-3 所示组装种子呼吸的测定装置。整个装置包括丹尼管和呼吸瓶（由一个 500 mL 广口瓶制成）两部分。其中，丹尼管是由内外套管组成，管底部与外界相通，外管上有刻度；丹尼管顶部分出两个支管；一个支管上装有玻璃活塞开关，另一个支管与呼吸瓶相连。另外，在呼吸瓶橡皮塞下悬挂一尼龙网小篮，用于盛装被测样品。

（二）样品测定

将被测样品挂于尼龙网小篮中，将全部活塞打开，再把整个装置置于恒温水浴中，调节液面使其与丹尼管的内管管口平齐（但不可使水流入外管），待温度平衡后立即关闭所有活塞，使内外气体隔绝，整个测试装置成为封闭系统，并立刻记下开始时间。在封闭系统内，如待测材料呼吸作用时吸收的 O_2 比放出的 CO_2 多，则压力减少，导致水由丹尼管的上口流入外管，这部分水的体积相

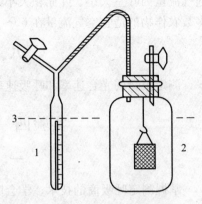

图 4-3　种子呼吸商测定装置
1. 丹尼管　2. 广口瓶　3. 水面

当于封闭系统中样品吸收 O_2 与放出 CO_2 的体积之差，可从丹尼管外管上的刻度读出，通常，在封闭 $30 \sim 60\ min$ 之后，打开活塞，再读记刻度。然后把呼吸瓶的塞子打开，加入 20% NaOH 溶液 30 mL，按照上述方法与未加 NaOH 时一样再测定一次，但水溶液温度和测定时间应与前次完全相同。由于加入的 NaOH 可吸收植物材料放出的 CO_2，所以测得的体积则为样品呼吸时吸收 O_2 的体积。

六、实验结果

按照下式计算，并填写表 4-3。

$$RQ = \frac{V_2 - V_1}{V_2}$$

式中　V_1——吸收 O_2 和放出 CO_2 体积之差（μL）；

　　　V_2——吸收 O_2 体积（μL）。

表 4-3　测定实验结果

样品名称	O_2 与 CO_2 体积之差 V_1（μL）	O_2 体积 V_2（μL）	呼吸商（RQ）

七、注意事项

加碱和未加碱的两次测定时间和测定温度要完全一致。

八、问题讨论

1. 测定呼吸商有何生理意义？

2. 比较所测几种植物的呼吸商，并推断它们的主要呼吸基质分别是什么？

实验五　植物呼吸酶的简易鉴定法

一、实验目的

熟悉植物呼吸酶的简易鉴定方法。

二、实验原理

呼吸作用可以认为是一系列的氧化还原作用，其中间步骤是靠各种氧化和还原酶类催化的，根据它们的氧化还原的特性，选用特殊的底物或氢受体，反应后能产生特殊的颜色，从而辨别呼吸酶的存在。

1. 脱氢酶　脱氢酶是呼吸链中参加电子和氢传递的重要酶之一，包括烟酰胺脱氢酶和黄素脱氢酶。还原型的黄素脱氢酶可被某些试剂氧化，例如甲烯蓝与黄素酶作用可发生下列变化

$$E-FADH_2＋甲烯蓝\longrightarrow E-FAD＋甲烯白$$

（蓝色）　　　　　　　　　（无色）

2. 氧化酶　氧化酶能从代谢物上脱氢，并使其与氧直接结合，生成水或过氧化氢，如细胞色素氧化酶、抗坏血酸氧化酶、多酚氧化酶等。

3. 过氧化物酶　过氧化物酶是卟啉环中含有铁的金属蛋白质。过氧化物酶与过氧化氢形成一种化合物，在这种化合物中的过氧化氢被活化，从而能氧化酚类化合物，其作用如同氢的受体一样。

4. 过氧化氢酶　过氧化氢酶属血红蛋白类，其组成中含有铁，能催化过氧化氢分解为水和分子氧。在此过程中，辅基中的铁原子进行氧化和还原的交替变化。

三、实验材料

马铃薯块茎、黄瓜、豌豆叶、洋葱、甘薯等。

四、设备与试剂

温箱、试管、研钵、0.025％甲烯蓝溶液、石蜡油、3％过氧化氢。

1.5％愈创木酚乙醇溶液：1.5 g 愈创木酚溶于足够的 95％ 酒精中，定容至 100 mL。

五、实验步骤

(一) 脱氢酶

取马铃薯块茎去皮，切成 10 块 5 mm 见方的小块，分成两组，其中一组煮沸 20 min。然后两组分别放入两个试管中，每个试管中各加入 15 mL 0.025％甲烯蓝溶液，并在液面上各加一薄层石蜡油，以阻止空气接触甲烯蓝。

将试管移入 25 ℃的温箱中，2 d 后观察溶液及马铃薯块茎的变化，未经煮沸的试管内溶液会变为无色，而另一管仍为蓝色。然后将试管内液面上的石蜡油吸去，取出管内的马铃薯小块，放在纸上暴露于空气中，再观察颜色的变化，并说明变化的原因。

(二) 氧化酶

取去皮的新鲜马铃薯 5～10 g，放在研钵中加 15 mL 蒸馏水研碎，静置 15 min后，用纱布或脱脂棉过滤。

取去皮的黄瓜 20 g，放在研钵中加 15 mL 蒸馏水研碎，静置 15 min，用纱布或脱脂棉过滤。

观察以上两种滤液的颜色变化，如产生紫色、红色即证明这种材料中既有底物（例如酚类物质），又含氧化酶类。在没有发生变化的材料中加入愈创木酚溶液观察颜色变化，如产生红色、紫色时，则表示含氧化酶。氧化程度不同，表现出不同颜色。如没有颜色变化，表示没有氧化酶。

还可用豌豆叶、洋葱、甘薯等重复上述实验，将其中有不能立即使愈创木酚溶液氧化的材料，做下面的实验。

(三) 过氧化物酶

取上面实验中不能使愈创木酚氧化的植物材料，加水磨碎（加少量硝酸钙或氯化钙），过滤后，分别取滤液 5 mL，加到两个试管中，其中一个先煮沸数分钟，然后各加入 10 滴新鲜配制的 1.5％愈创木酚乙醇液和 5 mL 3％过氧化氢溶液，如有褐色或蓝色发生，即表示有过氧化物酶存在。

另取一支试管，只加过氧化氢及愈创木酚乙醇溶液，观察溶液有何变化。

(四) 过氧化氢酶

取新鲜马铃薯去皮，切成约 5 mm 见方的小块，分为两组，其中一组煮沸

10 min。然后分别加到盛有 5 mL 3‰过氧化氢的试管中，观察有什么变化，并加以说明。

几分钟后，在未经煮沸的试管中，加 10 滴新鲜的愈创木酚乙醇溶液，观察有什么变化，并加以解释。

六、实验结果

观察各实验现象，并加以解释。

七、注意事项

在过氧化物酶中必须加过氧化氢才能使愈创木酚氧化。

八、问题讨论

1. 过氧化物酶与氧化酶的作用有何不同？过氧化氢酶与过氧化物酶的作用有何不同？以反应方程式表示过氧化氢酶对过氧化氢的作用。

2. 在做氧化酶实验中，取材用陈年马铃薯与新鲜马铃薯相比，结果有什么不同？为什么？

实验六 过氧化物酶活性测定

一、实验目的

过氧化物酶是植物体内普遍存在的、活性较高的一种酶，它与呼吸作用、光合作用、生长素的氧化等都有密切关系，在植物生长发育过程中，它的活性不断发生变化，因此测量这种酶，可以反映某一时期植物体内代谢的变化。

通过本实验了解过氧化物酶的作用，掌握愈创木酚法测定过氧化物酶活性。

二、实验原理

在过氧化物酶（POD）催化下，过氧化氢将愈创木酚氧化成茶褐色产物。此产物在 470 nm 波长处有最大光吸收值，故可通过测 470 nm 波长处的吸光度变化测定过氧化物酶的活性。

三、实验材料

马铃薯块茎。

四、设备与试剂

分光光度计、TDL－5000B 型低速冷冻多管离心机（$R=18\ cm$）、研钵、25 mL 容量瓶、量筒、试管、吸管；0.05 mol·L^{-1} 的磷酸缓冲液（pH 5.5）、0.05 mol·L^{-1} 愈创木酚溶液、2% 过氧化氢。

五、实验步骤

（一）酶液的制备

取 1.0～5.0 g 洗净去皮的马铃薯块茎，切碎，放入研钵中，加适量的磷酸缓冲液研磨成匀浆。将匀浆液全部转入离心管中，以 3 000 g 离心 10 min，上清液转入 25 mL 容量瓶中。沉淀用 5 mL 磷酸缓冲液再提取两次，上清液并入容量瓶中，定容至刻度，即成酶液，低温下保存备用。

（二）过氧化物酶活性测定

在酶活性测定的反应体系中，依次加入 2.9 mL 0.05 mol·L^{-1} 磷酸缓冲液、1.0 mL 2% 过氧化氢、1.0 mL 0.05 mol·L^{-1} 愈创木酚和 0.1 mL 酶液。用加热煮沸 5 min 的酶液为对照，反应体系加入酶液后，立即于 34 ℃ 水浴中保温 3 min，然后迅速稀释 2 倍，470 nm 波长下比色，每隔 1 min 记录 1 次吸光度 A_{470}，共记录 5 次，然后以每分钟内 A_{470} 变化 0.01 为 1 个酶活性单位（U）。

六、实验结果

以每分钟内 A_{470} 变化 0.01 为 1 个过氧化物酶活性单位（U）。

$$过氧化物酶活性（U·g^{-1}·min^{-1}）=\frac{\Delta A_{470}V_{T}}{0.01mV_{s}t}$$

式中　ΔA_{470}——反应时间内吸光度的变化；

$\quad\quad\ m$——鲜马铃薯质量（g）；

$\quad\quad\ t$——反应时间（min）；

$\quad\quad\ V_{T}$——提取酶液总体积（mL）；

$\quad\quad\ V_{S}$——测定时取用酶液体积（mL）。

七、注意事项

酶液的提取过程要尽量在低温条件下进行。过氧化氢要在反应开始前加，不能直接加入。

八、问题讨论

简述测定过氧化物酶活性的生理意义。你知道还有哪些方法可以测定过氧化物酶活性？

实验七　过氧化氢酶活性测定

一、实验目的

过氧化氢酶普遍存在于植物的所有组织中，其活性与植物的代谢强度及抗寒、抗病能力有一定关系，故常加以测定。通过实验，熟悉过氧化氢酶活性的不同测定方法。

二、实验原理

1. **滴定法**　过氧化氢酶（CAT）属于血红蛋白酶，含有铁，它能催化过氧化氢分解为水和分子氧，在此过程中起传递电子的作用，过氧化氢则既是氧化剂又是还原剂。可根据过氧化氢的消耗量或氧气的生成量测定该酶活力大小。

在反应系统中加入一定量（反应过量）的过氧化氢溶液，经酶促反应后，用标准高锰酸钾溶液（在酸性条件下）滴定多余的过氧化氢，即可求出消耗的过氧化氢的量。

$$5H_2O_2 + 2KMnO_4 + 4H_2SO_4 \longrightarrow 5O_2 + 2KHSO_4 + 8H_2O + 2MnSO_4$$

2. **氧电极法**　过氧化氢在过氧化氢酶的作用下，放出氧气，其放氧量与过氧化氢酶的活性呈正相关。放出的氧可用氧电极定量测定。

三、实验材料

小麦叶片。

四、设备与试剂

研钵、5 mL 三角瓶、酸式滴定管、恒温水浴锅、反应杯、电磁搅拌器、恒温水浴、记录仪、剪刀、25 mL 容量瓶、离心机、微量注射器；10% H_2SO_4、0.2 mol·L^{-1}磷酸缓冲液（pH 7.8）、饱和亚硫酸钠、50 mmol 过氧化氢溶液（用磷酸缓冲液配制）。

0.1 mol·L^{-1}高锰酸钾标准液：称取 3.160 5 g $KMnO_4$（AR），用新煮沸冷却蒸馏水配成 1 000 mL，再用 0.1 mol·L^{-1}草酸溶液标定。

0.1 mol·L^{-1}过氧化氢：30% 过氧化氢大约等于 17.6 mol·L^{-1}，取 5.68 mL 30% H_2O_2溶液，稀释至 1 000 mL，用标准 0.1 mol·L^{-1}高锰酸钾溶液（在酸性条件下）进行标定。

$0.1\,mol \cdot L^{-1}$ 草酸：称取 $12.607\,g\,H_2C_2O_4 \cdot 2H_2O$，用蒸馏水溶解后，定容至 $1\,000\,mL$。

五、实验步骤

(一) 滴定法

1. **酶液提取** 取 $2.5\,g$ 小麦叶片，加入少量的磷酸缓冲溶液（pH 7.8），研磨成匀浆，转移至 $25\,mL$ 容量瓶中，用该缓冲液冲洗研钵，并将冲洗液转至容量瓶中，用同一缓冲液定容，以 $3\,000\,g$ 离心 $15\,min$，上清液即为过氧化氢酶的粗提液。

2. **滴定** 取 $5\,mL$ 三角瓶 4 个（两个测定，另两个为对照），测定瓶加入酶液 $2.5\,mL$，对照瓶加煮沸后的酶液 $2.5\,mL$。4 个三角瓶分别加入 $2.5\,mL$ $0.1\,mol \cdot L^{-1}$ 过氧化氢，同时计时，于 $30\,℃$ 恒温水浴中保温 $10\,min$，立即加入 $10\%\,H_2SO_4$ $2.5\,mL$。

用 $0.1\,mol \cdot L^{-1}$ 高锰酸钾标准溶液滴定，至出现粉红色（在 $30\,min$ 内不消失）为终点。

(二) 氧电极法

1. **酶液提取** 操作同滴定法。

2. **仪器标定** 用磷酸缓冲液标定仪器灵敏度。

3. **测定酶活性** 向反应杯加入 $50\,mmol \cdot L^{-1}$ 过氧化氢磷酸缓冲液，盖上磨口盖塞，开动搅拌器，在 $25\,℃$ 下平衡 $5\,min$，然后用微量注射器从反应杯磨口盖塞的小孔中向反应杯底部注入 $10\,\mu L$ 经适当稀释的酶液，立即计时。由记录仪最初 $90\,s$ 内的放氧曲线，计算酶活性。

六、实验结果

1. **滴定法实验结果** 酶活性用每克鲜样品 $1\,min$ 内分解过氧化氢的量（mg）表示。

$$\text{过氧化氢酶活性}\atop(\text{mg} \cdot \text{g}^{-1} \cdot \text{min}^{-1}) = \frac{(A-B) \times \dfrac{V_T}{V_S} \times 1.7}{m \times t}$$

式中　A ——对照 $KMnO_4$ 滴定量（mL）；

　　　B ——酶反应后 $KMnO_4$ 滴定量（mL）；

　　　V_T ——提取酶液总量（mL）；

　　　V_S ——反应时所用酶液量（mL）；

　　　m ——鲜样品质量（g）；

t——反应时间（min）；

1.7——1 mL 0.1 mol·L^{-1} KMnO$_4$ 相当于 1.7 mg 过氧化氢。

2. 氧电极法实验结果 酶活性用每克样品在 1 min 内放出的氧气的量（μmol）来表示。

$$过氧化氢酶活性(\mu mol \cdot g^{-1} \cdot min^{-1}) = \frac{A \times B \times \frac{V}{a} \times 60}{m \times t}$$

式中 A——仪器灵敏度（每格相当于氧气的微摩尔数）；

B——记录纸上最初 90 s 的变化格数；

V——酶液总体积（mL）；

a——测定酶液用量（mL）；

m——鲜样品质量（g）；

t——反应时间（s）

七、注意事项

所用高锰酸钾溶液及过氧化氢溶液临用前要经过重新标定。

八、问题讨论

影响过氧化氢酶活性测定的因素有哪些？过氧化氢酶与哪些生化过程有关？

实验八 多酚氧化酶活性测定

一、实验目的

掌握多酚氧化酶活性测定的原理和方法。

二、实验原理

多酚氧化酶（polyphenol oxidase，PPO）是植物体内普遍存在的一种含铜氧化酶。它催化二元以上的酚类物质氧化为醌的反应，与"伤呼吸"有密切关系。其基本反应如下

$$2 \underset{\text{OH}}{\underset{\text{OH}}{\bigcirc}} + O_2 \xrightarrow{PPO} 2 \underset{\text{O}}{\underset{\text{O}}{\bigcirc}} + 2H_2O$$

根据醌类物质的生成速度可以推算出 PPO 活性的大小，为了测定醌类物

质的生成量，可加入一定量的抗坏血酸（ascorbic acid）即维生素 C（vitamin C）与之反应。

再用碘酸钾来滴定剩余的抗坏血酸，从而计算被醌所氧化的抗坏血酸的数量，而间接得知 PPO 的活性。

三、实验材料

新鲜植物材料。

四、设备及试剂

恒温水浴锅，50 mL 容量瓶，100 mL 三角瓶，1 mL、5 mL、10 mL 移液管，25 mL 滴定管，研钵，大试管。

0.2% 邻苯二酚：取 0.2 g 邻苯二酚以水溶解后，定容至 100 mL，储于棕色瓶内，两天内有效。

0.01 mol·L^{-1} 碘酸钾：准确称取 KIO_3 0.356 6 g，以水溶解后，加 5 mL 1 mol·L^{-1} 的 NaOH 和 2 g KI，溶解后，定容至 1 升，混匀，储于棕色瓶。

磷酸缓冲液（pH 6.4）：取 KH_2PO_4（CP）5.4 g，溶于无 CO_2 水中，加 10 mL 1 mol·L^{-1} 的 NaOH，用无 CO_2 水稀至 200 mL。

5% 偏磷酸：取 5 g HPO_3 溶于水，定容至 100 mL。

0.35% 抗坏血酸：取抗坏血酸 0.35 g 溶于水，定容至 100 mL 混匀，有效期一天。

0.5% 淀粉液，石英砂。

五、实验步骤

（一）制样与提酶
取剪碎的植物材料 1～5 g 和少量石英砂加水于研钵内，研磨匀浆，加水清洗并转入 50 mL 容量瓶，定容后振摇 2～3 min，放入 20 ℃或 25 ℃水浴中预热备用。

（二）预热试剂

取大试管 3 支，分别盛取抗坏血酸、邻苯二酚和磷酸缓冲液，放入水浴中预热。

（三）测定

用 100 mL 三角瓶一个，先后吸取预热的磷酸缓冲液 1 mL、抗坏血酸 5 mL 和邻苯二酚 5 mL，再加入经振摇混合后的悬浮酶液 5～10 mL（视活性大小而定），立即计时，并均匀振荡 2 min，以使与氧气充分接触，到时再加 5 mL 偏磷酸以中止反应，并加入 0.5％淀粉液 1 mL 作指示剂，用 0.01 mol·L^{-1}碘酸钾滴定至浅蓝色不消失为止。同时，另取一个三角瓶，如上法做对照滴定，只是在加酶液之前，加入偏磷酸以抑制酶活性。

六、实验结果

将滴定所得数据用下式计算酶活性［以每克鲜样品每分钟氧化的抗坏血酸的量（μmol）来表示］

$$A=\frac{50\times5(a-b)}{V\times m\times2}=\frac{125(a-b)}{V\times m}$$

式中　A——PPO 活性（μmol·g^{-1}·min^{-1}）；

　　　a——用于对照滴定的 0.01 mol·L^{-1} KIO_3 消耗量（mL）；

　　　b——用于样品滴定的 0.01 mol·L^{-1} KIO_3 消耗量（mL）；

　　　V——测定所用悬浮酶液体积（mL）；

　　　m——分析用样品质量（g）；

　　　50——提取液总量（mL）；

　　　5——每毫升 0.35％抗坏血酸换算为微摩尔的系数。

七、注意事项

植物样本在处理前勿碰伤搓揉。

八、问题讨论

多酚氧化酶活性与植物的"伤呼吸"有何关系？

第五章　植物的光合作用

实验一　叶绿体色素的提取及定量测定

一、实验目的

植物体内叶绿素与光合作用及氮素营养有密切关系，在科学施肥、育种及植物逆境生理等研究上常需对其进行测定。本实验主要是学习叶绿体色素的提取和定量测定的方法，并掌握分光光度计的使用方法。

二、实验原理

高等植物叶绿体内的色素包括叶绿素（叶绿素 a 和叶绿素 b）和类胡萝卜素（叶黄素和胡萝卜素）两大类，它们不溶于水，但溶于有机溶剂，故常用丙酮或乙醇等有机溶剂来提取。

根据叶绿体色素提取液对可见光谱的吸收，利用分光光度计在某一特定波长下测定其吸光度，即可计算出提取液中各种色素的含量。

根据朗伯-比耳（Lambert - Beer）定律，有色溶液的吸光度 A 与其中溶质浓度 c 和液层厚度 L 成正比，即

$$A = \alpha cL$$

式中，α 为比例常数。当溶液浓度以百分浓度为单位，液层厚度为 1 cm 时，α 则为该物质的吸光系数。各种有色物质溶液在不同波长下的吸光系数可通过测定已知浓度的纯物质在不同波长下的吸光度而求得。

如果溶液中有多种吸光物质，则此混合液在某一波长下总吸光度等于各组分在相应波长下吸光度的总和，这就是吸光度的加和性。本实验测定提取液中叶绿素 a、叶绿素 b 和类胡萝卜素的含量，只需测定该提取液在 3 个特定波长下的吸光度 A，并根据叶绿素 a、叶绿素 b 及类胡萝卜素在该波长下的吸光系数即可求出其浓度。在测定叶绿素 a 和叶绿素 b 时，为了排除类胡萝卜素的干扰，所用单色光的波长应选择叶绿素在红光区的最大吸收峰。

据 Arnon 法，80％丙酮提取的叶绿素 a、叶绿素 b 混合液在红光区的最大吸收峰分别为 663 nm 和 645 nm，又知叶绿素 a 和叶绿素 b 在该溶液中的吸光系数在波长 663 nm 下分别为 82.04 和 9.27，在波长 645 nm 下分别为 16.75 和 45.60，可根据加和性原则列出以下关系式

$$A_{663} = 82.04c_a + 9.27c_b \tag{1}$$

$$A_{645} = 16.75c_a + 45.60c_b \tag{2}$$

式中　A_{663}——叶绿素溶液在波长 663 nm 时的吸光度；

$\qquad$ A_{645}——叶绿素溶液在波长 645 nm 时的吸光度；

$\qquad$ c_a——叶绿素 a 的浓度（mg·L^{-1}）；

$\qquad$ c_b——叶绿素 b 的浓度（mg·L^{-1}）。

解方程组（1）、（2），并将 c_a 和 c_b 的浓度单位由原来的 g·L^{-1} 换算成 mg·L^{-1} 后得

$$c_a = 12.72A_{663} - 2.59A_{645} \tag{3}$$

$$c_b = 22.88A_{645} - 4.67A_{663} \tag{4}$$

将 c_a 与 c_b 相加即得叶绿素浓度 c_T

$$c_T = c_a + c_b = 20.29A_{645} + 8.05A_{663} \tag{5}$$

另外，由于叶绿素 a 和叶绿素 b 在 652 nm 的吸收峰相交，两者有相同的吸光系数（均为 34.5），可以在此波长下测定吸光度（A_{652}）而求出叶绿素浓度（mg·L^{-1}）

$$c_T = \frac{A_{652} \times 1\,000}{34.5} \tag{6}$$

在有叶绿素存在的条件下，用分光光度法还可同时测定出溶液中类胡萝卜素的含量。

Lichtenthaler 等对 Arnon 法进行了修正，提出了 80％丙酮提取液中 3 种色素含量的计算公式

$$c_a = 12.21A_{663} - 2.81A_{646} \tag{7}$$

$$c_b = 20.13A_{646} - 5.03A_{663} \tag{8}$$

$$c_x = \frac{1\,000A_{470} - 3.27c_a - 104c_b}{229} \tag{9}$$

式中，c_a、c_b 分别为叶绿素 a、叶绿素 b 的浓度；c_x 为类胡萝卜素的总浓度；单位为 mg·L^{-1}；A_{663}、A_{646} 和 A_{470} 分别为叶绿体色素提取液在波长 663 nm、646 nm 和 470 nm 下的吸光度。

由于叶绿体色素在不同溶剂中的吸收谱有差异，因此，在使用其他溶剂提取色素时，计算公式也有所不同。叶绿素 a 和叶绿素 b 在 95％乙醇中最大吸

收峰的波长分别为 665 nm 和 649 nm，类胡萝卜素为 470 nm，可据此列出以下关系式

$$c_a = 13.95A_{665} - 6.88\,A_{649} \tag{10}$$

$$c_b = 24.96A_{649} - 7.32\,A_{665} \tag{11}$$

$$c_x = \frac{1\,000A_{470} - 2.05c_a - 114.8c_b}{245} \tag{12}$$

三、实验材料

莴苣叶或菠菜叶。

四、设备与试剂

分光光度计、扭力天平或电子天平（感量 0.01 g）、研钵、剪刀、25 mL 棕色容量瓶、小漏斗、定量滤纸、吸水纸、擦镜纸、滴管、玻璃棒；80％丙酮（或 95％乙醇）（V/V）、石英砂、碳酸钙粉。

五、实验步骤

（一）研磨法提取叶绿体色素

取新鲜植物叶片（或其他绿色组织）或干材料，洗净表面污物，去掉中脉，剪碎混匀。称 0.2～0.5 g 样品，放入研钵中，加少量石英砂、碳酸钙粉及 2～3 mL 80％丙酮（或 95％乙醇），研磨成匀浆，再加 5～10 mL 80％丙酮（或 95％乙醇），继续研磨至组织变白，并静置 3～5 min。取滤纸 1 张，置漏斗中，用适量的 80％丙酮（或 95％乙醇）湿润，沿玻璃棒把提取液倒入漏斗中，过滤到 25 mL 棕色容量瓶中，再用少量的 80％丙酮（或 95％乙醇）冲洗研钵、研棒及残渣数次，最后连同残渣一起倒入漏斗中。用滴管吸取 80％丙酮，将滤纸上的叶绿体色素全部洗入容量瓶中，直至滤纸和残渣中无绿色为止。最后用 80％丙酮（或 95％乙醇）定容至 25 mL，摇匀。

（二）混合液浸提法提取叶绿体色素

采用研磨法提取叶绿体色素，由于研磨过程中丙酮的挥发，研磨后转移匀浆时容易出现误差。如果时间充足，或样品太多，可用混合液提取法或直接用 80％丙酮（或 95％乙醇）浸提。将所测定叶片洗净去主脉，剪成 4～8 mm 的小片或叶条混匀后，称取 0.1～0.2 g，放入容量瓶或具塞试管中，加入混合提取液（按丙酮：乙醇：水 = 4：5：1 的比例混匀即可）至刻度；亦可用直径 0.9 cm 的打孔器，在叶片主脉两侧各取 5～10 个小圆片，放入混合液中。置暗箱（或暗盒）中直接浸提叶绿体色素 8～12 h，其间振摇 2～3 次，直至小圆

片或碎片完全变白为止。绿色溶液经准确定容，澄清后即可用于比色测定。

（三）比色测定

把上述提取液倒入光径 1 cm 的比色杯内（溶液高度为比色杯的 4/5）。如果提取液为 80％丙酮，采用 80％丙酮为空白，分别在波长 663 nm、645 nm 和 470 nm 下测定吸光度。如果用 95％乙醇提取，则用 95％乙醇为空白，分别在波长 665 nm、649 nm 和 470 nm 下测定吸光度。如果仅测定总叶绿素含量，则只需在波长 652 nm 下测定吸光度。

六、实验结果

按公式（7）、（8）、（9）［如用 95％乙醇，则按公式（10）、（11）、（12）］分别计算叶绿素 a、叶绿素 b 和类胡萝卜素浓度（$mg \cdot L^{-1}$）。（7）、（8）式相加即得叶绿素总浓度。如果仅在 652 nm 波长下比色，则用公式（6）得到叶绿素总浓度。

按下式计算样品中各色素的含量

$$各种叶绿体色素的含量（mg \cdot g^{-1}）＝\frac{色素的浓度 \times 提取液体积 \times 稀释倍数}{鲜样品质量（或干样品质质）}$$

如果仅在 652 nm 波长比色测定吸光度 A_{652}，则可按下式计算组织中单位鲜样品质量的叶绿素总含量

$$叶绿素总含量（mg \cdot g^{-1}）＝\frac{A_{652} \times V}{34.5 \times m}$$

式中　V——提取液总量（mL，若比色前进行了稀释，则应乘以稀释倍数）；

　　　m——鲜叶片质量（g）。

七、注意事项

①为了避免叶绿体色素在光下分解，操作时应在弱光下进行，研磨时间应尽量短。提取液不能混浊，否则应重新过滤。

②用分光光度计法测定各种叶绿体色素的含量时，对分光光度计的波长精确度要求较高。如果波长与原吸收峰波长相差 1 nm，则叶绿素 a 的测定误差为 2％，叶绿素 b 为 19％，因此，在使用前必须对分光光度计的波长进行校正。

③低档型号分光光度计（如：722 型、721 型等）只能测定叶绿素总量，因为分别测定叶绿素 a、叶绿素 b 含量时，此类仪器的狭缝较宽，分光性能差，单色光的纯度低［±（5～7）nm］，与高中档仪器（如岛津 UV－120 型、

UV－240 型分光光度计等）测定结果相比，叶绿素 a 的测定值偏低，叶绿素 b 测定值偏高，叶绿素 a 与叶绿素 b 比值严重偏小。因此，要分别测定各种叶绿素含量，应选用紫外分光光度计，结果才可靠。

八、问题讨论

1. 叶绿素在红光区和蓝光区都有吸收峰，能否用蓝光区的吸收峰波长进行叶绿素的定量分析？为什么？

2. 提取干材料中的叶绿素时一定要用 80％的丙酮，而新鲜的材料可以用无水丙酮提取，为什么？

3. 阴生植物与阳生植物间叶绿素 a 与叶绿素 b 的比值有何差异？

4. 如果叶绿素的含量以单位叶面积计算，应对本实验测定方法和计算公式做何修改？

实验二　叶绿体色素的分离及理化性质观察

一、实验目的

了解叶绿体色素在植物光合作用中的光能吸收、传递和转换中的重要作用；掌握叶绿体色素分离方法，并了解它们的一些重要理化性质。

二、实验原理

叶绿体色素与类囊体膜蛋白相结合成为色素蛋白复合体。用有机溶剂提取后可用纸层析法的原理把色素加以分离。纸层析法分离叶绿体色素是一种最简便的方法，其原理是当溶剂不断地从纸上流过时，由于混合物中各成分在两相（流动相和固定相）具有不同的分配系数，其移动速率不同，经过一定时间后，可以将样品中不同色素分开。

叶绿素是一种双羧酸（叶绿酸）与甲醇和叶绿醇形成的复杂酯。在碱的作用下，发生皂化作用，生成醇（甲醇与叶绿醇）和叶绿素的盐（皂化叶绿素）。生成的盐能溶于水，故可将叶绿素与类胡萝卜素分开。其反应式如下

$$C_{32}H_{30}ON_4Mg \genfrac{}{}{0pt}{}{\diagup COOCH_3}{\diagdown COOC_{20}H_{39}} +2KOH \longrightarrow C_{32}H_{30}ON_4Mg \genfrac{}{}{0pt}{}{\diagup COOK}{\diagdown COOK} +CH_3OH+C_{20}H_{39}OH$$

叶绿素 a　　　　　　　　　　　　　皂化叶绿素　甲醇　　叶绿醇

在弱酸作用下，叶绿素分子中的镁为 H^+ 所取代，生成褐色的去镁叶绿素，后者遇乙酸铜则形成蓝绿色的铜代叶绿素。铜代叶绿素很稳定，在光下不

易被破坏，故常用此法制作绿色多汁植物的浸渍标本。

$$C_{32}H_{30}ON_4Mg \overset{COOCH_3}{\underset{COOC_{20}H_{39}}{\diagup}} + 2CH_3COOH \longrightarrow C_{32}H_{32}ON_4 \overset{COOCH_3}{\underset{COOC_{20}H_{39}}{\diagup}} + (CH_3COO)_2Mg$$

（褐色）

$$C_{32}H_{32}ON_4 \overset{COOCH_3}{\underset{COOC_{20}H_{39}}{\diagup}} + (CH_3COO)_2Cu \longrightarrow C_{32}H_{30}ON_4Cu \overset{COOCH_3}{\underset{COOC_{20}H_{39}}{\diagup}} + 2CH_3COOH$$

（褐色） （蓝绿色）

叶绿素和类胡萝卜素都具有光化学活性，表现出一定的吸收光谱，可用分光镜检查或用分光光度计精确测定。叶绿素吸收光量子转变成激发态的叶绿素分子，很不稳定，当其回到基态时可发出荧光。叶绿素化学性质也很不稳定，容易受强光破坏，特别是当叶绿素与叶绿蛋白分离后，破坏更快。类胡萝卜素则较稳定。

三、实验材料

新鲜植物叶片或叶片干粉。

四、设备与试剂

托盘天平，研钵，漏斗，漏斗架，剪刀，100 mL 三角瓶，50 mL、100 mL 小烧杯，圆形层析滤纸，滤纸条，解剖针，滴管，培养皿，塑料内盖，2 mL、5 mL 移液管，移液管架，试管架，试管，量筒，石棉网，酒精灯，玻璃棒，火柴，分光镜，小青霉素瓶盖或其他塑料盖。

80%丙酮，95%乙醇，碳酸钙粉，石英砂，苯，乙酸铜粉末，冰醋酸。

展层剂：低沸点（30～60 ℃）的石油醚或用石油醚：丙酮：苯按 10：2：1 的体积比例配制。

20% KOH 甲醇溶液：20 g KOH 溶于 100 mL 甲醇中，过滤后盛于塞有橡皮塞的试剂瓶中。

乙酸-乙酸铜溶液：100 mL 50%乙酸，加入乙酸铜 6 g 溶解，用蒸馏水定容至 400 mL。

五、实验步骤

（一）纸层析色素液的制备

取新鲜植物叶片，洗净，先在 105 ℃下杀青，然后放在 60～70 ℃烘箱中烘干后研成粉末，密闭储存。用时称取 2 g 干粉末，加 20 mL 80％丙酮（或 95％乙醇）浸提，待丙酮溶液呈深绿色时，过滤到另一棕色瓶内，滤液即为叶绿体色素提取液，可作纸层析用，也可再用丙酮溶液适当稀释作随后的理化性质观察。或用 2～3 g 新鲜叶片，以 80％丙酮（或 95％乙醇）研磨提取，过滤于三角瓶中备用。

（二）点样

取一块直径略大于培养皿的圆形层析滤纸，在圆心处滴一小滴叶绿体色素提取液，使色素扩展范围在 1 cm 以内，风干后再滴，重复 3～5 次，在点样中心用解剖针穿一小孔，另取滤纸条（1 cm×2 cm）卷成纸捻插入圆形滤纸的小孔中，风干备用。

（三）展层

在培养皿中放一个小青霉素瓶盖（小塑料盖），瓶中加入适量的 30～60 ℃ 的石油醚作展层剂，把插有纸捻的圆形滤纸平放在培养皿上，使纸捻浸入石油醚中，剪去上端多余的部分，盖好培养皿（图 5-1）。此时的石油醚借毛细管引力沿纸捻扩散到圆形滤纸上，并把叶绿体色素沿着滤纸向四周推进，不久即可看到被分离的各种色素同心圆环。叶绿素 b 为黄绿色，叶绿素 a 为蓝绿色，叶黄素为鲜黄色，β 胡萝卜素为橙黄色。

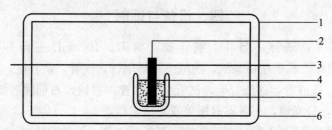

图 5-1　分离叶绿体色素的圆形纸层析装置（侧视图）

1. 上培养皿　2. 纸捻　3. 圆形层析滤纸　4. 小塑料盖　5. 展层剂　6. 下培养皿

（四）标注

当石油醚扩散至培养皿边沿时，取出圆形滤纸风干，用铅笔标出各色素的位置和名称，分为两半，一半附于实验报告中，另一半可用作后面的"光对叶绿素的破坏作用"实验。

（五）皂化作用

取 2 mL 叶绿体色素提取液放入试管内，加入 2 mL 20％ KOH 甲醇溶液，充分摇动。加入 5 mL 苯摇匀（轻摇，勿激烈振荡），静置在试管架上，即可看到溶液逐渐分为两层，下层是稀的乙醇溶液，其中溶有皂化叶绿素 a 和皂化叶绿素 b；上层是苯溶液，其中溶有黄色的 β 胡萝卜素和叶黄素。

（六）叶绿体色素的吸收光谱

将经皂化作用分开为上下两层色素的试管放在直射光（灯光）下，用分光镜观察其吸收光谱，与太阳光谱进行比较，并把观察结果以简单图谱表示出来。

（七）叶绿素的荧光现象

将叶绿体色素提取液放入试管内，在直射光下观察色素溶液在透射光下及反射光下的颜色有何不同。

（八）光对叶绿素的破坏作用（因时间较长，可提前操作）

取 2 支试管，各加入 5 mL 叶绿体色素提取液，一支放在直射光下，另一支放在黑暗处，1~2 h 后，观察两管溶液颜色有何变化？将前面实验纸层析所得的色谱图纸，对半剪开，一半夹入书中，另一半放在强光下，0.5~1 h 后，观察 4 种色素的颜色有何变化。

（九）H^+ 和 Cu^{2+} 对叶绿素分子中 Mg^{2+} 的取代作用

吸取叶绿体色素提取液 5 mL，放入试管中，加冰醋酸 10~20 滴，摇匀，即可观察到溶液的颜色变化。当溶液改变颜色后，再加少许乙酸铜粉末，微微加热，这时溶液颜色再次发生变化。另取一片新鲜叶，放入盛有 20 mL 的乙酸-乙酸铜溶液的小烧杯中，慢慢加热，可观察到叶片颜色由绿色变成褐色，再由褐色变成蓝绿色。

六、实验结果

①将标注颜色和名称的纸层析色谱图随作业一起附上，说明为什么会出现四圈同心圆。

②按表 5-1 记录叶绿体色素的理化性质实验所观察到的现象，并加以解释。

表 5-1 叶绿体色素的理化性质实验结果

理化性质	观察的现象	解释说明

七、注意事项

①在低温下发生皂化反应的叶绿体色素溶液，易乳化而出现白色絮状物，溶液浑浊，且不分层。可通过激烈摇动，放在 30~40 ℃水浴中加热，使溶液

很快分层，絮状物消失，溶液变得清澈透明。

②分离色素用的圆形滤纸，在中心打的小圆孔，其周围必须整齐，否则分离的色素不是一个同心圆。

八、问题讨论

1. 用不含水的有机溶剂（如无水乙醇、无水丙酮等）提取植物材料，特别是干材料的叶绿体色素时，往往效果不佳，原因何在？

2. 研磨法提取叶绿体色素时加入碳酸钙粉有何作用？

3. 试述叶绿体色素的吸收光谱特点及其生理意义。

4. 为什么叶绿体色素提取液能观察到荧光现象而植株上的叶片看不到荧光？

实验三　叶绿体的分离制备及希尔反应活力测定

一、实验目的

制备具有活性的离体叶绿体和测定希尔反应活力是研究叶绿体结构功能和光合作用机理的重要技术条件。本实验通过学习分离制备叶绿体的技术方法，加深对希尔反应的理解及对光反应的认识。

二、实验原理

英国生物化学家 Hill（1937）首先将离体叶绿体加入有适当氢受体（如草酸、铁氰化钾、三氯化铁、2,6-二氯酚靛酚、NAD^+ 和 $NADP^+$）的水溶液中，照光后即有 O_2 放出，这就是水的光解，即希尔反应。

叶绿体的分离采用离心分级分离，即利用叶绿体的直径和沉降系数与其他细胞器不同的特点，先用低速离心除去细胞碎片，后用高速离心沉降叶绿体。希尔反应活力的测定是将叶绿体加入铁氰化钾，并照光，水被光解放氧，而溶液中的 $Fe(CN)_6^{3-}$ 被还原成 $Fe(CN)_6^{4-}$，后者可使 $FeCl_3$ 中的 Fe^{3+} 还原成 Fe^{2+}，而 Fe^{2+} 又可与邻菲啰啉盐酸盐生成橘红色的络合物，并且 Fe^{2+} 的浓度与颜色深浅呈线性关系，因而可比色测定。其反应如下

$$4Fe(CN)_6^{3-} + 2H_2O \xrightarrow[\text{叶绿体}]{\text{光}} 4Fe(CN)_6^{4-} + 4H^+ + O_2$$

$$Fe(CN)_6^{4-} + Fe^{3+} \longrightarrow Fe(CN)_6^{3-} + Fe^{2+}$$

$$Fe^{2+} + 邻菲啰啉盐酸盐 \longrightarrow 橘红色络合物$$

三、实验材料

新鲜菠菜叶片或小麦、水稻等植物叶片。

四、设备与试剂

分光光度计、离心机、离心管、组织捣碎机、方形玻璃标本缸、照光装置（2 只 500 W 钨灯作为光源，方形玻璃标本缸内放一试管架，并加入适量的水）、试管、移液管、烧杯、纱布、研钵等。

叶绿体提取溶液：含 $0.4\ mol \cdot L^{-1}$ 蔗糖、$0.01\ mol \cdot L^{-1} NaCl$ 和 $0.05\ mol \cdot L^{-1}$ Tris - HCl 的缓冲液，用 HCl 调 pH 至 7.6，储于冰箱预冷备用。

希尔反应试剂：有 4 种溶液，分别为 $0.5\ mol \cdot L^{-1}$（pH 7.8）Tris 缓冲液、$0.05\ mol \cdot L^{-1} MgCl_2$、$0.1\ mol \cdot L^{-1} NaCl$ 和 $0.01\ mol \cdot L^{-1} K_3 Fe(CN)_6$；这 4 种溶液单配分装，不能混合。

显色试剂：$0.01\ mol \cdot L^{-1} FeCl_3$ 溶液（用 $0.2\ mol \cdot L^{-1}$ 醋酸溶解，再以蒸馏水定容）、$0.05\ mol \cdot L^{-1}$ 邻菲啰啉盐酸盐（$C_{12} H_{18} N_2 - HCl \cdot H_2 O$）溶液（先用少量 95％乙醇溶解，用蒸馏水定容）。

亚铁氰化钾系列溶液：分别含亚铁氰化钾溶液 $0.05\ \mu mol \cdot L^{-1}$、$0.10\ \mu mol \cdot L^{-1}$、$0.15\ \mu mol \cdot L^{-1}$、$0.20\ \mu mol \cdot L^{-1}$、$0.25\ \mu mol \cdot L^{-1}$、$0.30\ \mu mol \cdot L^{-1}$。

10％三氯乙酸、$0.2\ mol \cdot L^{-1}$ 柠檬酸钠（$Na_3 C_6 H_5 O_7 \cdot 2 H_2 O$）溶液、80％丙酮。

五、实验步骤

（一）叶绿体的制备

先将叶绿体提取液、洗净的植物叶片和研钵等玻璃器具放入 4 ℃冰箱中预冷备用。然后称取去柄和去脉叶片 10 g，剪碎放在置于冰浴中的研钵内，加入预冷叶绿体提取溶液 20 mL 研磨 2 min（或在组织捣碎机中捣碎 30 s），再加预冷叶绿体提取液 20～30 mL，经 4 层纱布过滤，滤液装入刻度离心管，先以 500 g 离心 1 min，上清液转入另一离心管再以 3 000 g 离心 2 min，沉淀部分即为叶绿体。加入少量叶绿体提取液悬浮沉淀物，并定容至 4 mL，放冰箱备用。以上过程需在 10 min 内完成。

（二）希尔反应活力的测定

取干洁试管 6 支（编号），分别加入 0.1 mL 希尔反应液中的各种试剂和 0.1 mL 叶绿体提取溶液，再分别加入 0.5 mL 蒸馏水，摇匀。

将 3 支试管放入预先置于方形玻璃标本缸内的有机玻璃试管架上，缸内注入 20 ℃的水保温，另 3 支试管放在暗处作为对照。用 500 W 钨灯向标本缸内的试管照光 1 min 后，立即向所有试管加入 0.2 mL 10％三氯乙酸终止反应。摇匀后以 1 800 g 离心 2 min，上清液用于测定 $Fe(CN)_6^{4-}$。

取 0.7 mL 离心上清液，加 1 mL 水，再依次加入 2 mL 0.2 mol·L^{-1}柠檬酸钠溶液、0.1 mL 三氯化铁溶液和 0.2 mL 0.05 mol·L^{-1}邻菲啰啉盐酸盐，摇匀后室温下暗处静置 20 min，用分光光度计在 520 nm 波长下比色。

（三）标准曲线绘制

取干洁试管 7 支（0～6 号），分别加入含 0 $\mu mol·L^{-1}$、0.05 $\mu mol·L^{-1}$、0.10 $\mu mol·L^{-1}$、0.15 $\mu mol·L^{-1}$、0.20 $\mu mol·L^{-1}$、0.25 $\mu mol·L^{-1}$、0.30 $\mu mol·L^{-1}$亚铁氰化钾的系列溶液各 1.7 mL，其他试剂及操作步骤与样品比色测定相同，记录 A_{520} 值，绘出标准曲线或制作直线回归方程。

（四）叶绿素含量测定

取 0.1 mL 叶绿体悬浮液，装入离心管，加入 4.9 mL 80％丙酮，摇匀后以 3 000 g 离心 5 min，上清液 652 nm 比色，并用 Arnon 公式计算

$$叶绿素含量(mg·mL^{-1})=\frac{A_{652}\times 1\,000}{34.5}\times\frac{5}{1\,000\times 0.1}=1.449A_{652}$$

式中，$\dfrac{A_{652}\times 1\,000}{34.5}$ 为测定所得叶绿素浓度（mg·L^{-1}），5 为比色测定时的体积（mL），0.1 表示从悬浮液中吸取了 0.1 mL，分母中的 1 000 为溶液体积由 L 换算成 mL 的系数。

六、实验结果

按以下公式计算［希尔反应活力以每毫升叶绿素在 1 h 内还原 $K_4Fe(CN)_6$ 的量（μmol）］

$$A=\frac{b\cdot\dfrac{d}{m}}{c\cdot n\cdot t}$$

式中　A——希尔反应活力（$\mu mol·mg^{-1}·h^{-1}$）；

　　　b——标准曲线查得 $Fe(CN)_6^{4-}$ 浓度（$\mu mol·L^{-1}$）；

　　　c——叶绿体悬浮液中叶绿素含量（mg·mL^{-1}）；

　　　d——反应液和三氯乙酸溶液体积 1.2 mL，即 1 mL 反应液和 0.2 mL 三氯乙酸；

　　　m——测 $Fe(CN)_6^{4-}$ 所用体积（0.7 mL）；

　　　n——反应液中叶绿体悬浮液体积（0.1 mL）；

t——反应时间（h）。

根据本测定的第一个反应式可以看出，每还原 4 mol Fe^{3+} 可释放出 1 mol O_2。因此上述计算结果除以 4，即为用放 O_2 量表示的希尔反应活力（$\mu mol \cdot mg^{-1} \cdot h^{-1}$）。

七、注意事项

①三氯化铁和邻菲啰啉盐酸盐配制后应放在棕色瓶中储存。

②测定希尔反应时尽量避光，尤其是加入邻菲啰啉盐酸盐后应在暗处静置后比色。

八、问题讨论

叶绿素提取溶液中的蔗糖起什么作用？可否用其他试剂代替？为什么反应终止要加入三氯乙酸？

实验四　希尔反应的定性观察

一、实验目的

加深对希尔反应理解及对光反应的认识。

二、实验原理

希尔反应是绿色植物的离体叶绿体在光下分解水，放出氧气，同时还原电子受体的反应。希尔氧化剂可用铁氰化钾、2,6-二氯酚靛酚等。本实验所用氧化剂 2,6-二氯酚靛酚是一种蓝色染料，接受电子和 H^+ 后被还原成无色物质，因而可以直接观察颜色的变化来了解希尔反应的强弱。

三、实验材料

菠菜或其他绿色植物新鲜叶片。

四、设备与试剂

研钵、石英砂、小试管、试管架、漏斗、纱布、小烧杯、剪刀、0.1% 2,6-二氯酚靛酚。

五、实验步骤

（一）制备叶绿体粗悬浮液

取 0.5 g 新鲜的菠菜或其他植物叶片，剪碎后放入研钵中，加少量石英砂，研磨成匀浆。加 50 mL 蒸馏水，通过 5～6 层纱布，过滤到小烧杯中，即得叶绿体粗悬浮液。

（二）观察希尔反应现象

取试管两支。每管中加入 5 mL 叶绿体悬浮液，加入 5～6 滴 0.1％ 2,6-二氯酚靛酚溶液，摇匀。将其中一管置于直射光下，另一管置于暗处，注意日光下的试管液颜色变化。5～8 min 后，将置于暗处的试管取出，比较两管溶液颜色变化。

六、实验结果

记录试管中蓝色退色时间，并说明其原因。

七、注意事项

希尔氧化剂（如铁氰化钾、2,6-二氯酚靛酚）易光解，应注意黑暗储存。

八、问题讨论

1. 试管中蓝色退色的原因是什么？与光照有什么关系？
2. 作为希尔氧化剂的试剂应该有什么样的特点？还有哪些试剂可以作为希尔氧化剂？
3. 比较希尔反应与植物活体中水光解的异同。

实验五　核酮糖-1,5-二磷酸羧化酶/加氧酶羧化活性的测定

一、实验目的

了解核酮糖-1,5-二磷酸羧化酶/加氧酶（ribulose-1,5-bisphosphate carboxylase/oxygenase，Rubisco）在光合作用中的作用，熟悉其测定方法。

二、实验原理

核酮糖-1,5-二磷酸羧化酶/加氧酶（Rubisco）是光合作用中的一个关键酶。它是一个双功能酶：在 Calvin 循环中催化 CO_2 的固定，生成 2 分子的 3-磷酸甘油酸（PGA）；同时又能催化将 O_2 加在核酮糖-1,5-二磷酸（RuBP）的 C_2 位置上生成 1 分子的磷酸乙醇酸和 1 分子的 3-磷酸甘油酸，这两个反应的速率由细胞内 O_2 和 CO_2 相对浓度调节。

　　在核酮糖-1,5-二磷酸羧化酶（Rubisco）的催化下，1 分子的 RuBP 与 1 分子的 CO_2 结合，产生 2 分子的 3-磷酸甘油酸（PGA），PGA 可通过外加的 3-磷酸甘油酸激酶和 3-磷酸甘油醛脱氢酶的作用，产生 3-磷酸甘油醛（GAP），并使还原型辅酶Ⅱ（NADPH）氧化。依上述反应，1 分子 CO_2 被固定，就有 2 分子还原型辅酶Ⅱ被氧化。因此，由辅酶Ⅱ被氧化的量可计算 Rubisco 的活性，从 340 nm 吸光度的变化可计算还原型辅酶Ⅱ被氧化的量。

　　为了使 NADPH 的氧化与 CO_2 的固定同步，还需要加入磷酸肌酸和磷酸肌酸激酶的 ATP 再生系统，生成 ATP 和磷脂酰肌醇（PI）。

　　在实验中 NADPH 可用 NADH 代替。

三、设备与试剂

　　紫外分光光度计、冷冻离心机、匀浆器、移液管、秒表。

　　5 mmol·L^{-1} NADH、25 mmol·L^{-1} RuBP、0.2 mol·L^{-1} $NaHCO_3$、160 U·mL^{-1}磷酸肌酸激酶溶液、160 U·mL^{-1} 3-磷酸甘油醛脱氢酶溶液、50 mmol·L^{-1} ATP、50 mmol·L^{-1}磷酸肌酸、160 U·mL^{-1}磷酸甘油酸激酶溶液。

　　RuBP 羧化酶提取介质：40 mmol·L^{-1}（pH 7.6）Tris-HCl 缓冲溶液，内含 10 mmol·L^{-1} $MgCl_2$、0.25 mmol·L^{-1} EDTA 和 5 mmol·L^{-1}谷胱甘肽。

　　反应介质：100 mmol·L^{-1} Tris-HCl 缓冲液，内含 12 mmol·L^{-1} $MgCl_2$ 和 0.4 mmol·L^{-1} EDTA-Na_2，调 pH 至 7.8。

四、实验材料

　　新鲜菠菜叶片、水稻或小麦叶片等。

五、实验步骤

（一）酶粗提液的制备

　　取 10 g 新鲜菠菜叶片，洗净擦干，放匀浆器中，加入 10 mL 预冷的提取介质，高速匀浆 30 s，停 30 s 后，再匀浆 30 s，交替进行 3 次。匀浆经 4 层纱布过滤，滤液 4 ℃下以 2 000 g 离心 15 min，弃沉淀。上清液为酶粗提液，置 0 ℃保存备用。

（二）Rubisco 羧化活力测定

　　按表 5-2 配制酶反应体系。

表 5 - 2　**Rubisco 反应体系的配制**

试　剂	加入量（mL）	试　剂	加入量（mL）
5 mmol · L⁻¹ NADH	0.2	160 U · mL⁻¹ 磷酸肌酸激酶	0.1
50 mmol · L⁻¹ ATP	0.2	160 U · mL⁻¹ 磷酸甘油酸激酶	0.1
酶提取液	0.1	160 U · mL⁻¹ 磷酸甘油醛脱氢酶	0.1
50 mmol · L⁻¹ 磷酸肌酸	0.2	蒸馏水	0.3
0.2 mol · L⁻¹ NaHCO₃	0.2		
反应介质	1.4		

　　将配制好的反应体系摇匀，倒入比色杯内，以蒸馏水为空白，在紫外分光光度计 340 nm 处反应体系的吸光度作为零点值。将 0.1 mL RuBP 加于比色杯内，并马上计时，每隔 30 s 测一次吸光度，共测 3 min。以零点到第 1 min 内吸光度下降的绝对值计算酶活力。

　　由于酶提取液中可能存在 PGA，会使酶活力测定产生误差，因此除上述测定外，还需做一个不加 RuBP 的对照。对照的反应体系与上述酶反应体系完全相同，不同之处只是把酶提取液放在最后加入，加后马上测定此反应体系在 340 nm 处的吸光度，并记录前 1 min 内吸光度的变化量，计算酶活力时应减去这一变化量。

六、实验结果

$$\text{Rubisco 的羧化活力（}\mu\text{mol · mL}^{-1} \cdot \text{min}^{-1}\text{)} = \frac{\Delta A \times N \times 10}{6.22 \times 2 \times L \times \Delta t}$$

　　式中　ΔA——反应最初 1 min 内 340 nm 处吸光度变化的绝对值减去对照液的变化量；

　　　　N——稀释倍数；

　　　　6.22——每毫摩尔 NADH 在 340 nm 处的吸光系数；

　　　　2——每固定 1 mol CO_2 有 2 mol NADH 被氧化；

　　　　Δt——测定时间（1 min）；

　　　　L——比色杯光程（cm）；

　　　　10——提取液的体积（mL）。

七、注意事项

　　RuBP 很不稳定，特别在碱性环境下，因而使用不超过 2～4 周，且应在 pH 5.0～6.5 之间于 -20 ℃ 保存，最好现配现用。

八、问题讨论

1. RuBP 在光合作用中起什么作用？
2. 为什么加入 ATP 再生系统可使 NADH 氧化与 CO_2 的还原同步？

实验六　核酮糖-1,5-二磷酸羧化酶/加氧酶加氧活性的测定

一、实验目的

了解核酮糖-1,5-二磷酸羧化酶/加氧酶（Rubisco）加氧活性在光合作用中的作用，熟悉其测定方法。

二、实验原理

Rubisco 不仅在 Calvin 循环中催化 CO_2 的固定，而且能催化将 O_2 加在核酮糖-1,5-二磷酸（RuBP）的 C_2 位置上生成 1 分子的磷酸乙醇酸和 3-磷酸甘油酸。Rubisco 加氧反应是典型的单加氧反应，RuBP 的加氧反应中，将 CO_2 的 2 个氧原子掺入到 H_2O 和磷酸乙醇酸中。因而加氧酶的活性可用氧电极法以氧的消耗来确定。而 RuBP 在有 Mn^{2+} 离子参与的酶的加氧反应中首先被烯醇化，这时 RuBP 的 C_2 位置被调整为 1 个负碳离子，当与分子氧反应后形成过氧化离子，然后该中间产物中的电子又从氧回到烯醇化的 RuBP 再生成负碳离子并产生单线态氧。而这单线态氧可以利用发光光度计来检测。发光光度计法测定加氧酶活性比氧电极法灵敏度高 70 倍，可在研究中做相对比较。但如果要测定 Rubisco 的加氧活性的绝对值，则要用氧电极法先行标定。

三、设备与试剂

氧电极测氧装置、FG-300 型发光光度计、冷冻离心机、Sephadex G-25 柱、DEAE-纤维素（DE-52）柱、组织捣碎机等。

提取缓冲液：含 100 mmol·L^{-1} Tris-HCl(pH 7.8)、1 mmol·L^{-1} EDTA 和 20 mmol·L^{-1} KCl。

重悬缓冲液：含 25 mmol·L^{-1} Tris-HCl(pH 7.8)、1 mmol·L^{-1} EDTA、5 mmol·L^{-1} 硫基乙醇和 20 mmol·L^{-1} KCl。

氧电极法反应液：含 100 mmol·L^{-1} Tris-HCl(pH 8.2)、0.4 mmol·L^{-1} EDTA 和 20 mmol·L^{-1} $MgCl_2$。

发光光度计法反应液：含 50 mmol·L^{-1} Tris-HCl(pH 8.0)、1.0 mmol·L^{-1}

$MnCl_2$ 和 1.0 mmol $\cdot$ L^{-1} NaHCO$_3$。

亚硫酸钠、0.1 mmol $\cdot$ L^{-1} 二硫苏糖醇（DTT）、硫酸铵、NaCl、10 mmol $\cdot$ L^{-1} RuBP 储存液（pH 6.5）。

四、实验材料

植物叶片。

五、实验步骤

（一）Rubisco 的提取及纯化

将 5～7 g 叶片加入 10 mL 预冷到 4 ℃ 的提取缓冲液中，匀浆，以 15 000 g 离心 10 min，取上清液备用。

将上述得到的粗提液用 40％ 饱和度的硫酸铵进行分步沉淀，冷冻离心 20 min（4 ℃，8 000 g）。然后取上清液，加 70％ 饱和度的硫酸铵，冷冻离心 20 min（4 ℃，10 000 g）后取沉淀，用少量重悬缓冲液溶解，再经 Sephadex G-25 柱脱盐后上 DEAE-纤维素（DE-52）柱，用含 0.0～0.5 mmol $\cdot$ L^{-1} NaCl 的重悬缓冲液进行梯度洗脱，分步收集 0.20～0.25 mmol $\cdot$ L^{-1} NaCl。70％硫酸铵沉淀，于 -20 ℃ 保存，待测活性前以 8 mg $\cdot$ mL^{-1} 溶于重悬缓冲液中备用。

（二）氧电极测定法测定 Rubisco 加氧酶活力

将 2 mL 氧电极法反应液，在大气中搅拌 10 min，使溶液中的溶解氧与大气平衡。然后把电极放在反应室上，调节测氧仪的灵敏度旋钮，使记录仪至满刻度，再加入 0.1 mL 饱和的亚硫酸钠，除尽水中的氧，指针退回到接近 0 点，根据指针退回的格数和 25 ℃ 水的溶解氧量，就可以计算出每格记录纸所代表的氧量。25 ℃ 时的水溶氧量为 0.26 μmol $\cdot$ mL^{-1}。每格记录纸代表的溶氧量 N（μmol）计算如下

$$N = 0.26 \ \mu mol \cdot mL^{-1} \times \frac{溶液体积}{指针退回的格数}$$

将 2 mL 空气饱和的溶液加入反应室，加入 0.1 mL 酶液（8 mg $\cdot$ mL^{-1}），在 25 ℃ 保温 10 min 后，装好电极，记录由 DTT 氧化所消耗氧的速度，最后加入 0.01 mL RuBP 储存液开始反应，记录反应速度，反应速度以每分钟多少格子记录纸来表示。加氧酶的活力就可通过以下公式计算［以每毫克蛋白质每分钟内消耗的溶氧量（μmol）来表示］

$$Rubisco \ 加氧活力(\mu mol \cdot mg^{-1} \cdot min^{-1}) = \frac{N \times (加酶后的反应速度 - 空白速度)}{酶的总量（mg）}$$

（三）发光光度计法测定 Rubisco 加氧酶活力

先在比色杯中加入 25 μL RuBP 储存液，放入发光光度计反应暗室中，然后将 1.4 mL 发光光度计法反应液中加有 10 μL 酶液的混合液在 25 ℃ 保温 10 min，然后注入比色杯开始反应，自动记录发光曲线。发光强度以峰高来表示（mm）。

六、实验结果

计算 RuBP 加氧酶的活力，并与前一实验测定的 RuBP 羧化酶的活力做比较。

七、注意事项

RuBP 很不稳定，特别在碱性环境下，因而使用不超过 2~4 周，且应在 pH 5.0~6.5 之间于 -20 ℃ 保存，最好现配现用。

八、问题讨论

比较氧电极法与发光光度计法测定 RuBP 加氧活性的结果。

实验七　磷酸烯醇式丙酮酸羧化酶活性的测定

一、实验目的

了解磷酸烯醇式丙酮酸（PEP）羧化酶的功能；熟悉酶偶联法测定 PEP 羧化酶活性的方法。

二、实验原理

PEP 羧化酶是 C_4 植物和 CAM 植物固定 CO_2 的关键酶。在 Mg^{2+} 存在下，PEP 羧化酶可催化 PEP 与 HCO_3^- 形成草酰乙酸（OAA），后者在苹果酸脱氢酶（MDH）催化下，可被 NADH 还原为苹果酸（Mal）。其反应如下：

$$PEP + HCO_3^- \xrightarrow{\text{PEP 羧化酶}} OAA + Pi$$

$$OAA + NADH \xrightarrow{\text{MDH}} Mal + NAD^+$$

通过在 340 nm 处测定反应体系吸光度的变化，计算出 NADH 的消耗速率，进一步推算出 PEP 羧化酶的活性。

三、实验材料

玉米、高粱等 C_4 植物的叶片。

四、设备与试剂

紫外分光光度计、冷冻离心机、组织捣碎机、冰箱、Sephadex G - 25 柱（2 cm×45 cm）、DEAE（二乙胺基乙基）-纤维素（DE - 52，1 cm×30 cm）柱、烧杯、紫外监测仪、部分收集器、蠕动泵。

提取缓冲液：0.1 mol·L^{-1} Tris - H$_2$SO$_4$ 缓冲液（pH 8.2），内含 7 mmol·L^{-1} 巯基乙醇、1 mmol·L^{-1}EDTA 和 5％甘油。

平衡缓冲液：10 mol·L^{-1} Tris - H$_2$SO$_4$ 缓冲液（pH 8.2），内含 0.2 mmol·L^{-1} EDTA、0.2 mol·L^{-1}DTT（二硫苏木糖醇）和 5％甘油。

反应缓冲液：50 mmol·L^{-1} Tris - H$_2$SO$_4$ 缓冲液（pH 9.2），内含 0.1 mol·L^{-1} MgCl$_2$。

反应试剂：100 mmol·L^{-1}NaHCO$_3$，40 mmol·L^{-1}PEP，1 mg·mL^{-1} NADH(pH 8.9)，苹果酸脱氢酶（MDH）。

硫酸铵

五、实验步骤

（一）粗酶液提取

将叶片洗净并吸去水分，去掉中脉，称取 20 g，放入冰箱中过夜，次日剪碎放入组织捣碎机中，加入提取缓冲液（已预冷）80 mL，以 20 000 r/min 匀浆 2 min（运行 30 s、间歇 10 s，反复匀浆），用 4 层纱布过滤，取滤液于高速冷冻离心机上以 15 000 g 离心 10 min，上清液即为 PEP 羧化酶的粗酶提取液。以上过程均在 0～4 ℃下进行。

（二）酶的纯化

1. 硫酸铵分步沉淀　将上述粗酶液装入烧杯，于搅拌器上搅拌，缓慢加入固体硫酸铵粉末达到 35％ 饱和度，在冰箱中静置 1 h，以 15 000 g 离心 10 min；取上清液再缓慢加入固体硫酸铵粉末达到 55％ 饱和度，冰箱静置 1 h，再以 15 000 g 离心 10 min，弃上清液，沉淀用平衡缓冲液 8 mL 复溶。

2. Sephadex G - 25 柱层析　先用平衡缓冲液平衡 Sephadex G - 25 柱（2 cm×45 cm）。将上述复溶溶液上柱，压样 2 次，用平衡缓冲液洗脱，洗脱速度为 50 mL·h^{-1}，通过检测仪，收集有酶活性的部分，以 15 000 g 离心 10 min，上清液即为 PEP 羧化酶的部分纯化酶液。

3. DEAE -纤维素柱层析　把转型的 DEAE - 52 装入 1 cm×30 cm 的层析柱，用平衡缓冲液平衡 2 h，将上述已部分纯化的酶液上 DEAE - 52 柱，压样 2 次，用平衡缓冲液洗脱，通过紫外检测仪，用部分收集器收集。用平衡缓冲液

配制 $0.0\sim0.6\ mol\cdot L^{-1}$ NaCl 溶液进行连续性梯度洗脱（速度为 $30\ mL\cdot h^{-1}$），收集有酶活性的部分即为纯化的 PEP 羧化酶，用于酶活性的测定。

（三）酶活性测定

取试管 1 支，依次加入 $1.0\ mL$ 反应缓冲液、$0.1\ mL$ $40\ mmol\cdot L^{-1}$ PEP，$0.1\ mL$ $1\ mg\cdot mL^{-1}$ NADH（pH 8.9），$0.1\ mL$ 苹果酸脱氢酶和 $0.1\ mL$ PEP 羧化酶（已纯化的提取液），$1.5\ mL$ 蒸馏水，在所测温度（如 30 ℃）下恒温水浴保温 10 min，在 340 nm 下测定吸光度值 $A_{340}（A_0）$；然后加入 $0.1\ mL$ $100\ mmol\cdot L^{-1}$ NaHCO$_3$ 启动反应，立即计时，每隔 30 s 测定一次吸光度值（A_1），记录其变化。

六、实验结果

$$PEP\text{ 羧化酶活性 }（\mu mol\cdot mL^{-1}\cdot min^{-1}）=\frac{\Delta A\times m\times V}{L\times\alpha\times0.1\times0.5}$$

式中　V——测定混合液总体积（3 mL）；

$\quad\quad L$——比色杯光程（cm）；

$\quad\ 0.1$——反应混合液中酶液用量（mL）；

$\quad\quad m$——酶液稀释倍数；

$\quad\quad\Delta A=A_0-A_1$；

$\quad\quad\alpha$——NADH 于 340 nm 处的摩尔消光系数（$6.22\times10^3\ mol^{-1}\cdot cm^{-1}$）。

七、注意事项

测定时的酶液用量需事先试验，苹果酸脱氢酶的用量视 PEP 羧化酶活性大小而定，也可事先通过实验确定最佳用量。

八、问题讨论

哪些因素可能影响本实验的测定结果？

实验八　改良半叶法测定叶片光合速率

一、实验目的

加深对植物光合作用的理解；掌握用改良半叶法测定植物光合速率的原理和方法。

二、实验原理

植物进行光合作用形成有机物，而有机物的积累可使叶片单位面积的干物质量增加。但是，叶片在光下积累光合产物的同时，还会通过输导组织将同化物运出，从而使测得的干物质量积累值偏低。为了消除这一偏差，必须将待测叶片的一半遮黑，测量相同时间内叶片被遮黑的一侧单位面积干物质量的减少值，作为同化物输出量和呼吸消耗量的估测值。这就是经典的半叶法测定光合速率。经典的半叶法测定时须选择对称性良好、厚薄均匀一致的两组叶片，一组叶片用于测量干物质量初值，另一组半叶叶片（遮黑的）用于测定干物质量终值，不但手续烦琐，而且误差较大。改良半叶法采用烫伤、环割或化学试剂处理等方法来损伤叶柄韧皮部活细胞，以防止光合产物从叶中输出（但这些处理几乎不影响木质部中水和无机盐向叶片的输送），仅用一组叶片，且无须将一半叶片遮黑，既简化了手续，又提高了测定的准确性。

三、实验材料

田间生长正常的植株。

四、设备与试剂

剪刀、分析天平、称量瓶、烘箱、刀片、金属模板或硬塑料叶模、锡箔纸、塑料袋（盒）；5%～10% 三氯乙酸、石蜡。

五、实验步骤

（一）材料选择

在田间选定有代表性植株叶片（如叶片在植株上的部位、叶龄、受光条件等）10～20 片，用小纸牌编号。实验可在晴天上午 8:00 左右开始。

（二）叶片处理

为了阻止叶片中光合作用产物外运，确保测定结果的准确性，选择下列方法对叶片基部进行处理。

1. 环割　能将叶柄韧皮部破坏，阻止光合产物外运。对棉花等双子叶植物的叶片可用刀片将叶柄的外表环割 0.5 cm 左右宽。

2. 烫伤　小麦、水稻等单子叶植物，由于韧皮部和木质部难以分开处理，可用刚在开水中浸过的纱布或棉花将叶片基部烫伤一小段。一般用 90 ℃ 以上的开水烫 20 s。对于玉米等叶片中脉较粗壮、开水烫不彻底的，可用毛笔蘸烧至 110～120 ℃ 的石蜡烫其叶基部。

3. 化学环割　由于许多植物叶柄木质化程度低，叶柄易被折断，用烫伤法难以掌握合适的烫伤程度，烫得不够或烫得过度均影响测定结果。因此，可采用化学方法环割，即将三氯乙酸（一种强烈的蛋白质沉淀剂）点涂叶柄，待渗入叶柄后可将筛管生活细胞杀死，阻止光合产物运输的作用。三氯乙酸的浓度，视叶柄的幼嫩程度而异，以能明显灼伤叶柄而不影响水分供应、不改变叶片角度为宜。一般使用 5%～10% 三氯乙酸。

为了使烫后或环割等处理后的叶片不致下垂影响叶片的自然生长角度，可用锡纸或塑料管包围，使叶片保持原来着生角度。

（三）剪取样品

叶基部处理完毕后，记录时间并开始进行光合作用测定。按编号依次剪下每片处理对称叶片的一半（主脉不剪下），按编号顺序夹于湿润的纱布中，储于暗处。过 4～5 h 后，再依次剪下另外半叶，同样按编号夹于湿润的纱布中带回室内。两次剪叶的速度尽量保持一致，使各叶片经历相同的光照时数。

（四）称量比较

将各同号叶片之两半按对应部分迭在一起，在无粗叶脉处放上叶模（如棉花可用 1.5 cm×2 cm，小麦可用 0.5 cm×4 cm），用刀片沿边切下两个叶块，分别置于标有"光"、"暗"的两个称量瓶中。先在 105 ℃下杀青 10 min 左右，然后在 70～80 ℃下烘至恒重（约 5 h），在分析天平上称量。

六、实验结果

据"光"与"暗"等面积叶片干质量差、叶面积（dm^2）和照光时间（h）计算光合速率。计算公式如下

$$光合速率(mg \cdot dm^{-2} \cdot h^{-1}) = \frac{\Delta m}{ST}$$

式中　Δm——干质量增加量（mg）；

　　　S——切取叶面积总和（dm^2）；

　　　T——光照时间（h）。

七、注意事项

①由于叶片内光合产物主要为蔗糖与淀粉等碳水化合物，而 1 mol 的 CO_2 可形成 1 mol 的碳水化合物，故将干物质重量乘以系数 1.47（44/30＝1.47），便得单位时间内单位叶面积的 CO_2 同化量（$mg \cdot dm^{-2} \cdot h^{-1}$）。

②上述方法是总光合速率的测定与计算，如果需要测定净光合速率，只需将前半叶取回后，立即切块，烘干即可，其他步骤和计算方法同上。

③烫伤如不彻底，部分有机物仍可外运，导致测定结果偏低。凡具有明显的水浸渍状者，表明烫伤完全。这一步骤是该方法能否成功的关键之一。

④对于小麦、水稻等禾本科植物，烫伤部位以选在叶鞘上部靠近叶枕

5 mm处为好，既可避免光合产物向叶鞘中运输，又可避免叶枕处烫伤而使叶片下垂。

⑤如棉花等双子叶植物光合产物白天输出很少或基本不输出，不用处理叶片基部也可较好地测定其光合速率。

⑥本方法也可以用于测定作物叶片的呼吸速率，即将在测定（对称）叶片的相对应部分切割的、等面积的叶块分开，将一块立即烘干称量，另一块在暗中保存数小时后再烘干称量，两者干质量差即为叶块的呼吸消耗，也可以用CO_2释放量（$mg \cdot dm^{-2} \cdot h^{-1}$）表示。

八、问题讨论

1. 比较叶片总光合速率与净光合速率测定时的不同之处，说明原因。
2. 与其他测定光合速率方法相比，本方法有何优缺点？

实验九　红外线二氧化碳分析仪法测定植物光合速率、呼吸速率和CO_2- P_n曲线

一、实验目的

学会红外线二氧化碳气体分析仪的使用；掌握红外线二氧化碳气体分析仪测定植物光合速率、呼吸速率和CO_2- P_n曲线的方法。

二、实验原理

1. 红外线二氧化碳气体分析仪（IRGA）工作原理：许多由异原子组成的气体分子对红外线都有特异的吸收带。二氧化碳的红外吸收带有4处，其吸收峰分别在$2.69~\mu m$、$2.77~\mu m$、$4.26~\mu m$和$14.99~\mu m$处，其中只有$4.26~\mu m$的吸收带不与水的吸收带重叠，红外仪内设置仅让$4.26~\mu m$红外光通过滤光片，当该波长的红外线经过含有二氧化碳的气体时，能量就因二氧化碳的吸收而降低，降低的多少与二氧化碳的浓度有关，并服从朗伯-比耳（Lambert - Beer）定律。分别供给红外仪含与不含二氧化碳的气体，红外仪的检测器便可通过检测红外线能量的变化而输出反映二氧化碳浓度的电讯号。

2. 密闭系统斜率法测定光合速率的原理　把 IRGA 与光合作用同化室连接成密闭的气路系统。将植物材料密封在透明的同化室内，给以适当的光照，同化室内二氧化碳浓度将因植物光合作用而下降，用 IRGA 配以适当的记录仪可绘出同化室内二氧化碳浓度随光合时间延长而下降的曲线。在同化室不漏气、光强度稳定、室内空气不断得到搅动的情况下，该曲线将是一条平滑曲

线，在曲线的任一点作切线，即可根据切线的斜率、密闭系统的容积和叶面积求出该点二氧化碳浓度下的光合速率。遮光条件下测定的二氧化碳浓度的变化为呼吸速率。

三、设备与试剂

红外线二氧化碳气体分析仪、自动记录仪、光合作用同化室、气泵、半导体点温计、橡皮管（内径6～7 mm）、照度计、叶面积仪、铁架台（带刻度管夹）、0～50 ℃温度计（用以校正叶室温度）、剪刀；无水氯化钙（无水硫酸钙）、烧碱石棉（10目）或碱石灰。

四、实验材料

植物叶片。

五、实验步骤

（一）光合速率的测定

1. 安装仪器　将安装好的密闭气路光合测定装置安放在离待测植株1～2 m处，接通红外仪、记录仪、取样器、温度转换器的供电电源。打开红外仪电源开关预热1～2 h，红外仪量程开关置于1挡（0～500 mg·L^{-1}）。把红外仪和温度转换器的信号输出与记录仪的两个信号输入接线柱用导线接通。旋转记录仪第一支笔的量程选择开关于10 mV位置（与红外仪输出信号电压匹配），旋转记录仪第二支笔的量程选择开关于2 V位置（与温度转换器输出温度0～50 ℃信号电压匹配）。

打开取样器顶部面板，取出过滤管，装满烧碱石棉后复原；取出干燥管装满无水氯化钙后复原；取下连接取样器的气球，用口吹气至半饱和后复原。

将同化室用试管夹固定在铁架台上，置待测植株前。

2. 调、校仪器　红外仪预热完毕后，开启记录仪电源开关、记录仪信号输入开关和取样器前面板上的气泵开关，将取样器F$_1$旋钮置"零气"位置，F$_2$旋钮置"测量"位置，开始调整红外仪的零点（此时，无二氧化碳、无水分的零气持续经过红外仪）。约1～2 min，调节红外仪的调零旋钮使指针稳定在"0"位置，稳定后，调节记录仪第一支笔的"调零"旋钮，使记录笔到零点位置，红外仪调零完毕。

拔下红外仪进气口处的橡皮管，改接二氧化碳标准气（已知二氧化碳的准确浓度）钢瓶，出气口放空，让标准气流经红外仪分析气室（流量以1 L·min^{-1}左右为宜）开始校正，此时红外仪指针应指在标准气浓度所对应的刻度（μA

值）上，否则，可调节红外仪"校正"旋钮，使其达到。校正完毕后恢复原气路。

把玻璃温度计感温端与叶室内的间接转换器探头放在一起（注意遮阳），从玻璃温度计上读出温度，迅速旋转记录仪第二支笔的调零旋钮，使记录笔置该温度所对应的位置，校正温度。

3. 测定　旋转取样器面板上 F_1 旋钮到"测量"位置，使植物叶片平展放入同化室后关闭同化室（注意勿让操作者的呼吸气进入叶室），开启叶室风扇。观察到记录笔开始左移时，迅速旋转记录仪"走纸变速"开关至合适挡（以所划曲线角度 45° 为宜），开始记录二氧化碳浓度变化（此时记录笔应从 350 mg·L^{-1} 左右开始记录）和温度变化，用铅笔在记录纸上记下所测叶片的编号、走纸速度，用量子辐射照度计测量所测叶片的受光强度（光子通量密度）并记录，待记录笔左移至 310 mg·L^{-1} 左右时，关闭走纸开关，停止记录，第一次测定完毕。

旋转取样器面板上的 F_2 旋钮至"补充"位置后，迅速复原，让气球内的高二氧化碳气进入同化室以补充二氧化碳浓度至 350 mg·L^{-1} 左右，观察记录笔左移后迅速开启走纸开关，进行第二次重复测定。测量光照度并记录。当记录笔左移至 310 mg·L^{-1} 左右时，关闭走纸开关，第二次重复测定完毕。如此再进行第三次重复测定。

3 次重复测定完毕后，关闭同化室内风扇，用记号笔在叶片的叶室内外相交处作标记，打开叶室，剪下叶片的测定部分，用纸牌编号后包在湿纱布内，并放置于带盖搪瓷盘内，待测叶面积。然后再测定第二张叶片的光合速率。

（二）呼吸速率的测定

1. 安装仪器　同本实验光合速率的测定方法。

2. 调、校仪器　同本实验光合速率的测定方法。

3. 测定　旋转取样器面板上 F_1 旋钮至"测量"位置，把叶片平展放入叶室后关闭叶室（勿让操作者的呼吸气进入叶室），用黑布将叶室包严密，并用铁夹夹紧使其不透光，开启叶室风扇，观察到记录笔开始右移时，迅速旋转记录仪的"走纸变速"开关至合适挡，开始记录（此时记录笔应从 320 mg·L^{-1} 左右开始，若二氧化碳浓度太高，可旋转取样器面板上 F_1 旋钮至"调零"位置，使空气流经烧碱石棉管，将叶室内二氧化碳吸收至 320 mg·L^{-1} 以下，再恢复至"测量"位置），待记录笔右移至 360 mg·L^{-1} 左右时，停止记录。以下操作同本实验光合速率的测定方法。

（三）CO_2 - P_n 曲线的测定

利用密闭气路二氧化碳斜率法，测定 CO_2 - P_n 曲线十分方便，步骤如下。

1. 安装仪器　同本实验光合速率的测定方法。

2. 调、校仪器　同本实验光合速率的测定方法。

3. 测定　旋转取样器面板上的 F_1 旋钮到"测量"位置，把叶片平展放入同化室并关闭同化室。开启风扇，红外仪量程开关至Ⅱ挡（0～1 000 mg·L^{-1}），旋转取样器面板上 F_2 旋钮至"补充"位置。待记录笔缓慢均匀左移时，开启走纸开关至合适挡，每隔 2～3 min 测量记录一次光强度，待记录笔画出的曲线大致与基线平行时，停止记录，关闭风扇。打开叶室，剪下叶片的测量部分，挂牌编号后包于湿纱布中，并置搪瓷盘内。如此测量 5 个叶片。在叶面积仪上测量、记录各叶片面积。

六、实验结果

测定结束后，用叶面积仪测定各叶片面积（如有便携式叶面积仪，可在测定光合作用后，立即测出叶面积）。

1. 计算　IRGA 的 μA 和二氧化碳浓度（mg·L^{-1}）及制作二氧化碳浓度的变化与 IRGA 的 μA 的关系（mg·L^{-1}·μA^{-1}）对照表的制作（该部分可由教师预先完成）　QGD-07 型 IRGA 表头读数（μA）与二氧化碳浓度（mg·L^{-1}）为非线性关系，厂方提供的标定曲线使用不方便，为了计算需要，求出标准曲线各点上每变化 1 μA 所代表的二氧化碳浓度变化率（mg·L^{-1}·μA^{-1}，即曲线在各点的斜率）。用配方程法将厂方标定仪器时取得的 μA（x）、二氧化碳浓度 mg·L^{-1}（y）对应数据进行多项式回归，配以理想方程，并求该方程的一阶导数方程 y'，然后将（x）值（μA），1～50 的整数代入理想方程和导数方程，分别计算 y 和 y' 值，即可求出各 μA 值所对应的二氧化碳浓度和将各 x、y、y' 值列成对照表备计算用。

北京分析仪器厂新研制的 GXH-305 型红外线二氧化碳气体分析仪已将表头输出与二氧化碳浓度的关系线性化，可免去这一步计算。

2. 计算任一二氧化碳浓度下的二氧化碳浓度变化率　首先确定计算光合速率时的环境二氧化碳浓度，一般可确定为大气二氧化碳浓度 320～340 mg·L^{-1}。在记录纸的每张叶片所记录的 3 次重复曲线上分别找出所确定的浓度点 P，在该点对每条曲线作切线（若该点前后记录线是一直线，则可画一条与其重合的线），将切线延长，使其跨越一固定的值，标出线段 AB，由 A 及 B 点分别作平行和垂直于基线的线段 AC 及 BC，使之相交于点 C，构成直角三角形 ABC，其中 BC 为走纸长度 L（mm），L 除以走纸速度 v（mm·min^{-1}）即得时间 t（min）。三角形 AC 边代表在时间 t 内表头读数的变化 n（μA 值），由制好的对照表中查出 P 点（μA 值）所对应的斜率 r（mg·L^{-1}·μA^{-1}），则在该 P 点二

氧化碳浓度变化率 R 为

$$R = \frac{nrv}{L}$$

3. 计算光合速率 光合速率可用下列公式求得

$$P_n = \frac{VR}{S \times 22.4 \times 60} \times \frac{273}{273 + t} \times \frac{p}{0.101\ 3}$$

式中 P_n——净光合速率（$\mu mol \cdot m^{-2} \cdot s^{-1}$）；

V——系统容积（包括同化室、红外仪气室、管路等的容积）（L）；

R——P 点的二氧化碳浓度变化率（$mg \cdot L^{-1} \cdot min^{-1}$）；

S——叶面积（m^2）；

p——气压（MP_a）；

t——同化室内温度（由记录纸上读出）（℃）。

计算出同一片叶 3 次重复的光合速率后，求其平均值可作为该叶片的净光合速率。

呼吸速率（R_r）计算同本实验光合速率。

4. 计算 CO_2 - P_n 曲线 按本实验光合速率测定方法所述，在记录纸的每一条长曲线上，选 10 个以上的点，分别计算各点斜率 R 值与光合速率 P_n，再根据各点的 μA 值在对照表上查得相应的二氧化碳浓度，即可得到 10 组以上的 CO_2 - P_n 一一对应值。以二氧化碳浓度为横坐标，P_n 为纵坐标即可画出 CO_2 - P_n 曲线。该曲线的直线部分之初始斜率，称为叶肉导度，也可近似地看做羧化效率；将曲线内推找出曲线与横坐标的交点，即光合速率为零时的二氧化碳浓度，此浓度即为二氧化碳补偿点；再推至与纵坐标相交，此交点为无二氧化碳空气中的二氧化碳释放速率，可代表光呼吸速率（严格地讲应为光呼吸与暗呼吸之和）。也可在曲线的直线部分用计算机建立直线回归方程，求得直线方程的斜率为叶肉细胞气孔导度，$x = 0$ 时的 y 值（负值）为光呼吸速率；$y = 0$ 时的 x 值为二氧化碳补偿点。

七、注意事项

①密闭系统的最基本要求是严格密闭，不能漏气，否则无法测定。

②红外仪的滤光效果并不十分理想，水蒸气是干扰测定的主要因素，因此，取样器干燥管内的 $CaCl_2$ 要经常更换，避免水溶解进入红外仪污染分析气室，以保证测量精度，延长仪器寿命。

③此方法也可用于测定植物群体的光合速率，但需将单叶同化室换成群体同化室。可用钢筋焊成长方体框架，覆以两端开口的透明塑料薄膜（上端的一

侧要长出一段，以便测定时密封顶部），框架的顶部吊 2～4 个玩具风扇用以混匀室内空气，将进出气管和测温探头吊在室内（管口勿靠在一起）。测定时，底部的塑料薄膜用土埋好，顶端一侧长出的薄膜覆盖好顶部后，用铁夹将四周夹好（注意不能漏气）即可，其他与单叶光合测定方法相同。

④测定 CO_2 - P_n 曲线要求光强度和温度稳定，可在人工光源和控温条件下进行。

⑤专为测定二氧化碳补偿点及光呼吸，可不必从高二氧化碳浓度做起，除红外仪改用 I 挡外，还可通过取样器的 F_1 旋钮，将同化室内二氧化碳浓度降低。

八、问题讨论

如何测定植物群体的光合速率？

实验十　氧电极法测定植物的光合速率与呼吸速率

一、实验目的

本实验学习氧电极法测溶解氧含量、测氧装置的操作技术、测定叶片的光合速率与呼吸速率的方法，以及观察电子传递抑制剂对光合放氧的抑制现象。

二、实验原理

用薄膜氧电极与其配套装置测定溶液中的氧浓度，具有灵敏度高、反应迅速、操作方便和取样量少等优点。它不仅可以测定反应体系的吸氧与耗氧的数量，还可以追踪氧浓度变化的动态过程，并能用于研究某些试剂与环境条件对体系放氧或耗氧的影响。例如在光合作用研究中，用其测定叶片、细胞、叶绿体的光合放氧、破碎叶绿体的希尔反应以及 PS I 与 PS II 的活性。在呼吸作用研究中，用其测定生物组织、微生物、原生质体和线粒体等的耗氧速率。本法还可用于测定某些酶的活性，例如 Rubisco 的加氧反应速率，过氧化氢酶分解过氧化氢的放氧反应速率等，尤其适用于光合与呼吸的控制研究中。总之，凡是生物体以及活性物质的耗氧或放氧反应，几乎都可以用氧电极法测定。

氧电极是测定水中溶解氧含量的一种极谱电极。目前通用的是薄膜氧电极，又称 Clark 电极，由镶嵌在绝缘材料上的银极（阳极）和铂极（阴极）构成。电极表面覆以聚四氟乙烯薄膜，在电极与薄膜之间充以氯化钾溶液作为电解质，两极间加 0.6～0.8 V 的极化电压，透过薄膜进入氯化钾溶液的溶解氧

便在铂极上还原，即

$$O_2 + 2H_2O + 4e^- = 4OH^-$$

银极上则发生银的氧化反应，即

$$4Ag + 4Cl^- = 4AgCl + 4e^-$$

此时电极间产生扩散电流，此电流与透过膜的氧量成正比。电极间产生的电流信号通过电极控制器的电路转换成电压输出，用自动记录仪记录，再换算成氧量。

由于聚四氟乙烯薄膜只允许氧透过而不能透过各种有机及无机离子，故可排除待测溶液中溶解氧以外的其他成分的干扰。

三、实验材料

植物叶片。

四、设备与试剂

氧电极与控制器：用氧电极法测定溶解氧的专用仪器国内外均有定型产品。国内有上海植物生理研究所生产的简易测氧装置、新华仪表厂生产的CY-Ⅱ型测氧仪等。国外产品有 YSI-53 型生物氧监测仪等。其主要部件均为氧电极及电极控制器，后者的作用是给电极提供极化电压，调节记录仪的灵敏度和记录笔的位置，将电极电流转换成适当大小输出，可通过记录仪进行记录。

自动记录仪：可用上海大华仪表厂生产的多量程自动记录仪，根据不同类型的控制器改变量程。

电磁搅拌器：搅拌反应液用。

超级恒温水浴：提供恒温循环水以控制反应杯温度。

反应杯：可根据电极类型自制，容积 $1 \sim 4$ mL，外有隔水层，通过超级恒温水浴的水维持所需温度。

光源：可用幻灯机聚光灯泡，并于灯前放置方形玻璃缸，盛水以隔热，再于缸后放置一聚光透镜聚光于反应杯上，使光强大于 900 $\mu mol \cdot m^{-2} \cdot s^{-1}$。

0.5 $mol \cdot L^{-1}$氯化钾溶液、0.1 $mol \cdot L^{-1}$碳酸氢钠溶液、亚硫酸钠饱和液（临用前配制）。

五、实验步骤

（一）仪器安装

本实验以国产 CY-Ⅱ型测氧仪为主机，配以反应杯、磁力搅拌器、超级恒温水浴、自动记录仪、光源等，按图 5-2 所示组装成测定溶解氧的成套设备。

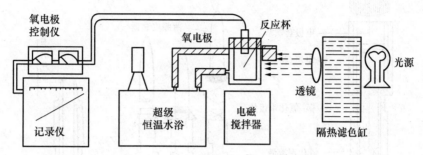

图 5-2 氧电极测定溶解氧的装置示意图

（二）测氧仪的检查

开启电源，将波段开关拨至"电池电压"挡（图 5-3），检查电池电压是否正常（满量程为 10 V），如果电压低于 7 V，则须更换电池，安装时须注意正负极。

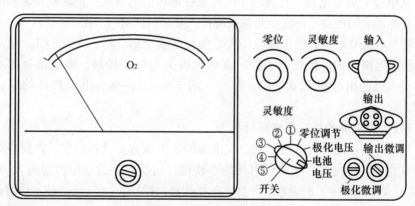

图 5-3 CY-Ⅱ型测氧仪
①1/1 ②1/2 ③1/4 ④1/8 ⑤1/16

将波段开关拨至"极化电压"挡，检查加于电极两端的电压是否为 0.7 V，偏高或偏低时，可调节"极化微调"电位器使极化电压恰好为 0.7 V。

将波段开关拨至"零位调节"挡，电表指针应在"0"点，否则，可调节"零位"电位器。

（三）电极的安装

电极包括下列部件：氧电极、电极套、电极套螺塞、聚乙烯薄膜、"O"形橡胶圈。另外还有氯化钾溶液、薄膜安装器（图 5-4A）。

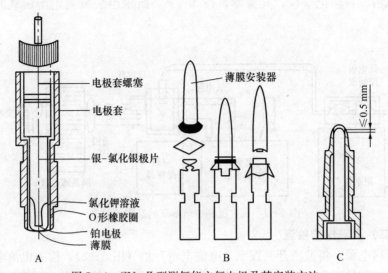

图5-4 CY-Ⅱ型测氧仪之氧电极及其安装方法

A. 氧电极纵切面 B. 氧电极薄膜安装方法 C. 装好薄膜的氧电极纵切面

从电极套取出电极,将薄膜小圆片放在电极套的顶端。把薄膜安装器的凹端压在电极套的顶端,再将 O 形橡胶圈推入套端的凹槽内 (图5-4B);轻拉膜,使薄膜与电极套贴合,但不能拉得太紧而使薄膜变形。将 0.5 mol·L^{-1} 氯化钾溶液滴入电极套内,慢慢向下推,直到电极头与薄膜接触。将电极套螺塞拧紧,使电极凸出电极套 0.5 mm 左右 (图5-4C)。擦去电极套外的氯化钾液滴。

(四) 灵敏度的标定及结果计算

用在一定温度和大气压下被空气饱和的水中氧含量进行标定。在反应杯中加满蒸馏水,杯内放一细玻管封住的小铁棒,向反应杯的双层臂间通入 30 ℃ (或实验要求的温度) 的温水,开启电磁搅拌器,搅拌 5~10 min,使水中溶解氧与大气平衡,将电极插入反应杯 (注意电极附近不得有气泡)。将测氧仪灵敏度粗调旋钮拨至适当位置,再调灵敏度旋钮,使记录笔达满度,灵敏度旋钮不要再动。然后向反应杯注入 0.1 mL 饱和亚硫酸钠溶液,除尽水中的氧,记录笔退回至 "0" 刻度附近。根据当时的水温查出溶氧量以及记录笔横向移动的格数,算出每小格代表的氧量。例如,反应体系温度为 25 ℃,由表5-3上查得饱和溶氧量为 0.253 μmol·mL^{-1},反应体系体积为 3 mL,若此时记录笔在 100 格处,注入亚硫酸钠后退回了 80 格,则代表的氧量为 0.253 μmol·mL^{-1}×3 mL/80格=0.009 49 μmol/格。在正式测定时,若加入 3 mL 反应液,经温度平衡后,记录仪记录笔在第 92 格处,经 5 min 反应后,记录笔移到第 66 格,则溶液中含氧量的降低值为：$(92-66)\times0.009\ 49=0.393\ \mu mol$，该值为 5 min 内的实际耗氧量。

表 5 - 3　不同温度下水中氧的饱和溶解度

温度（℃）	$O_2(\mu L \cdot L^{-1})$	$O_2(\mu mol \cdot mL^{-1})$
0	14.16	0.442
5	12.37	0.386
10	10.92	0.341
15	9.76	0.305
20	8.84	0.276
25	8.11	0.253
30	7.52	0.230
35	7.02	0.219

（五）光合速率及呼吸速率的测定

1. 材料准备　取菠菜或蚕豆等植物的功能叶，切取 1 cm² 大小的叶片数块，放在 20 mL 的注射器中加水抽气，使叶肉细胞间隙的空气排出。然后取出一块再切成 1 mm×1 mm 的小块。

2. 呼吸速率测定　用蒸馏水洗净反应杯，加入 3 mL 水，将总面积为1 cm² 的叶小块移入反应杯，电极插入反应杯，注意电极下面不得有气泡。开启电磁搅拌器和超级恒温水浴水泵，经 3～4 min，温度达到平衡，用黑布遮住反应杯，开启记录仪，调好笔速（XWC 型记录仪可调至最大笔速，即 2 mm · min⁻¹），记下记录笔的起始位置。由于叶片（或其他组织）呼吸耗氧，记录笔逐渐向左移动。3～5 min 后，记下笔所移动的格数（移动 30～40 小格即可）。

3. 光合速率测定　测定呼吸后，去掉反应杯上的黑布罩，打开光源开关，灯光应通过盛满冷水的玻璃缸射到反应杯上，以降低温度。照光 3～5 min 后，由于叶片进行光合作用，溶液中溶氧增加，记录笔逐渐向右移动，记下记录笔的起始位置，待笔移动约 30～40 小格时，关闭光源，记下笔所走的小格数。可按照呼吸—光合—呼吸—光合的顺序重复 3 次。无须更换样品，但测定时间不能太长。

六、实验结果

呼吸速率以单位时间内单位叶面积放出的二氧化碳量表示；而光合速率以单位时间内单位叶面积吸收的二氧化碳的量表示。

$$呼吸速率（mg \cdot dm^{-2} \cdot h^{-1}）= \frac{a \times n_1 \times 100 \times 60}{A \times t} \times \frac{44}{1\,000}$$

$$光合速率（mg \cdot dm^{-2} \cdot h^{-1}）= \frac{a \times n_2 \times 100 \times 60}{A \times t} \times \frac{44}{1\,000}$$

式中　a——记录纸上每小格代表的氧量（根据灵敏度标定得）（μmol）；

　　　A——叶面积（dm^2）（分子中的 100 是叶面积由 cm^2 换算成 dm^2 的系数）；

　　　t——测定时间［即走纸的距离（mm）/笔速(mm $\cdot$ min^{-1})］（min）；

　　　44/1 000——氧气量（μmol）换算为二氧化碳的量（mg）；

　　　n_1——测呼吸速率时记录笔向左走的小格数；

　　　n_2——测定光合速率时记录笔向右走的小格数。

七、注意事项

①氧电极对温度变化非常敏感，测定时需要维持温度恒定。

②注意洗净样品管以消除遗留在样品溶液中的霉菌或细菌的影响。样品管中不应有气泡，否则会造成指针不稳，记录线扭曲。

③由黑暗转入照光后，光合作用常有一段滞后期，需延迟数分钟才开始放氧。

④电极使用一段时间后，会发生污染，灵敏度下降，可用 1∶1 稀释后的氨水清洗 10～60 s，然后用蒸馏水清洗干净。

⑤所用膜必须无洞，无皱褶，并不能用手接触。为防止膜内水分蒸发引起 KCl 沉淀，避免经常补充 KCl 溶液，不用时可把电极头放在蒸馏水中。

八、问题讨论

1. 用氧电极法测定叶碎块光合速率时，测得的数值与空气中测定（用 IRGA 法）相比是偏高还是偏低？为什么？

2. 用氧电极法测定光合速率、呼吸速率时，为何必须不断搅拌溶液？如果停止搅拌将会出现怎样的现象？如果搅拌速度不均匀将出现什么情况？

3. 为什么要将测定体系中的气泡排除？

4. 哪些因素会影响光合放氧的测定结果？

实验十一　LI‑6400 型便携式光合仪测定光合作用参数

一、实验目的

了解和掌握 LI‑6400 型便携式光合仪测定光合作用参数的方法。

二、实验原理

LI-6400 型便携式光合仪测量光合速率与蒸腾速率是基于流经叶室的气流中 CO_2 和 H_2O 的差异。LI-6400 型领先于传统开放系统的地方在于它将气体分析器安装于传感器头部。这样消除了时滞，严格准确地反映出叶片的变化。如气孔关闭时，控制系统能立即检测到水汽的变化并且进行平衡。同样地，光照的突然变化会导致光合速率的突然变化，表现为可检测到的 CO_2 浓度的变化。检测速度不取决于气流速度（传统系统往往这样），因为样品 IRGA 安装于叶室内。由公式即可求出光合作用的各种参数。

三、实验材料

大小合适的植物活体叶片。

四、设备与试剂

LI-6400 型便携式光合仪及其配件，LI-6400 型便携式光合仪配备药品。

五、实验步骤

（一）打开电源，选择配置文件

2X3 Std chamber ……………使用标准透明盖叶室时，选此项；

2X3 LED Light Source…………使用 RED/BLUE Led 光源叶室时，选此项；

出现提示："Is the chamber/ IRGA Connected？（Y/N）"时 选择"Y"。

（二）出现主菜单

如果是当天第一次使用，应先进行校准。

（三）按"Calib Menu"即<F3>进入校准菜单（Calibration Menu）

1. 进行流量计调零　选择"Flow Meter Zero"并回车（按"Enter"），此时机器自动进行调零，当屏幕出现"Done"时，按"OK"即<F5>。

2. IRGA 调零　选择"IRGA Zero"并回车，同时清空叶室并关上，按"Y"继续。进入 IRGA 校准后，为了节省小苏打，先把干燥剂"DESICANT"打到"SCRUB"；"CO_2 SCRUB"打到"BYPASS"，直到"H_2OR"和"H_2OS"的波动在 ± 0.005 时，把"CO_2 SCRUB"打到 SCRUB；"CO_2R"和"CO_2S"波动在 ± 0.1 时按"Auto All"即<F3>，并按"Quit"即<F5>退出，同时把"DESICANT"和"CO_2 SCRUB"打到"BYPASS"。

3. CO_2 Mixer 调零　选择"CO_2 Mixer Calibrate"（当使用 CO_2 注入系统

时进行）并回车。当出现"OK to continue? (Y/N)"时，选择"Y"，并把"CO_2 SCRUB"打到"SCRUB"，系统将自动进行校准，直到出现"Max value is about 1 900~2 200 mg · L^{-1}, Is this OK (Press N to adjust) (Y/N)"时，选择"Y"。然后，系统将进行下一步的校准"Setting the mixer at 8 different setpoint"，等出现提示"Plot this? (Y/N)"时，选择"Y"，当坐标图出现以后，按"Quit"即＜F5＞退出，并把"CO_2 SCRUB"打到"BYPASS"。

4. 光源校准　选择"Light Source Calibration Menu"（使用 LED 光源时使用），选择"Calibrate LED Source"并回车后，出现提示："Press enter to start"时，按"Enter"，然后系统自动进行光源校准，当出现"Plot this? (Y/N)"时，选择"Y"，出现坐标图后，按"Enter"。当出现提示"Implement this Cal? (Y/N)"时，选择"Y"，再按"Escape"退出。

以上各步骤完成后，在校准菜单中选择"View Store Zero & Spans"选项并回车，然后选择"Store"即＜F1＞保存；出现"Press any key"后，按任意键退出画面；并按"Escape"退出到主菜单。

（四）进行测量

在主菜单下选择"New Msmnts"即＜F4＞进入测量菜单。

①打开一个文件按"Open Logfile"——LABELS：1；F1。出现提示："输入文件名"；当打开一个已经存在的文件时，将提示："Overwrite/Append/Cancel"，若在后面追加数据时，选择"A"；接着提示输入"Remark"：用作标记同一个文件不同数据，方便以后的数据查询。

②打开叶室，放入叶片。

③查看不同的参数：先用方向键"↑"或"↓"选择不同的行，用字母a，b，c…等调出不同的数据组。

④更改 CO_2 浓度：LABELS：2，"Mixer Off"即＜F3＞，当显示菜单时，选择"Sample CO_2"，按"Enter"后，输入数值。

⑤更改光照强度：LABELS：2，按"Lamp Off"即＜F5＞，显示菜单时，选择"Quantum Flux"，按"Enter"后，输入数值。

⑥更改叶面积：LABELS：3，按"Area"即＜F1＞，输入数值。

⑦更改气孔比率：LABELS：3，按"Stomrt"即＜F2＞，输入数值。

⑧记录数据：当光合速率"PHOTO"数值稳定后，按"Log Button"。

⑨追加标记：LABLES：1，按"Add Remark"即＜F4＞。

以上就完成了数据的记录。完成数据记录后，必须先按"Close File"关闭文件，再按"Escape"退出测量，否则数据未被保存。

（五）应用菜单

在主菜单选择"Utility Menu"即<F5>进入。

1. 进入睡眠模式　用方向键"↑"或"↓"选择"Sleep Mode"并回车。当出现："OK to sleep？（Y/N）"时，选择"Y"，机器就进入睡眠模式；按"Escape"退出到主菜单。

2. 重新计算　用方向键"↑"或"↓"选择"Recomputed Stored Data"。

（1）重新计算叶面积　选择"Recomputed Stored Data"后，出现菜单，选择"Source File：Undefined"回车后，出现多个已经保存的文件名，选择目标文件，然后按"Enter"，出现下一个画面，选择"Leaf area：NO CHANGE"后按"Enter"；进入下一级画面，选择"One Global Value"，输入新的数值，并按"Enter"，然后选择"Recomp"即<F5>，进行重新计算；出现提示，要求输入重新计算后的文件保存的文件名时，输入文件名。

注意当输入的文件名已经存在时，系统将提示"Overwrite/Append/Cancel"，若想追加在以前的数据后面，按"A"，若想覆盖以前的数据，按"O"。

当出现提示"< No Graph Defined>"时，按"Escape"两次，退回到主菜单。

（2）重新计算气孔比率　选择"Recomputed Stored Data"后，出现菜单，选择"Source File：Undefined"并回车，出现多个已经保存了的文件名，选择目标文件，然后按"Enter"，出现下一个画面；选择"Stomrate：NO CHANGE"后，进入下一级画面；选择"One Global Value"，输入新的数值，并按"Enter"，然后选择"Recomp"，进行重新计算。

3. 与电脑进行数据传输　用方向键"↑"或"↓"选择"File Exchange Mode"，并用电缆把计算机与光合作用仪连接；同时在计算机上打开"winFX（LI - COR 6400）"。

4. 清理存储空间　用方向键"↑"或"↓"选择"Access The File"并回车后，按"Labels"直到出现"DISK"，选择"DISK"即<F1>；进入下一个画面，选择"Defrag"即<F4>；选择"User"，按"Enter"后，选择"Proceed"即<F1>；此时，系统将自动进行操作；系统完成操作以后，按"Escape"退出。

建议在计算机上先进行文件删除，然后在仪器上进行存储空间的清理。

5. 在仪器上查看已保存的文件　在主菜单上选择"Utility Menu"即<F5>后回车，选择"Graph Stored Data"，用"↑"或"↓"选择目标文件后，按回车确认，出现下一画面；选择"View Data"即〈F3〉，出现"View Options：F—File as stored　D—Data set (all vars and obs)"时按"D"，并用

"↑"、"↓"、"→"、"←"查看数据，查看完毕，按"Escape"退回到主菜单。

六、实验结果

根据实际情况，记录、统计和分析所测定的光合作用参数。

七、注意事项

①测定时，空气缓冲瓶要悬挂在离人、动物和化粪池较远的地方，免受CO_2干扰。

②空气缓冲瓶悬挂位置最好远离水，千万不能让其进水。

③测定前要按"Open File"打开文件，测定结束后要按"Close File"关闭文件，否则测定结果未保存。

④测定完毕后，要进入 IRGA 调零，把"干燥剂"管打到 SCRUB 位置，把管路内的空气充分干燥。

⑤仪器不使用时，要把"干燥剂"管和"碱石灰"管的调节旋钮打到中间位置。

⑥仪器不使用时，叶室要打开，使密封海绵垫松弛。

⑦电池应充电保存。

八、问题讨论

测定光合作用参数有何生理意义？

附：符号摘要

a 代表净同化率（$\mu mol \cdot m^{-2} \cdot s^{-1}$）；

A 代表净同化率（$\mu mol \cdot m^{-2} \cdot s^{-1}$）；

c_i代表入室 CO_2 浓度（$mol \cdot mol^{-1}$）；

c_o代表出室 CO_2 浓度（$mol \cdot mol^{-1}$）；

C_s 代表样品室 IRGA 中 CO_2 的摩尔比（$\mu mol \cdot mol^{-1}$）；

C_r 代表参比室 IRGA 中 CO_2 的摩尔比（$\mu mol \cdot mol^{-1}$）；

C_i 代表胞间 CO_2 浓度（$\mu mol \cdot mol^{-1}$）；

E 代表蒸腾速率（$mmol \cdot m^{-2} \cdot s^{-1}$）；

F 代表入室气体的摩尔流量（$\mu mol \cdot s^{-1}$）；

g_{bw}代表界面水汽导度（$mol \cdot m^{-2} \cdot s^{-1}$）；

g_{sw}代表气孔水汽导度（$mol \cdot m^{-2} \cdot s^{-1}$）；

g_{tc}代表 CO_2 总导度（$mol \cdot m^{-2} \cdot s^{-1}$）；

g_{tw}代表水汽总导度（$mol \cdot m^{-2} \cdot s^{-1}$）；

k_f代表（K^2+1）/（$K+1$）^{2}；

K 代表气孔比率，从叶一面到另一面的气孔导度速率估计值；

s 代表叶面积（m^2）；

S 代表叶面积（cm^2）；

u_i代表入室气体流量（$mol \cdot s^{-1}$）；

u_o代表出室气体流量（$mol \cdot s^{-1}$）；

w_i代表入室水汽摩尔比（$mol \cdot mol^{-1}$）；

w_o代表出室水汽摩尔比（$mol \cdot mol^{-1}$）；

W_s 代表样品 IRGA 中水汽摩尔比（$mmol \cdot mol^{-1}$）；

W_r 代表参比 IRGA 中水汽摩尔比（$mmol \cdot mol^{-1}$）；

W_l 代表叶内水汽的摩尔比（$mmol \cdot mol^{-1}$）。

实验十二 CB-1101 型光合、蒸腾测定
系统测定光合和蒸腾速率

一、实验目的

了解和掌握 CB-1101 型光合、蒸腾测定系统测定光合和蒸腾速率的方法。

二、实验原理

该仪器采用气体交换法来测量植物光合作用，通过测量流经叶室的空气中的 CO_2 浓度的变化来计算叶室内植物的光合速率。测定方式有开路和闭路两种。

三、实验材料

大小合适的植物活体叶片。

四、设备与试剂

CB-1101 型光合、蒸腾测定系统及其配件，CB-1101 型光合、蒸腾测定系统配备药品。

五、实验步骤

（一）开机预热

按下"电源"开关键（灯亮表示正常工作），这时 CO_2 分析器开始工作，

预热 4 min。

（二）CO₂分析器调零和调满

1. CO₂分析器调零　CB-1101型教学用光合、蒸腾测定系统每次开机测量都要先对CO₂分析器进行调零，具体调零步骤如下。

①把从流量计上连接出来的标有"IN1"和"OUT1"的管子分别与面板上的"IN1"和"OUT1"接气嘴相连。然后把碱石灰管两端标有"IN"和"OUT"的管子分别与面板上的"IN"和"OUT"接气嘴相连。

②待CO₂分析器预热4 min后，按下"泵"开关键（灯亮表示正常工作）调节流量至 $0.6\ L \cdot min^{-1}$，然后按下"开/闭路"开关键和"参/初"键，当CO₂参/初值显示器（也就是显示器）读数稳定时，调节"CO₂调零"旋钮，让显示器读数为零，然后按下"完成"键，至此调零完成，取下碱石灰管（用一根导管把碱石灰管的进气口和出气口相连）。

2. CO₂分析器调满　对CO₂分析器进行调零后还需对CO₂分析器进行调满，具体的步骤如下。

①把从已知浓度的CO₂标准气接出来的管子（对于压缩气必须用三通连接器，用以排放多余气体）接在"IN"接气嘴上。

②按下"参/初"键，当CO₂参/初显示器（也就是显示器）读数稳定时，调节"CO₂调满"旋钮，使显示器读数与已知浓度的CO₂标准气浓度一致，然后按下"结束"键，至此调零、调满完成。按起"开/闭路"开关键，取下与面板上"IN"接气嘴相连的管子，并关掉标准气开关阀门。

仪器在每次开机后都需要进行调零，并且应定期用已知CO₂浓度的标准气进行跨度校准（建议每月进行一次，校准越频繁，测量结果越准确）。

注意：调满完成后将满度电位器的刻度记下，以免不小心旋动调满钮导致重新调满。

（三）测量

CB-1101型光合、蒸腾作用测定系统具有开路、闭路两种测量方式。

1. 开路测量方式　把连接参考气源的管子连接到面板上的"IN"接气嘴上，并把手柄上的两根标有"IN2"和"OUT2"管子分别与面板上的"IN2"和"OUT2"接气嘴相连，同时把手柄上的传感器电缆插头插到面板上的"手柄连接"插座上并拧紧。

按下"开/闭路"开关键（此灯亮表示选择开路测量，否则为闭路测量），然后把要测量的叶片夹到叶室上，接着按下"参/初"键，当显示器8显示的CO₂浓度值相对稳定后按下"测/终"键；当显示器9显示的CO₂的浓度值相对稳定后按下"完成"键，至此此次测量结束，记下各显示器的值。如要进行重复测量则重复上述步骤即可。开路测量完毕，按起"开/闭路"测量键，结束开路测量方式。

注意：没有稳定的参考气源时，可用一个大的缓冲瓶代替，比如一个装过纯净水的大塑料桶，但其内部一定要干燥，在桶的细颈上罩一个纸杯，杯底捅一个小洞，这样就做成一个很好的缓冲瓶，但在罩纸杯之前要摇晃桶，防止其内部 CO_2 浓度与外界相差太大。另外 3 m 以上高度的空气也比较恒定，因此可以用一根管子将"IN"与 3 m 以上高度的空气相连。

2. 闭路测量方式　把管子两端标有"IN"和"OUT"的管子两端分别连接面板上的"IN"和"OUT"接气嘴，并把手柄上的两根标有"IN2"和"OUT2"的管子分别与面板上的"IN2"和"OUT2"接气嘴相连，并把手柄上的传感器电缆插头插到面板上的"手柄连接"插座上并拧紧。选择闭路测量方式（如之前已进行过开路测量且"开/闭路"开关键上的指示灯仍亮着则先要按起"开/闭路"开关键，使指示灯灭），然后把要测量的叶片夹到叶室上，接着按下"参/初"键，当显示器显示的 CO_2 初始浓度值满足要求时，按下"测/终"键，此时显示器开始计时（单位为 s），待显示器显示的 CO_2 浓度值满足要求时（一般下降 $30 \mu L \cdot L^{-1}$），按下"完成"键，结束此次测量，记下各显示器的值及所用时间。如要进行重复测量，重复上述步骤即可。

关机时必须依次按起"开/闭路"开关键、"气泵"开关键、"电源"开关键。同时为了使按键 20、21、22 不处于长期疲劳状态，关机前用手指轻触这 3 个键中弹起的两个键中的任意一个，使 3 个键都保持弹起状态。

六、实验结果

1. 开路系统的净光合速率 P_n（$\mu mol \cdot m^{-2} \cdot s^{-1}$）

$$P_n = -\frac{v}{60} \times \frac{273.15}{T_a} \times \frac{p}{1.013} \times \frac{1}{22.41} \times \frac{10\ 000}{A} \times (c_o - c_i)$$

$$= -\omega \times (c_o - c_i)$$

其中　　$\omega = \frac{v}{60} \times \frac{273.15}{T_a} \times \frac{p}{1.013} \times \frac{1}{22.41} \times \frac{10\ 000}{A}$（$mol \cdot m^{-2} \cdot s^{-1}$）

式中　v——体积流速（$L \cdot min^{-1}$），可调整，可从流量计读出；

T_a——空气温度（K），待测；

p——大气压力（bar），一般认为 1 atm（1 bar = 10^5 Pa，1 atm = 1.013×10^5 Pa）；

A——叶面积（cm^2），固定为叶室窗口面积；

c_o——出气口 CO_2 浓度（$\mu L \cdot L^{-1}$），待测；

c_i——进气口 CO_2 浓度（$\mu L \cdot L^{-1}$），待测。

2. 闭路系统的净光合速率 P_n（$\mu mol \cdot m^{-2} \cdot s^{-1}$）

$$P_n = -\frac{V}{\Delta t} \times \frac{273.15}{T_a} \times \frac{p}{1.013} \times \frac{1}{22.41} \times \frac{10\,000}{A} (c_o - c_i)$$

$$= -\omega \times (c_o - c_i)$$

其中　　$\omega = \frac{V}{\Delta t} \times \frac{273.15}{T_a} \times \frac{p}{1.013} \times \frac{1}{22.41} \times \frac{10\,000}{A}$（$mol \cdot m^{-2} \cdot s^{-1}$）

式中　V——叶室容积（L），固定，不同型号叶室容积不同；

　　　Δt——间隔时间（s），待测；

　　　T_a——空气温度（K），待测；

　　　p——大气压力（bar），一般认为 1 atm（1 bar$=10^5$Pa，1 atm$=$
　　　1.013×10^5Pa）；

　　　A——叶面积（cm^2），固定为叶室窗口面积；

　　　c_o——终止时 CO_2 浓度（$\mu L \cdot L^{-1}$），待测；

　　　c_i——初始时 CO_2 浓度（$\mu L \cdot L^{-1}$），待测。

3. 蒸腾强度计算

$$E = \frac{e_o - e_i}{p - e_o} \times \omega \times 10^3 \ (mmol \cdot m^{-2} \cdot s^{-1})$$

其中　　　　　　　　　　　$e_o = RH_o \times e_s$
　　　　　　　　　　　　　$e_i = RH_i \times e_s$

$$e_s = 6.137\,53 \times 10^{-3} \times \exp\left(T_a \times \frac{18.564 - \dfrac{T_a}{254.57}}{T_a + 255.57}\right)$$

开路测量时

$$\omega = \frac{v}{60} \times \frac{273.15}{T_a} \times \frac{p}{1.013} \times \frac{1}{22.41} \times \frac{10\,000}{A} \ (mol \cdot m^{-2} \cdot s^{-1})$$

闭路测量时

$$\omega = \frac{V}{\Delta t} \times \frac{273.15}{T_a} \times \frac{p}{1.013} \times \frac{1}{22.41} \times \frac{10\,000}{A} \ (mol \cdot m^{-2} \cdot s^{-1})$$

式中　e_o，e_i——分别为出气口水汽压和进气口水汽压（bar），待测，计
　　　　　　算（1 bar$=10^5$Pa）；

　　　p——大气压力（bar），一般认为 1 atm（1 bar$=10^5$Pa，1 atm
　　　　　$=1.013 \times 10^5$Pa）；

　　　e_s——空气温度下的饱和水汽压（bar），待测，计算（1 bar$=$
　　　　　10^5Pa）；

RH_o，RH_i——出（进）气口的相对湿度（%），待测；

$\qquad$ v——体积流速（$L \cdot min^{-1}$）；

$\qquad$ V——叶室容积（L）；

$\qquad$ A——叶面积（cm^2）；

$\qquad$ T_a——空气温度（K），待测。

七、注意事项

①流量调节必须在CO_2分析器调零时进行，这是因为电磁阀在切换到不同路径时对气流的阻力不同，而CO_2分析仪调零时的流量值与参与计算的流量值相同（电磁阀状态相同）。此外，流量计读数时应该垂直放置。

②不要在任何一个进气通道（IN、IN1、IN2）的气路被堵塞或严重受阻的情况下操作该仪器，如果这样操作将会损坏气泵。

③不要在任何一个进气通道（IN、IN1、IN2）没有接三通连接器（用第三个口排放多余气体）的情况下与压缩气源相连。进气口的压力过大可能会破坏内部连接管路或损坏泵。正确的连接如图5-5所示。

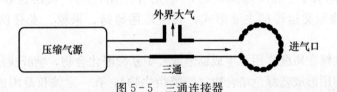

图5-5 三通连接器

④本仪器进行测量时必须平放。仪器内部无论气路还是电路绝对不允许进水。另外，在田间测量时要避免在多尘的条件下使用该仪器。建议把仪器保存在干燥阴冷的地方。在极端的湿度下使用该仪器将会影响仪器操作及读数的正确性。

八、问题讨论

测定光合速率和蒸腾速率还有什么方法？

第六章　植物体内同化物运输与分配

实验一　蒽酮法测定植物组织中可溶性糖的含量

一、实验目的

研究植物碳水化合物代谢、评价其营养状况、分析农产品品质等均需要测定可溶性糖的含量。掌握蒽酮法测定可溶性糖的原理和方法。

二、实验原理

植物体内的可溶性糖和淀粉均是光合作用产物。可溶性糖以蔗糖为主，是植物糖类运输的主要形式，其次是葡萄糖、果糖、麦芽糖、戊糖和糖苷等。

可溶性糖在硫酸作用下生成糖醛或羟甲基糠醛化合物，糖醛或羟甲基糠醛可与蒽酮作用形成蓝绿色络合物（糖醛衍生物），在一定波长范围内，其颜色的深浅与糖含量有定量关系，在 625 nm 波长下的吸光值与可溶性糖含量成正相关。由于蒽酮与可溶性糖反应的呈色强度随时间变化，故必须在反应后立即在同一时间内比色。该实验方法简便，灵敏度高，可溶性糖含量在 30 μg · mL^{-1} 左右就能进行测定，所以可用于测定微量可溶性糖，一般样品少的情况下，采用这一方法。此法的缺点是缺乏专一性，可溶性糖都能与蒽酮试剂反应，产生有颜色物质。

三、实验材料

小麦苗或其他植物叶片和种子。

四、设备与试剂

分光光度计、离心机、恒温水浴锅、分析天平、烘箱、刻度试管、漏斗；活性炭、80％乙醇。

葡萄糖标准液：称取已在 80 ℃烘箱中烘至恒重的 D - 葡萄糖 100 mg，配制成 500 mL 溶液，即得每毫升含糖为 200 μg 的标准液。

蒽酮试剂：100 mg 分析纯蒽酮溶于 100 mL 硫酸溶液（相对密度 1.84 的浓硫酸 76 mL 加 30 mL 水），储存在棕色瓶中。

五、实验步骤

（一）可溶性糖的提取

植物叶片或种子于 105～110 ℃烘箱杀青 15 min，然后将温度调至 70～80 ℃烘干至恒重。磨碎烘干的叶片或种子，称取 50 mg，倒入 10 mL 刻度试管内，加入 4 mL 80%乙醇，置于 80 ℃水浴锅中不断搅拌 40 min，冷却后离心或过滤，收集上清液或滤液，残渣加 2 mL 80%乙醇重复提取 2 次，合并上清液或滤液。在收集液中加 10 mg 活性炭，80 ℃下脱色 30 min，用 80%乙醇定容至 10 mL，过滤后取滤液供测定。

（二）显色及比色

吸取上述乙醇提取液 1 mL，加入 5 mL 蒽酮试剂，摇匀，沸水浴中显色 10 min，取出冷却。在 625 nm 处测吸光值。从标准曲线上查出可溶性糖的含量。

（三）绘制标准曲线

取标准葡萄糖溶液将其稀释成 0～100 μg·mL^{-1} 不同浓度的溶液（0 μg·mL^{-1}、10 μg·mL^{-1}、20 μg·mL^{-1}、40 μg·mL^{-1}、60 μg·mL^{-1}、80 μg·mL^{-1}、100 μg·mL^{-1}）。分别取 1 mL，按上述方法进行显色、比色，测定 625 nm 处的吸光值，绘制标准曲线。

六、实验结果

计算样品中的可溶性糖含量，采用下述公式

$$可溶性糖含量 = \frac{查标准曲线所得的糖含量（μg·mL^{-1}）×提取液体积（mL）×稀释倍数}{样品质量（μg）} ×100\%$$

七、注意事项

当分析含淀粉多的样品时（如马铃薯块茎），可将残渣放在 80 ℃烘箱中烘干，以备测定淀粉和纤维素用。

八、问题讨论

应用蒽酮法测得的可溶性糖包括哪些？

实验二　植物组织淀粉和纤维素含量的测定

一、实验目的

了解植物品种特性和栽培条件对于淀粉和纤维素生物合成及积累的影响，为改进农业生产技术措施、提高农产品的产量以及改善农产品品质提供理论依据；掌握淀粉和纤维素含量的测定方法。

二、实验原理

淀粉和纤维素是由葡萄糖聚合而成的多糖。在酸性条件下，淀粉或纤维素可水解成葡萄糖，葡萄糖在浓硫酸作用下，脱水生成糖醛或羟甲基糠醛化合物。羟甲基糠醛化合物与蒽酮再脱水，形成有颜色的化合物。用蒽酮法可以测定葡萄糖含量，进一步计算出淀粉或纤维素含量。

三、实验材料

植物叶片或种子。

四、设备与试剂

分析天平、容量瓶、布氏漏斗、恒温水浴锅、冰罐、电炉、小试管、定时钟、刻度吸管、分光光度计；60% H_2SO_4 溶液、浓 H_2SO_4、9.2 mol·L^{-1} $HClO_4$。

蒽酮试剂：2 g 蒽酮溶解于 100 mL 乙酸乙酯中，储存于棕色试剂瓶中。

淀粉标准液：准确称取 100 mg 纯淀粉，放入 100 mL 容量瓶中，加 60～70 mL 热蒸馏水，放入沸水浴中加热 0.5 h，冷却后加蒸馏水稀释至刻度，则每毫升含淀粉 1 mg。吸取此液 5.0 mL，加蒸馏水稀释至 50 mL。则每毫升含淀粉 100 μg。

纤维素标准液：准确称取 100 mg 纯纤维素，放入 100 mL 容量瓶中，将容量瓶放入冰浴中，然后加预冷的 60～70 mL 60% H_2SO_4 溶液，在冷的条件下消化处理 20～30 min；然后加 60% H_2SO_4 至刻度，摇匀。吸取此液 5.0 mL 放入另一 50 mL 容量瓶中，将容量瓶放入冰浴中，加蒸馏水至刻度，则每毫升含 100 μg 纤维素。

五、实验步骤

（一）淀粉含量的测定

1. 绘制淀粉标准曲线

①取小试管 6 支，分别放入 0 mL、0.40 mL、0.80 mL、1.20 mL、

1.60 mL、2.00 mL 淀粉标准液。然后分别加入 2.00 mL、1.60 mL、1.20 mL、0.80 mL、0.40 mL、0 mL 蒸馏水，摇匀，则每管依次含淀粉 0 μg、40 μg、80 μg、120 μg、160 μg、200 μg。

②向每管加 0.5 mL 蒽酮试剂，再沿管壁加 5.0 mL 浓 H_2SO_4，塞上塞子，微微摇动，促使乙酸乙酯水解，当管内出现蒽酮絮状物时，再剧烈摇动促进蒽酮溶解，然后立即放入沸水浴中加热 10 min，取出冷却。

③在分光光度计上 625 nm 波长下比色，测出各管吸光值。

④以所测吸光值为横坐标（x），以淀粉含量为纵坐标（y），绘制淀粉标准曲线或求得直线回归方程。

2. 样品淀粉含量测定

①将提取可溶性糖以后的干燥残渣，移入 50 mL 容量瓶中，加 20 mL 热蒸馏水，放入沸水浴中加热 15 min，再加入 2 mL 9.2 mol·L^{-1} $HClO_4$ 提取 15 min，冷却后用蒸馏水定容、混匀。

②用滤纸过滤，滤液用来测定淀粉含量。

③吸取滤液 0.5 mL 放入小试管中加 1.5 mL 蒸馏水，再加 0.5 mL 蒽酮试剂。然后沿管壁加 5.0 mL 浓 H_2SO_4，塞上塞子。以后操作同绘制淀粉标准曲线，测出样品在 625 nm 波长下的吸光值。

（二）纤维素含量的测定

1. 绘制纤维素标准曲线

①取 6 支小试管，分别放入 0 mL、0.40 mL、0.80 mL、1.20 mL、1.60 mL、2.00 mL 纤维素标准液。然后分别加入 2.00 mL、1.60 mL、1.20 mL、0.80 mL、0.40 mL、0 mL 蒸馏水，摇匀，则每管依次含纤维素 0 μg、40 μg、80 μg、120 μg、160 μg、200 μg。

②向每管加 0.5 mL 蒽酮试剂，再沿管壁加 5.0 mL 浓 H_2SO_4，塞上塞子，按上述方法显色和比色，测出 625 nm 波长处的吸光值。

③以所测得的吸光值及对应的纤维素含量作标准曲线。

2. 样品纤维素含量的测定

①准确称取风干的棉花纤维 100 mg，放入 100 mL 容量瓶中，将容量瓶放入冰浴中，加预冷的 60～70 mL 60% H_2SO_4，在冷的条件下消化处理 0.5 h，然后用 60% H_2SO_4 稀释至刻度，摇匀，用布氏漏斗过滤。

②吸取上述滤液 5.0 mL，放入 50 mL 容量瓶中，将容量瓶置于冰浴中，加蒸馏水至刻度，摇匀。

③吸取上清液 2.0 mL，加 0.5 mL 蒽酮试剂，再沿管壁加 5.0 mL 浓 H_2SO_4，塞上塞子，按上述方法显色和在 625 nm 波长处比色，测出其吸

光值。

六、实验结果

根据测定样品吸光值，在标准曲线上查得相应的淀粉或纤维素含量，然后均按下式计算样品中淀粉或纤维素的含量。

$$y = \frac{x}{m} \times 10^{-6} \times a \times 100\%$$

式中　y——样品中淀粉或纤维素的含量（%）；

　　　x——在标准曲线上查得的淀粉或纤维素含量（μg）；

　　　m——样品质量（g）；

　　　10^{-6}——将 μg 换算成 g 时的系数；

　　　a——样品稀释倍数。

七、注意事项

①此法需淀粉和纤维素的纯品作标准曲线。

②纤维素加 60% H_2SO_4 时，一定要在冰浴条件下进行。

八、问题讨论

谷类作物种子中的直链淀粉、支链淀粉的含量比与其品质有何关系？

实验三　果蔬中柠檬酸含量的测定

一、实验目的

测定果蔬在成熟和贮藏过程中的有机酸含量变化，可以鉴定果蔬品质。

二、实验原理

柠檬酸可被浓硫酸或高锰酸钾氧化成丙酮二酸，加溴即生成不溶于水而溶于醇、醚及其他有机溶剂的五溴丙酮，该化合物与硫化钠生成橙黄色复合物，颜色深浅与生成五溴丙酮的柠檬酸含量有关，在一定范围内符合朗伯-比耳定律，因此可用比色法测定。此法重复性好，由于采取了分离手段，排除了试样中色素及部分杂质的干扰，灵敏度较高。

三、实验材料

新鲜果蔬材料。

四、设备与试剂

分光光度计、研钵、漏斗、分液漏斗、移液管、容量瓶、水浴锅；16.5 mol·L^{-1} H$_2$SO$_4$（分析纯）、柠檬酸（分析纯）、0.1 mol·L^{-1} NaOH、三氯甲烷（分析纯）、20%盐酸羟胺水溶液。

BBV 溶液：称取 9.93 g KBrO$_3$ 与 6 g NaVO$_3$，加蒸馏水溶解，并定容至 500 mL。

TBS 溶液：称取 37.8 g 硼砂和 40 g 硫脲，用蒸馏水溶解，并定容至 1 000 mL，使用前加入 1%固体 Na$_2$S。

五、实验步骤

（一）标准曲线的绘制

精确称取分析纯柠檬酸 10 g，用蒸馏水定容至 100 mL，取其中 1 mL 稀释至 100 mL，摇匀，该标准溶液终浓度为 1 000 μg·mL^{-1}。取此标准液 0 mL、0.1 mL、0.2 mL、0.3 mL、0.4 mL、0.5 mL，用蒸馏水补足至 1 mL，于 60 mL 分液漏斗中，加入 2 mL 16.5 mol·L^{-1} H$_2$SO$_4$ 充分混合，加入 2 mL BBV 溶液，摇匀，于 30 ℃恒温水浴中 20 min，不时振摇，以便充分反应。然后逐滴加入 20%盐酸羟胺水溶液，直至全部除去分液漏斗中残留的溴，此时溶液呈浑蓝色，加入 10 mL 三氯甲烷，剧烈振摇 2 min，反应所生成的五溴丙酮被三氯甲烷定量萃取，然后将底部液层移入带塞比色管中，并加入 10 mL TBS 溶液，摇匀反应 15 min，生成橙黄色复合物，在 20 min 内可保持稳定。用移液管吸取上层溶液至比色杯中，以蒸馏水调零，于分光光度计上测定波长 420 nm 处光密度。以柠檬酸含量为横坐标（x），光密度为纵坐标（y）绘制曲线或求得直线回归方程。

（二）柠檬酸的提取

准确称取新鲜果蔬 5 g，放入研钵中，加入少许石英砂研磨成匀浆，用蒸馏水洗入 50 mL 三角瓶中，加蒸馏水约 30 mL，于 80 ℃水浴中浸提 30 min，每隔 5 min 搅拌一次。取出冷却，过滤于 50 mL 容量瓶中，并用蒸馏水洗残渣数次，定容至刻度，充分摇匀作测定用。

（三）样品测定

取待测样品溶液 1 mL，先用 0.1 mol·L^{-1} NaOH 滴定，然后根据滴定结果，将试样稀释至柠檬酸含量在标准曲线范围之内。于 60 mL 分液漏斗中，加入 2 mL 16.5 mol·L^{-1} H$_2$SO$_4$ 与 1 mL 样品稀释液充分混合，加入 BBV 溶液 2 mL，摇匀，于 30 ℃恒温水浴中 20 min，不时振荡，以便充分反应。然后逐滴加入 20％盐酸羟胺水溶液，直至全部除去分液漏斗中残留的溴，此时溶液呈浑蓝色。加入 10 mL 三氯甲烷，剧烈振摇 2 min，反应所生成的五溴丙酮被三氯甲烷定量萃取，然后将底部液层移入带塞比色管中，并加入 TBS 溶液 10 mL，摇匀反应 15 min，生成橙黄色复合物，在 20 min 内可保持稳定。用移液管吸取上层溶液至比色杯中，选用 420 nm 波长，以蒸馏水调零，用分光光度计测定其光密度。每个样品重复测定 3 次，取其平均值。

六、实验结果

$$\frac{每百克柠檬}{酸含量（\mu g）} = \frac{查标准曲线求得的柠檬酸含量（\mu g）\times 稀释倍数}{鲜样品质量（g）} \times 100$$

七、注意事项

五溴丙酮橙与 TBS 反应生成的黄色化合物稳定性较差，需尽快完成光密度测定。

八、问题讨论

为什么说柠檬酸含量是衡量果蔬品质的重要指标之一？

实验四　对氨基苯磺酸法测定植物硝态氮

一、实验目的

通过测定植物体内硝态氮含量的变化来了解植物氮代谢。

二、实验原理

硝酸盐是植物吸收的主要含氮物质之一，它必须还原成 NH_3 后才能参加有机氮化合物的合成。硝酸盐在植物体内的还原可以在根内、也可以在枝叶内进行，且因植物种类和环境条件而异。硝酸根被还原成亚硝酸根后，与对氨基苯磺酸和 α-萘胺结合，生成玫瑰红色的偶氮化合物，其颜色深浅与硝态氮含量在一定范围内呈正相关。

三、实验材料

各类植物器官，如棉花叶柄等。

四、设备与试剂

分光光度计、离心机、研钵、容量瓶、50 mL 试管、移液管、烧杯、离心管、三角瓶。

20％冰醋酸溶液：取 20 mL 分析纯冰醋酸加 80 mL 水。

混合粉剂：根据需要按 10 g 硫酸钡、0.2 g α-萘胺、0.2 g 锌粉、0.4 g 对氨基苯磺酸、1 g 硫酸锰、75 g 柠檬酸的比例混合。

100 μg·mL^{-1} 硝酸钠。

五、实验步骤

（一）绘制标准曲线

取恒重的硝酸钠 0.607 1 g 溶于 1 L 水中，配成 100 μg·mL^{-1} 硝态氮溶液。随后稀释成 2 μg·mL^{-1}、4 μg·mL^{-1}、6 μg·mL^{-1}、8 μg·mL^{-1}、10 μg·mL^{-1}。分别吸取 2 mL 转入 50 mL 具塞试管中，加冰醋酸溶液 18 mL，并作空白对照。再加 0.4 g 混合粉剂，剧烈摇动 1 min，静置 10 min，将试管中悬浊液倾入离心管中。离心 5 min（3 000 g），取上清液在 520 nm 下比色测定，绘制标准曲线。本方法适用范围在 20 μg·mL^{-1} 以内。

（二）组织液的提取

称取棉花功能叶柄 0.5 g，剪成 1～2 mm 的碎片，充分混匀置于干燥的三角瓶中，加入蒸馏水 20 mL，加塞进行激烈振荡 1～3 min，放置澄清后，取上清液 2 mL，再按标准曲线制作方法测定。

六、实验结果

①根据下述公式计算叶柄中硝态氮含量

$$植物组织中硝态氮含量(\mu g·g^{-1}) = cV/m$$

式中　c——标准曲线上查得的组织提取液硝态氮浓度（μg·mL^{-1}）；

　　　V——植物提取液总体积（本实验为 20 mL）；

　　　m——植物组织质量（g）。

②比较植物不同年龄和组织中硝态氮的含量，找出营养诊断的敏感部位。

③比较植物敏感部位硝态氮在 24 h 内的变化。

七、注意事项

配制混合粉剂时注意：国产硫酸钡用去离子水洗脱杂质，烘干。上述各试剂分别研细，再分别用等分的硫酸钡和其他各试剂混合，然后再把所有各试剂混合在一起，使混合粉剂成为无颗粒状灰白色的均匀体。配制粉剂应在干燥洁净环境中进行。若空气湿度偏高，则混合粉剂成淡玫瑰红色。若药品不纯也会造成此现象，降低测定灵敏度。配好的粉剂应保藏在黑暗干燥条件中，7 d 以后即能应用。存放条件好，可存放数年，其测定稳定性比新配的更佳。

八、问题讨论

1. 植物吸收氮有哪几种形式？
2. 氮的生理功能有哪些？

实验五　水杨酸硝化法测定植物硝态氮

一、实验目的

掌握水杨酸硝化法测定植物硝态氮的方法。

二、实验原理

在浓 H_2SO_4 存在时，NO_3^- 能与水杨酸反应，生成硝基水杨酸。所生成的硝基水杨酸在碱性（pH>12.0）条件下于 410 nm 处有最大吸收，且在一定范围内与硝态氮的含量呈线性关系。此外，NO_2^-、NH_4^+ 和 Cl^- 对本实验基本上无干扰。

三、实验材料

新鲜植物组织或风干样品。

四、设备与试剂

分光光度计、烧杯、容量瓶、移液管、烘箱、网筛、分析天平、恒温水浴锅、剪刀、三角瓶、研钵或粉碎机。

硝态氮标准液：称取 0.721 7 g KNO_3 溶于少量去离子水中，并定容至 200 mL，其含 N 量为 500 $\mu g \cdot mL^{-1}$。

5% 水杨酸-硫酸溶液：称取水杨酸 5.00 g 溶于 100 mL 浓 H_2SO_4（相对密度 1.84）中，搅拌溶解后储于棕色瓶内。

2 $mol \cdot L^{-1}$ NaOH 溶液：称取 80 g NaOH 于 500 mL 硬质烧杯中，加入去离子水 200 mL，溶解后定容至 1 000 mL。

五、实验步骤

（一）标准曲线制作

取 50 mL 容量瓶 6 只，编号，依次加入硝态氮标准液 5 mL、10 mL、15 mL、20 mL、25 mL 和 30 mL，用去离子水定容，则成为 50 $\mu g \cdot mL^{-1}$、100 $\mu g \cdot mL^{-1}$、150 $\mu g \cdot mL^{-1}$、200 $\mu g \cdot mL^{-1}$、250 $\mu g \cdot mL^{-1}$ 和 300 $\mu g \cdot mL^{-1}$ 硝态氮的系列标准液。

取 50 mL 三角瓶 6 只，分别装入上述系列溶液 0.2 mL，再取 1 只 50 mL 三角瓶加入去离子水 0.2 mL 作空白。然后每只三角瓶加入 5‰水杨酸-硫酸溶液 0.8 mL。混匀后静置 20～30 min，让其充分反应（显色）。最后每只三角瓶加入 19 mL 2 mol·L^{-1} NaOH 溶液。混匀。冷却后于 410 nm 波长下测其光密度（以空白作参比液），并绘制标准曲线。

（二）硝态氮提取

取新鲜植物组织 5～10 g 研成匀浆（或称取经 70 ℃烘干磨碎并过筛的样品 0.5 mg），装入 50 mL 容量瓶中，加去离子水 30 mL，于 45 ℃恒温水浴中浸提 1 h（其间不时摇动），冷却后定容至刻度，然后过滤或离心（如含色素需脱色），滤液备用。

（三）硝态氮的测定

取 0.2 mL 滤液于 50 mL 三角瓶中，按制作标准曲线的方法加入其他各种试剂进行显色与比色（以标准曲线的空白作参比液）。

六、实验结果

按公式计算：

$$A = \frac{Vc}{m}$$

式中　A——硝态氮含量（$\mu g \cdot g^{-1}$）；

　　　c——样品在标准曲线上查得的硝态氮浓度（$\mu g \cdot mL^{-1}$）；

　　　m——样品质量（g）；

　　　V——提取液的总体积（mL）。

七、注意事项

水杨酸-硫酸溶液储于棕色瓶内。放入冰箱中至少可保存 1 周，最好现用现配。

八、问题讨论

将本实验方法与对氨基苯磺酸法进行比较，分析其优缺点。

实验六　微量凯氏定氮法测定总氮量

一、实验目的

通过测定植物材料的总氮量，了解凯氏定氮的原理，掌握凯氏定氮的方法。

二、实验原理

植物体的总氮量包括蛋白质氮和非蛋白质氮两大类。组成蛋白质的氮称为蛋白质氮，其他化合物中的氮称为非蛋白质氮，主要是氨基酸和酰胺，以及未同化的无机氮等，它们都是小分子化合物，易溶于水，故也称为水溶性氮。植物体中的含氮化合物以有机氮为主，无机氮含量少，除个别情况需要测定蛋白质氮的含量外，一般只需测定粗蛋白质的含量（总氮量×6.25）即可说明问题。

植物材料中氮的总含量常用微量凯氏定氮法测定，其原理如下。

1. 消化　植物材料与浓硫酸共热，硫酸分解为二氧化硫、水和原子态氧，将有机物氧化成二氧化碳和水。蛋白质在硫酸作用下，分解成氨基酸，氨基酸继续分解产生氨，氨与硫酸化合生成硫酸铵。

在实验中为了加快消化反应的速度，常常加入多种催化剂，如硒粉、硫酸铜、硫酸钾等。其作用如下。

（1）硒粉　与沸腾的硫酸作用时，生成二氧化硫，亚硒酸和水。

$$2H_2SO_4 + Se \rightarrow H_2SeO_3 + 2SO_2 + H_2O$$

亚硒酸被分解为亚硒酸酐和水。

$$H_2SeO_3 \rightarrow SeO_2 + H_2O$$

亚硒酸酐在遇到碳时可将碳氧化成二氧化碳，所放出的硒可再与硫酸作用，重复进行反应。

$$SeO_2 + C \rightarrow Se + CO_2$$

在催化剂中硒粉的表面积最大，催化作用效能高，但其缺点是在使用量过多或与碳酸作用时间过久的情况下，则会使铵态氮成为分子氮而损失。

$$(NH_4)_2SO_4 + H_2SeO_3 \rightarrow (NH_4)_2SeO_3 + H_2SO_4$$

$$3(NH_4)_2SeO_3 \rightarrow 9H_2O + 2NH_3 + 3Se + 2N_2$$

（2）硫酸钾　可以提高硫酸的沸点（使溶液沸点由290 ℃提高到400 ℃），极大地提高氧化能力，反应如下

$$K_2SO_4 + H_2SO_4 \rightarrow 2KHSO_4$$

$$2KHSO_4 \rightarrow K_2S_2O_7 + H_2O$$

$$K_2S_2O_7 \rightarrow K_2SO_4 + SO_3$$

$$SO_3 \rightarrow SO_2 + [O]$$

（3）硫酸铜　其催化反应如下

$$2CuSO_4 + H_2SO_4 \rightarrow Cu_2SO_4 + 2SO_2 + H_2O + 3[O]$$

$$C + 2[O] \rightarrow CO_2$$

$$Cu_2SO_4 + 2H_2SO_4 \rightarrow 2CuSO_4 + SO_2 + 2H_2O$$

以上硫酸钾、硫酸铜与硫酸的反应周而复始地循环进行。有机物全部消化完毕后，就不能再形成褐红色的硫酸亚铜，这时溶液呈清澈的蓝绿色，即达到了消化终点。其缺点是消化时间较长，若用比色法时略有干扰作用。

2. 蒸馏　消化得到的硫酸铵与过量的浓氢氧化钠作用生成氨，氨被蒸馏导入的过量硼酸吸收。

$$(NH_4)_2SO_4 + 2NaOH \rightarrow 2NH_3 + 2H_2O + Na_2SO_4$$

$$2NH_3 + 4H_3BO_3 \rightarrow (NH_4)_2B_4O_7 + 5H_2O$$

3. 滴定　硼酸溶液吸收氨后，使本身的氢离子浓度降低，再用标准盐酸来滴定，使硼酸溶液恢复到原来的氢离子浓度为止。这时所消耗的盐酸摩尔数即为氨的摩尔数，通过计算就可得到氨的含量。

$$(NH_4)_2B_4O_7 + 2HCl + 5H_2O \rightarrow 2NH_4Cl + 4H_3BO_3$$

将测得的总氨量乘以 6.25，即为粗蛋白质的含量。

若要精确测定蛋白质的含量，可向样品溶液中加入三氯乙酸，使其最终浓度为 5%，将蛋白质沉淀，再取样进行消化，将测得的蛋白质氮含量乘以 6.25便得到样品所含蛋白质量。

本法适用于测定 0.2%～1.0% 的氮。

三、实验材料

各种植物器官的干样粉末。

四、设备与试剂

凯氏烧瓶、微量凯氏定氮装置、电炉、刻度吸管、量筒、三角瓶、容量瓶、微量酸式滴定管、沸石、烧杯；浓硫酸（A.R）、30%氢氧化钠溶液、2%硼酸溶液、0.01 mol·L^{-1}标准盐酸溶液、0.6 mg·mL^{-1}标准硫酸铵溶液。

混合催化剂：硫酸钾-硫酸铜混合物（K$_2$SO$_4$：CuSO$_4$·5H$_2$O=3：1，或Se：CuSO$_4$：K$_2$SO$_4$=1：5：50）充分研细备用。

混合指示剂：取 50 mL 0.1%甲烯蓝乙醇溶液与 200 mL 0.1%甲基红乙醇溶液混合，储于棕色瓶中备用（本指示剂在 pH 5.2 时为紫红色，pH 5.4 时为暗蓝色或灰色，pH 5.6 时为绿色，变色点 pI=5.4，所以指示剂的变色范围很窄，为 pH 5.2～5.6，非常灵敏）。

硼酸-指示剂混合液：取 20 mL 2%硼酸溶液，滴加 2～3 滴混合指示剂，摇匀后溶液呈紫红色即可。

甲基红指示剂：2%甲基红乙醇溶液。

五、实验步骤

(一) 消化

准备 4 个 50 mL 的凯氏烧瓶，并标号。准确称取风干磨细的样品 0.1～0.5 g 两份，分别放入 1、2 号烧瓶中，注意要把样品加到烧瓶底部，切勿沾到瓶口及瓶颈上。以 3、4 号烧瓶作为空白对照。

每个烧瓶中各加混合催化剂约 0.3 g，再用量筒加入 15 mL 浓硫酸。加好后，盖好小漏斗，放置 3 h 或过夜。将烧瓶放到电炉上，小心地加热煮沸。首先看到烧瓶内物质碳化变黑，并产生大量泡沫，此时要特别注意，不能让黑色物质上升到烧瓶颈部，否则将严重影响样品的测定结果。当混合物停止冒泡，蒸汽与二氧化硫也均匀放出时，将炉温调节到瓶内液体微微沸腾。假若在瓶颈上发现有黑色颗粒时，应小心地将烧瓶倾斜振摇，用消化液将它冲洗下来。在消化过程中要经常转动烧瓶，使全部样品都浸泡在硫酸内，以保证样品消化完全。在烧瓶中消化液褐色消失，而呈清澈蓝色后，为保证消化反应彻底进行，继续消化 0.5～1 h，消化即告完毕。注意，整个消化过程均应在通风橱中进行。

待烧瓶冷却后，加 10 mL 蒸馏水于 100 mL 容量瓶中，再将消化液小心倒入。以蒸馏水少量多次冲洗烧瓶，将洗涤液全部倒入容量瓶中，冷却后定容至刻度，混匀备用。

(二) 蒸馏

目前所用凯氏定氮蒸馏装置种类甚多，但原理基本相同。

1. **仪器的清洗** 在蒸汽发生器中加约 2/3 体积用硫酸酸化过的蒸馏水，几滴甲基红指示剂和沸石。打开漏斗下夹子，加热至水沸腾，使蒸汽通入仪器的每个部分，达到清洗的目的。在冷凝管下端放置一个三角瓶承接冷凝水。然后关紧漏斗上的夹子，再冲洗 5 min，冲洗完毕，夹紧蒸汽发生器与收集器之间的连接橡皮管，蒸馏瓶中的废液由于减压倒吸到收集器中，打开收集器下端的活塞排除废液。如此清洗 2～3 次，然后在冷凝管下放一盛有硼酸-指示剂混合液的三角瓶，使冷凝管下口完全浸在溶液内，蒸馏 1～2 min，观察三角瓶内的溶液是否变色，如不变色，则证明蒸馏瓶内部已洗干净。移去三角瓶再蒸馏 1～2 min，最后用蒸馏水冲洗冷凝管下口外面，关闭电炉。仪器即可供测样品用。

2. **标准硫酸铵测定** 为熟悉蒸馏和滴定的操作，并检验实验的准确性，找出系统误差，常用已知浓度的硫酸铵测试三次。

在三角烧瓶中加入 20 mL 硼酸-指示剂混合液（呈紫红色），将此三角瓶承接在冷凝管下端，并使冷凝管的出口浸入液内，注意在此操作前必须先打开收集器活塞，以免三角瓶内液体倒吸。准确吸取 2 mL 0.6 mg·mL⁻¹硫酸铵溶液，加到漏斗中，并小心打开漏斗下夹子，使硫酸铵慢慢流入蒸馏瓶中，用少量蒸馏水洗涤漏斗 3 次，也让其流入蒸馏瓶中，再用量筒向漏斗中加入 10 mL 30％氢氧化钠溶液，并使碱液慢慢流入蒸馏瓶中，在碱液尚未完全流入时，将漏斗下夹子夹紧，向漏斗中加约 5 mL 蒸馏水，再轻开夹子，使蒸馏水一半流入蒸馏瓶中，一半留在漏斗中作水封。关闭收集器活塞，加热蒸汽发生器，进行蒸馏。三角瓶中硼酸-指示剂混合液由于吸收了氨，由紫红色变成了绿色。自变色时起，再蒸馏 3～5 min，移动三角瓶使瓶内液面离开冷凝管下口约 1 cm，并用少量蒸馏水洗涤冷凝管下口外面，再继续蒸馏 1 min，移开三角瓶。

按上述方法再进行标准硫酸铵的测定两次。另取 2 mL 蒸馏水代替硫酸铵溶液进行空白测定。将 3 次蒸馏的蒸馏液一起滴定，取 3 次滴定的平均值进行含氮量的计算，并将结果与标准值进行比较。

在每次蒸馏完毕后，移去电炉，夹紧蒸汽发生器和收集器间的橡皮管，排除反应完毕的废液，并用水洗漏斗数次，也将废液排除，如此反复冲洗干净后即可进行下一个样品的蒸馏。

3. 样品及空白的蒸馏　准确吸取稀释后的消化液 5 mL，通过漏斗加入到蒸馏瓶中，再用少量蒸馏水洗涤漏斗，其余操作按标准硫酸铵的测定进行。样品与空白蒸馏完毕后，一起进行滴定。

用微量酸式滴定管，以 0.01 mol·L⁻¹标准盐酸溶液进行滴定，直至三角瓶中硼酸-指示剂混合液由绿色变回淡紫红色为止，即为滴定终点，记录盐酸的用量。

六、实验结果

$$样品中总氮量 = \frac{M \times (A - B) \times 14}{m \times 1\,000} \times \frac{消化液总量}{测定时用消化液量} \times 100\%$$

式中　A——滴定样品用去的盐酸平均量（mL）；

B——滴定空白用去的盐酸平均量（mL）；

M——标准盐酸溶液的浓度（mol·L⁻¹）；

14——氮的摩尔质量（g·mol⁻¹）；

m——样品风干质量（g）。

样品中粗蛋白含量（％）＝ 总氮量（％）× 6.25

式中，6.25 为蛋白质含氮量平均以 16％计算，故含氮量乘以 6.25 即换算成蛋白质含量。

七、注意事项

①硒是一种有毒物质，在催化过程中放出的 SeO_2 易引起中毒，所以实验室要有良好的通风设备，方可使用这种催化剂。

②各种作物的换算系数不完全相同，可参考表 6-1。

表 6-1　各种作物蛋白质中含氮百分数及换算系数

谷物种子	蛋白质中含氮量（%）	换算系数
小麦、大麦	17.60	5.70
水稻	16.81	5.95
玉米、荞麦	16.66	6.00
高粱	17.15	5.83
大豆、豌豆	17.60	5.70
花生、向日葵	18.20	5.50

八、问题讨论

1. 植物体内的氮包括哪两大类？
2. 微量凯氏定氮法有哪些优缺点？

实验七　^{32}P 示踪法研究磷在植物体内的运输和分布

一、实验目的

观察 ^{32}P 在植物体内运输、分布的动态及 ^{32}P 在植物体内的再分配与植物生长中心的关系。

二、实验原理

应用 ^{32}P 研究植物对磷的吸收及其在植物体内的运输、分布、积累、有机物质转化与再分配等，是非常方便且有效的手段。^{32}P 衰变时能放出高能（$1.71\,MeV$）β 射线，所以，它在植物体内的行迹易被盖革计数器或闪烁计数器等放射性检测仪器检出。例如，小麦在分蘖期根部吸收的营养元素大部分分配在主茎，呈现出主茎优势，也有一部分分配给分蘖。分蘖和主茎之间营养物质随营养状况和分蘖势的不同，有不同的相互转运状况。利用 ^{32}P 示踪法可以很方便地了解主茎和分蘖之间的物质分配和转运的动态关系。

用^{32}P示踪法研究磷在植物体内的运输和分布，其^{32}P引入方法主要有以下几种。

1. **孔灌法** 在植株两侧离株 10～15 cm 处的表土层上，各打两个孔，孔深 15～20 cm（视植株大小而定），直径 2～3 cm，两孔相隔 5 cm 左右，然后每孔中注入比活度为 111～185 kBq·mL^{-1}的^{32}P－NaH$_2$PO$_4$溶液 10 mL，立即将孔堵死。

2. **涂叶法** 在植株功能叶或分别在不同部位的叶片上，滴加比活度为 1 480 kBq·mL^{-1}的^{32}P溶液 0.1 mL，立即用细玻棒轻轻涂布于叶面上，注意涂的部位和面积要一致。为易于附着，亦可先用少量 5％甘油涂叶面，或先放一层薄薄的脱脂棉，而后均匀地加^{32}P溶液于其上。

3. **包茎法** 在植株茎基部周围，轻轻刮去一层薄皮（不要剥去韧皮部），用脱脂棉吸收^{32}P溶液（比活度为 1 480 kBq·mL^{-1}，每株 0.5 mL，木本植物应提高比活度），包于茎上，外面盖上塑料布用线扎好。

4. **注射法** 禾谷类茎中空，可用比活度为 370 kBq·mL^{-1}左右的^{32}P－NaH$_2$PO$_4$直接注入让其吸收运转。

三、实验材料

盆栽或水培的小麦或菜豆幼苗。

四、设备与试剂

DBX－1A 型野外定标器、FH408 型定标器（或 FH463B 型智能定标器）、FJ－365 型盖革计数管探头、射线防护设备、烘箱、磨粉机、剪刀、测样盘、镊子、搪瓷盘、粗滤纸、烧瓶、脱脂棉；^{32}P－NaH$_2$PO$_4$（37 MBq）、5％甘油。

五、实验步骤

（一）^{32}P示踪剂引入

取盆栽带有 1～2 个分蘖的盆栽小麦，采用涂叶法在心叶下一叶引入^{32}P－NaH$_2$PO$_4$放射性溶液，其中标记主茎叶 5～10 株，第一分蘖叶 10～20 株，第二分蘖叶 10～30 株。

引入^{32}P－NaH$_2$PO$_4$ 10～72 h 内，可用野外定标器检测标记情况，^{32}P－NaH$_2$PO$_4$标记主茎叶者测分蘖，^{32}P－NaH$_2$PO$_4$标记分蘖叶者测主茎（测量时要注意屏蔽标记部分）。

（二）^{32}P植物样品的制备

引入^{32}P－NaH$_2$PO$_4$后 72 h，连根挖出示踪小麦，仔细地冲洗标记叶片表面沾着的放射性物质和根部的泥土。

将植株按部位分离：主茎的心叶、标记叶、其他各叶及根；分蘖的标记叶和其他各叶，同样处理的各植株的相同部分合并在一起，剪下后分别装入有标号的牛皮纸袋内。

将样品置于烘箱中 110 ℃杀青 15～20 min，再降温至 80 ℃烘干至恒重。

取出烘干样品分别称量、剪碎，在磨粉机或研钵中磨成细粉。然后各称取 100 mg，铺样于直径约为 1.5 cm 的测样盘中待测。

(三) ^{32}P 样品的测量

将各样品置于钟罩型盖革计数器下测定其相对放射性活度（cpm）。

六、实验结果

1. 校正　按 ^{32}P 衰变公式，对所测数据进行衰变校正，校正到便于比较的时刻。

$$I = I_0 e^{-0.693 \times \frac{t}{T}}$$

式中　I_0——原始放射性活度（cpm）；

I——现时放射性活度（cpm）；

t——时间（d）；

T——半衰期（^{32}P 为 14.3 d）。

2. 列表比较　由所测得的并经衰变校正的数据列表，以每克干物质放射性比活度表示（cpm·g^{-1}），并根据各部分干物质质量计算其相对放射性总活度（cpm），然后进行比较，仔细分析主茎和分蘖之间物质分配和转移，阐明主茎和分蘖之间物质分配关系。

七、注意事项

在整个实验过程中，均需严格按放射性工作操作规程进行。

八、问题讨论

^{32}P 在主茎和分蘖之间的吸收、转移和分配情况如何？

第七章　植物生长物质

实验一　植物激素的提取、分离与纯化

一、实验目的

熟悉植物激素提取、分离与纯化过程并掌握其方法。

二、实验原理

在五大类植物激素中，呈酸性的有生长素类（IAA）、赤霉素类（GA）及脱落酸（ABA），中性的有乙烯（Eth），碱性的有细胞分裂素类（CTK）。这五类激素除乙烯外都可以溶于甲醇、乙醇、丙酮等有机溶剂。提取激素时，一般用80%的甲醇。由于甲醇与水混溶，不可避免地会使溶于水的一些有机物如糖、氨基酸、无机盐等一并提取出来。为了获得较纯的某类激素，则需要进一步纯化。此外，由于植物激素对热、光照较敏感，因此，提取、分离与纯化过程应在低温（10 ℃）、弱光或遮光下进行。

三、实验材料

新鲜植物材料。

四、设备与试剂

液氮罐、冷冻干燥机、真空冷冻浓缩系统、超低温冰箱、磁力搅拌器、高速冷冻离心机、高效液相色谱仪、C_{18} Sep‑Paks 柱（Waters）、超声波洗脱仪、闪烁瓶、离心管、纱布、剪刀、镊子、冰浴锅、研钵、巴斯德吸管等；100%甲醇（分析纯）、80%甲醇（分析纯）、0.1 mol·L^{-1} 醋酸铵（pH 9.0）、50%甲醇（色谱纯）、0.01 mol·L^{-1} NH_4Ac（pH8.0）、0.1 mol·L^{-1} NH_4Ac（pH8.0）、1.0 mol·L^{-1} NH_4Ac（pH8.0）、0.1 mol·L^{-1} 氨水、0.1 mol·L^{-1} HAc、1.5 mol·L^{-1} HAc、聚乙烯聚吡咯烷酮（PVPP）、二乙基氨基乙基交联葡聚糖凝胶（DEAE Sephadex A‑25）、IAA、GA_3、ABA 及 ZT 标准样品

(Fluka - HPLC)。

五、实验步骤

(一) 样品的预处理

采集新鲜植物样品，取待测组织，用蒸馏水冲洗干净并除去表面蒸馏水，称量后，用纱布包好立即放入液氮中处理 5 min，然后将样品在遮光条件下进行冷冻干燥 24～48 h (干燥时间视样品量及含水量的多少而定)。如暂时不进行提取分离可将样品密封放入 -60 ℃ 超低温冰箱中保存。

(二) 植物激素的提取、分离与纯化

称取冻干样品 0.200 g，分 4 次加入预冷的 80％甲醇 11 mL (5＋2＋2＋2)，在弱光和低温条件下，冰浴研磨成匀浆于离心管中，于 4 ℃冷藏箱中振荡过夜 (15 h)。在 4 ℃下以 3 000 g 离心 10 min，用闪烁瓶收集上清液，向离心管中加入 2 mL 预冷的 80％甲醇后磁力搅拌 5 min，进行第二次提取，再以 3 000 g 离心 10 min，用同一闪烁瓶收集上清液。重复上述操作 2 次，将上清液进行真空冷冻，浓缩至全干。再加入 8 mL 0.1 mol·L^{-1}醋酸铵 (pH 9.0) 复溶、以 27 000 g 离心 20 min，所得上清液先后经过 PVPP 柱、DEAE 柱，并以 C_{18} Sep - Paks 柱分别收集细胞分裂素类激素和酸性激素，以 50％甲醇 (色谱纯) 洗脱后即可得到较纯的植物激素样品 (图 7-1)。具体操作如下。

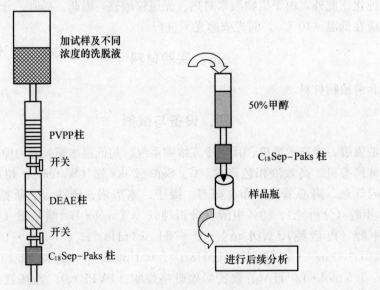

加试样及不同浓度的洗脱液

PVPP柱

开关

DEAE柱

开关

C_{18}Sep-Paks 柱

50%甲醇

C_{18}Sep-Paks 柱

样品瓶

进行后续分析

图 7-1　植物激素分离、纯化程序

1. PVPP 前处理（提前一天准备）

①称 30 g PVPP 于烧杯中，加 300 mL 双蒸蒸馏水，搅动 5 min，静置 15 min，分层。

②将上层小颗粒吸去。

③加双蒸蒸馏水恢复至原有体积，搅动 5 min，静置 15 min。

④将上层小颗粒吸去。

⑤重复③、④步骤 2 次。

⑥最后用 0.1 mol·L^{-1} NH_4Ac（pH 8.0）悬浮，使上、下液层高度比例约为 1：1，以 Parafilm 封口膜盖住杯口，4 ℃冰箱中保存。

2. DEAE 前处理

①称 10 g DEAE 于烧杯中，加 0.1 mol·L^{-1} NH_4Ac（pH 8.0）溶液 300 mL，搅动 5 min，静置约 2～3 min，分层。

②吸去上层小颗粒。

③以 0.1 mol·L^{-1} NH_4Ac（pH 8.0）恢复至原有的体积。

④摇动、静置分层并吸去上层液。

⑤重复③、④步骤 2 次。

⑥最后使上、下层溶液比例为 1：1，盖上封口膜，4 ℃冰箱中保存。

3. C_{18} Sep - Paks 预处理（需临时处理）

①以 100％甲醇 8 mL 冲洗 C_{18} Sep - Paks 柱。

②用巴斯德吸管吸去柱内气泡。

③以 0.1 mol·L^{-1} HAc 溶液 8 mL 洗酸性 Sep - Paks 柱，标记为酸性柱。

④以 0.1 mol·L^{-1} NH_4Ac 溶液 8 mL 洗碱性 Sep - Paks 柱，标记为碱性柱。

4. 装柱

①注射器内放同孔径大小精密滤纸 1～2 片，使流速控制在 1 mL·min^{-1} 为佳，上层注射器装 12 mL PVPP，下层柱装 12 mL DEAE。

②将 PVPP 柱与 DEAE 柱连接在一起，最下层接碱性 Sep - Paks 柱，并保证各柱中无气泡（任何气泡都直接影响流速），静置 2 h。

5. 柱系统的处理

①以 15 mL 0.01 mol·L^{-1} NH_4Ac 溶液（pH 8.0）洗脱，最后使 PVPP 柱、DEAE 柱上留有大于 1 mL 的缓冲液。

②以 15 mL 1.0 mol·L^{-1} NH_4Ac（pH 8.0）洗脱，再以 15 mL 0.01 mol·L^{-1} NH_4Ac（pH 8.0）洗脱，选择流速最好的柱系统。

6. 上样

①将闪烁瓶中的样品液倒入相应标记的柱中，以 5 mL 0.01 mol·L⁻¹ NH₄Ac 溶液洗涤闪烁瓶（重复 3 次），洗液也一并倒入柱中，再加入 25 mL 0.01 mol·L⁻¹ 的 NH₄Ac 溶液洗脱。

②当上面 PVPP 柱接近干时，移去 PVPP 柱，并接上大的注射器继续洗脱。

③当液面接近 DEAE 柱顶部时，关闭活塞，移去 Sep-Paks 小柱，内含细胞分裂素（CTK），将 Sep-Paks 小柱置黑暗冰箱中待洗脱。

④在 DEAE 柱上加入 1 mL 0.1 mol·L⁻¹ HAc 溶液，下接酸性 Sep-Paks 小柱（收集酸性激素），在 DEAE 柱上端接上大的注射器，并加入 25 mL 1.5 mol·L⁻¹ HAc 溶液。

⑤当 DEAE 柱全干时，取下酸性 Sep-Paks 小柱，置黑暗冰箱中待洗脱。

7. 洗脱 Sep-Paks 小柱中的激素

①先用 5 mL 双蒸蒸馏水顺方向清洗小柱。

②以 4 mL 50％甲醇洗脱碱性 Sep-Paks 柱（上样步骤中第③步移去的小柱），用闪烁瓶收集，贴好标签。

③以 5 mL 50％甲醇洗脱酸性激素小柱（上样步骤中第⑤步移去的小柱），用闪烁瓶收集，贴好标签。

④将上述收集的样品平衡后进行真空冷冻浓缩，除去甲醇和水即得所需的各种激素样品。

六、实验结果

将收集酸性激素和碱性激素的闪烁瓶盖紧盖子，贴好标签，−20 ℃冷藏待检测。

七、注意事项

整个操作过程中注意保持低温及避光。

八、问题讨论

与多次萃取、层析方法比较，本实验分离、纯化植物激素的方法有何优缺点？

实验二 植物激素的高效液相色谱测定法

一、实验目的

学习植物激素高效液相色谱测定方法。

二、实验原理

植物激素与植物的生长发育及调控密切相关，因此植物激素的准确测定对于研究植物的生命活动具有重要的意义。

目前，植物激素的定量测定方法主要有生物试法、理化测试法（气相色谱法、高效液相色谱法、气相-质谱联用、液相-质谱联用等）、免疫测定法（酶联免疫分析法即 ELISA 和放射免疫分析法即 RIA）。其中，高效液相色谱法（High performance liquid chromatograph，HPLC）无须将要分析的物质汽化，因此非常适合于分析那些不易汽化或在高温下易于破坏的物质，是较理想的植物激素分析方法。

三、实验材料

本章实验一所获的冷藏样品提取液。

四、设备与试剂

高效液相色谱仪（Agilent 1 100 series）、紫外检测器；甲醇（色谱纯）、冰醋酸、醋酸铵（分析纯）、IAA、GA_3、ZT 和 ABA 标准样（Fluka 的 HPLC 试剂）。

五、实验步骤

（一）色谱条件

1. 色谱柱　Waters C_{18} 反相柱（4.6 mm×250 mm，5 μm）。

2. 柱温　30～35 ℃。

3. 流动相　根据实验材料确定甲醇：水：乙酸之比或其他试剂（如乙腈）。

4. 流速　1.0 mL·min^{-1}。

（二）制作标准曲线

将配制好的不同浓度的混合标样（含 IAA、GA_3、ZT 和 ABA）上高效液相色谱仪，根据其色谱图，以浓度为横坐标，峰面积为纵坐标绘制标准曲线图。

（三）样品中激素含量的测定

将由本章实验一所获得的样品用 50% 色谱甲醇 50 μL 溶解，用于高效液相色谱仪分析，获得相应的样品高效液相色谱图。

六、实验结果

根据比较样品高效液相色谱图及标准曲线图，计算样品溶液中各种植物激素的含量。

七、注意事项

实验中为了保证分析结果的可靠性，必须满足以下几个基本条件。

①分离效果要好，保证所测组分的色谱峰中不含其他化合物。

②样品浓度变化在检测器的线性范围内。

③色谱峰要对称，尽量避免拖尾现象。

④色谱图基线要稳定。

八、问题讨论

植物激素的定量测定方法有哪些？各有何优缺点？

实验三　植物激素的酶联免疫吸附测定法

一、实验目的

学习固相抗体型酶联免疫吸附测定法和固相抗原型酶联免疫吸附测定法测定植物激素含量的方法。

二、实验原理

酶联吸附免疫分析（ELISA）是植物激素免疫定量分析的一种方法。在ELISA中，抗原抗体反应的检测依靠酶标记物来实现，常用的酶有辣根过氧化物酶和碱性磷酸酯酶。酶可直接标记激素分子，称为酶标植物激素；也可标记于第二抗体（识别抗激素抗体 Fc 片段的抗体或金黄色葡萄球菌 A 蛋白），称为酶标二抗。这两类标记物分别用于固相抗体型 ELISA 和固相抗原型ELISA。

1. 固相抗体型 ELISA 法（测定 ABA）　将抗 ABA 甲酯（ABAme）的单克隆抗体（MAb）与已吸附于固相载体上的兔抗鼠 Ig 抗体（RAMIG）结合，然后加入 ABAme 标准晶体或待测样品，使其与固相化的 MAb 结合，再加入辣根过氧化物酶标记 ABA（HRP－ABA）。通过测定酶标 ABA 的被结合量，可换算出样品中未知的 ABA 的数量。

2. 固相抗原型 ELISA 法（测定 IAA）　将 IAA－蛋白复合物（该蛋白应

不同于免疫原中的载体蛋白）包被于固相载体，加入待测 IAA（样品或标准品）和抗 IAA 多克隆抗体（PAb），进行竞争反应。然后让 HRP 标记羊抗兔 Ig 抗体（HRP‑GARIG）与结合在固相上的 PAb 反应，通过测定与固相结合的酶量，换算出样品中未知的 IAA 的含量。

三、实验材料

高等植物、真菌、藻类等。

四、设备与试剂

酶联免疫检测仪、高速冷冻离心机、恒温箱、连续进样器、涡旋仪、C_{18} 柱等。

80％甲醇、冰、液氮、$0.1\,mol \cdot L^{-1}\,Na_2HPO_4$（pH 9.2）、乙酸乙酯、抗 ABA MAb 溶液、重氮甲烷、$0.2\,mol \cdot L^{-1}$ 乙酸、$0.01\,mol \cdot L^{-1}$ 磷酸缓冲液（PBS）（pH 7.4）、$0.01\,mol \cdot L^{-1}$ 磷酸缓冲液（PBS）（pH 7.4）（含 0.05％ Tween‑20）、$0.01\,mol \cdot L^{-1}$ PBS（pH 5.0）、兔抗鼠 Ig 抗体（RAMIG）、辣根过氧化物酶标记 ABA（HRP‑ABA）、辣根过氧化物酶标记羊抗 Ig 抗体（HRP‑GARIG）、$3\,mol \cdot L^{-1}\,H_2SO_4$、0.1％ BSA 溶液、抗 IAA PAb 溶液、IAA‑BSA 复合物（牛血清蛋白）、30％ H_2O_2。

邻苯二胺（OPD）基质液：5 g OPD 溶于 12.5 mL $0.01\,mol \cdot L^{-1}$ PBS（pH 5.0），用前加入 12.5 μL 30％ H_2O_2。

五、实验步骤

（一）激素的提取

取新鲜样品 200～500 mg（准确至 0.1 mg），分 3 次加入 80％甲醇共 3 mL，冰浴匀浆，匀浆液于 4 ℃下以 5 000 g 离心 10 min，残渣加 0.5 mL 80％甲醇，再离心 1 次，合并上清液。

（二）激素的纯化

可采用 C_{18} 柱纯化法，去除样液中的亲酯色素后，取样液 300 μL，N_2 吹干。也可采用萃取法，取 300 μL 样液，N_2 吹干，用 200 μL $0.1\,mol \cdot L^{-1}$ Na_2HPO_4（pH 9.2）溶解，加等体积乙酸乙酯，涡旋，萃取 3 次，去乙酸乙酯相，调水相 pH 至 2.5，用 200 μL 乙酸乙酯萃取 3 次，合并乙酸乙酯相，N_2 吹干。

（三）激素的甲酯化

如果抗 ABA MAb 源于从 ABA 的羧基端偶联载体蛋白所获得的免疫原，

该抗体优先识别酯化的 ABA，因此需将样品中的 ABA 甲酯化。其程序是：上述吹干样液用 200 μL 甲醇溶解，加过量重氮甲烷至样品呈黄色，10 min 后以半滴 0.2 mol·L^{-1}乙酸破坏过量的重氮甲烷（黄色消失），N$_2$吹干，加300 μL 0.01 mol·L^{-1} pH 7.4 磷酸缓冲液（PBS）溶解。

IAA 的甲酯化与之相同。

（四）ELISA 步骤

1. **固相抗体型 ELISA 法（测定 ABA）** 用方阵法滴定选择各反应物最适工作浓度。以 100 μL RAMIG 溶液包被聚苯乙烯反应板的微孔，湿盒于 4 ℃下过夜后，弃去孔内溶液，用洗涤缓冲液［0.01 mol·L^{-1} pH 7.4 磷酸缓冲液（PBS），含 0.05% Tween‐20］洗涤 3 次，甩干。加入 100 μL 抗 ABA Mab 溶液，37 ℃下放置 70 min，洗板，甩干。各孔内依次加入 50 μL 待测样液，每个样品 3 次重复，于 15～20 ℃下放置 20 min，加入 50 μL HRP‐ABA，再在37 ℃下放置 60 min，洗板，甩干。加入 100 μL OPD 基质液，37 ℃下显色15～20 min，加入 50 μL 3 mol·L^{-1} H$_2$SO$_4$中止反应。用酶联免疫检测仪测定 490 nm 处各孔的 OD 值，求出每份样品重复孔的平均值。

2. **固相抗原型 ELISA 法（测定 IAA）** 用方阵法滴定选择各反应物最适工作浓度。将 100 μL IAA‐BSA 复合物溶液包被于微孔板，4 ℃下过夜，洗板，甩干。加入 100 μL 0.1% BSA 溶液封闭，37 ℃下放置30 min后，洗板，甩干。各孔同时加入 50 μL 样液和 50 μL 抗 IAA PAb 溶液，以加入正常兔血清溶液的孔（非特异吸附）为空白调零，37 ℃下放置 60 min，洗板，甩干。加入 100 μL HRP‐GARIG 溶液，37 ℃下放置 60 min，洗板，甩干。随后的显色、中止与比色程序同固相抗体型 ELISA 法。

（五）标准曲线的制作

1. **固相抗体型 ELISA 法（测定 ABA）** 用 ABAme 母液配制 ABAme 标准参比系列溶液（按双倍或四倍系列稀释），在同一微孔板上用上法操作。以加入 ABAme 母液的孔（非特异吸附孔）为空白调零，以加入不含 ABAme 的 PBS 的孔为 Bo 孔，以加入 ABAme 标准参考系列溶液的各孔为 Bi 孔。以标准 ABAme 摩尔数的常用对数 log［ABAme］为横坐标（x），对应的 ln［Bi/(Bo‐Bi)］为纵坐标（y），可得一条 $y=a+bx$ 直线。

2. **固相抗原型 ELISA 法（测定 IAA）** 用 IAAme 母液配制 IAAme 标准参比系列溶液，在同一微孔板上用上法操作。以加入不含 IAAme 的磷酸缓冲液的孔为 Bo 孔，以加入 IAAme 标准参考系列溶液的各孔为 Bi 孔。以标准 IAAme 摩尔数的常用对数 log［IAAme］为横坐标（x），对应的 ln［Bi/(Bo‐Bi)］为纵坐标（y），可得一条 $y=a+bx$ 直线。

六、实验结果

将样品孔的 OD 值代入 $y = a + bx$，换算出 ABAme（IAAme）摩尔数量，乘以稀释倍数，除以样品质量（g），即为每克样品的 ABA（IAA）量。

七、注意事项

①每个样品应设置 3～5 个重复，以获得可靠的结果。采样宜快速，称量后用液氮速冻，以减少离体条件等环境因子的影响。野外采样时，可先将瓶称量，将样品浸入定量的 80％甲醇溶液，用减重法求出鲜样品的质量。

②必须了解所采用抗体的特异性，未经过严格交叉反应试验的抗体不能用于免疫检测，否则会导致错误的结果。

③在正式测定之前，应分析几个典型样品的稀释曲线，比较样品稀释曲线与标准曲线平行与否，了解样液中是否含有干扰物质，从而决定是否需要进一步纯化样液。此外，合理确定样品的稀释倍数，以使测定值位于标准曲线的检测范围之内。

八、问题讨论

比较高效液相色谱法与酶联免疫吸附法测定植物激素含量的优缺点。

实验四 植物生长物质生理效应的测定

一、实验目的

通过生物试法观察植物生长调节剂 α-萘乙酸（NAA）的生理效应。

二、实验原理

植物激素相应生理效应的测定常采用生物试法，其是根据植物激素的生理作用而建立的一种测定植物激素含量的方法，也是最早的测定植物激素的方法。具体而言，生物试法是基于某些植物的器官或组织对某种激素产生特异性反应而设计的。此法简便易行，专一性较强，但易受激素类似物、代谢物及拮抗物的干扰。

植物激素是指对生长发育具有显著调节作用的微量有机物质，生长调节剂是人工合成的具有植物激素活性的有机物质，如 NAA、2, 4 - D 等。NAA 是人工合成的类似 IAA 的生长调节剂，对植物生长有很大影响，但不同浓度对不同器官的作用不同，且不同器官对生长素的敏感程度不同。一般说来，低浓度表现促进作用，而高浓度表现抑制生长，根比芽对生长素更敏感，其最适浓度比芽要低些。本实验根据这一原理设计了不同浓度的 NAA 对植物不同器官生长的促进或抑制作用。

三、实验材料

萌动的小麦种子。

四、设备与试剂

培养皿，圆形滤纸，恒温箱，镊子，1 mL、10 mL 移液管；0.1% $HgCl_2$，10 mg·L^{-1} α-萘乙酸。

五、实验步骤

（一）培养皿编号

取套个培养皿，洗净烘干，并编号①～⑦。

（二）配制不同浓度的 α-萘乙酸溶液

在①号培养皿中加入 10 mg·L^{-1} α-萘乙酸溶液 10 mL，在②～⑦号培养皿中各加入 9 mL 蒸馏水，然后从①号培养皿中用移液管吸出 1 mL 10 mg·L^{-1} α-萘乙酸注入②号培养皿中，充分摇匀后，浓度为 1 mg·L^{-1}。再从②号培养皿中吸出 1 mL 注入③号培养皿，混匀后浓度为 $1×10^{-1}$ mg·L^{-1}。如此继续稀释至⑥号培养皿，最后从⑥号培养皿中吸出 1 mL 弃去，得到浓度分别为 10 mg·mL^{-1}、1.0 mg·mL^{-1}、$1×10^{-1}$ mg·mL^{-1}、$1×10^{-2}$ mg·mL^{-1}、$1×10^{-3}$ mg·mL^{-1}、$1×10^{-4}$ mg·mL^{-1}。第⑦培养皿中不加 α-萘乙酸作对照。

（三）样品前处理

精选萌动的小麦种子 140 粒，用 0.1% $HgCl_2$ 溶液消毒 15～25 min，分别用自来水及蒸馏水冲洗 3 次，并用滤纸吸干种子表面附着的水分。

（四）培养

在上述培养皿中各放一张滤纸，依次分别均匀播入 20 粒种子，使种子胚对准培养皿的中心，盖好盖子移入 20～25 ℃温箱中。

（五）观察

24～36 h 后，观察种子萌动发芽情况，除去未萌发和发芽不整齐的种子，留下发芽整齐的种子 10 粒。3 d 后，分别测定各处理中各种子的根数，平均每条根长及每个芽的长度，确定 α-萘乙酸对根、芽生长起促进作用或抑制作用时的浓度。

六、实验结果

将结果记载在表 7-1，并加以分析。

表 7-1 不同浓度的 NAA 对露白小麦根、芽生长的不同影响

NAA 溶液（mg·L⁻¹）	平均根数	第一种子根平均长（cm）	平均芽长（cm）
0			
1×10^{-4}			
1×10^{-3}			
1×10^{-2}			
1×10^{-1}			
1			
10			

注：第一种子根指每粒种子的最长的根。

七、注意事项

选择露白小麦种子时应选取成熟、饱满且大小一致的子粒。

八、问题讨论

根据植物不同部位对生长素反应不同的原理，说明一些自然现象。

实验五 赤霉素对 α-淀粉酶诱导合成的影响

一、实验目的

掌握利用赤霉素（GA_3）诱导合成的 α-淀粉酶降解淀粉，使淀粉遇碘呈蓝紫色的颜色反应减弱来测定 α-淀粉酶活性的方法。加深对赤霉素诱导 α-淀粉酶合成的生理特性的认识。

二、实验原理

大麦种子萌发时，胚乳内储藏的淀粉发生水解作用，产生还原糖。目前已经清楚，赤霉素是诱导大麦糊粉层细胞内 α-淀粉酶合成的化学信使。当种子吸胀后，首先由胚分泌赤霉素，并释放到胚乳的糊粉层细胞中，诱导 α-淀粉酶的合成。新合成的 α-淀粉酶进入胚乳，可催化胚乳中储存的淀粉水解形成短链糊精、少量麦芽糖及葡萄糖，为种子的萌发和幼苗的生长提供能量物质。

外加的 GA_3 能代替胚所分泌的赤霉素的作用，诱导胚乳糊粉层细胞 α-淀粉酶的合成。在一定的浓度范围内，加入 GA_3 的量与合成的 α-淀粉酶活性成正比。根据淀粉遇碘呈蓝紫色的反应特性，可以检验 α-淀粉酶活性。本实验利用 GA_3 诱导种子合成的 α-淀粉酶，降解淀粉使蓝紫色消失的反应，来判断 GA_3 对 α-淀粉酶的影响。

三、实验材料

小麦（或大麦）种子。

四、设备与试剂

分光光度计、恒温箱、试管、青霉素瓶、移液管、烧杯、镊子、单面刀片、试管架；1%次氯酸钠溶液。

淀粉磷酸盐溶液：可溶性淀粉 1 g 和 KH_2PO_4 8.16 g，用蒸馏水溶解后定容至 1 000 mL。

$2×10^{-5}$ mol·L^{-1} 赤霉素溶液：将 6.8 mg 赤霉素溶于少量 95%乙酸中，加蒸馏水定容至 100 mL，浓度即为 $2×10^{-5}$ mol·L^{-1}。然后稀释成 $2×10^{-6}$ mol·L^{-1}，$2×10^{-7}$ mol·L^{-1} 和 $2×10^{-8}$ mol·L^{-1}。

0.5 mmol·L^{-1} 醋酸缓冲液（pH 4.8）：每毫升缓冲液中含有链霉素 1 mg。

I_2-KI 溶液：0.6 g KI 和 0.06 g I_2 溶于 1 000 mL 0.05 mol·L^{-1} HCl 中。

五、实验步骤

（一）制作标准曲线

①以淀粉磷酸盐溶液（含淀粉 1 000 μg·L^{-1}）为母液，用蒸馏水将其稀释成 0 μg·L^{-1}、10 μg·L^{-1}、50 μg·L^{-1}、100 μg·L^{-1}、150 μg·L^{-1}、200 μg·L^{-1}、250 μg·L^{-1}、300 μg·L^{-1}、350 μg·L^{-1} 的淀粉磷酸盐溶液。

②取 9 支试管分别加入上述不同浓度的淀粉磷酸盐溶液各 2 mL，然后加 I_2-KI 溶液 2 mL 和蒸馏水 5 mL，充分摇匀。

③在 580 nm 波长处比色，以 0 浓度（蒸馏水）作空白校正仪器零点，准确读出各浓度的吸光度值。

④以淀粉的不同浓度为横坐标，以吸光度值为纵坐标，绘制标准曲线。

（二）材料培养

①选取大小一致的大麦种子 50 粒，用刀片将每粒种子横切为二，使之成无胚和有胚各半粒。

②将无胚和有胚的半粒种子分别置于新配制的1‰次氯酸钠溶液中消毒15 min，取出用无菌水冲洗数次，备用。

（三）淀粉酶的诱导

①取6个青霉素小瓶，编号。

②按表7-2加入各种溶液及材料：各瓶中混合液的赤霉素浓度分别为0 mmol·L⁻¹、0 mmol·L⁻¹、2.0×10^{-2} mmol·L⁻¹、2.0×10^{-3} mmol·L⁻¹、2.0×10^{-4} mmol·L⁻¹、2.0×10^{-5} mmol·L⁻¹，醋酸缓冲液浓度为0.5 mmol·L⁻¹。

表7-2 淀粉酶的诱导生成反应体系构成

瓶 号	赤霉素溶液		含链霉素的醋酸缓冲液（mL）	材 料
	浓度（mmol·L⁻¹）	用量（mL）		
1	0	1	1	10个有胚半粒
2	0	1	1	10个无胚半粒
3	2×10^{-2}	1	1	10个无胚半粒
4	2×10^{-3}	1	1	10个无胚半粒
5	2×10^{-4}	1	1	10个无胚半粒
6	2×10^{-5}	1	1	10个无胚半粒

③将上述小瓶于25 ℃条件下培养24 h（最好进行振荡培养，如无条件，则必须经常摇动小瓶）。

（四）α淀粉酶活性测定

①从上述每个小瓶中吸取培养液0.2 mL，分别加入事先盛有1.8 mL淀粉磷酸盐溶液（含淀粉1 000 μg·L⁻¹）的试管中，摇匀，在30 ℃恒温箱中保温10 min。

②每一试管中加 I_2-KI溶液2 mL和蒸馏水5 mL，并充分摇匀。

③在580 nm波长下进行比色，测定其吸光度，调整仪器零点的溶液应与标准曲线相同。准确读出各溶液的吸光度值，然后由标准曲线查得各溶液中淀粉的含量。

④以单位体积酶液单位时间内所分解的α淀粉量来表示淀粉酶活性（mg·mL⁻¹·min⁻¹）。

六、实验结果

以赤霉素浓度的对数为横坐标，α-淀粉酶活性为纵坐标作图，分析赤霉素浓度与α-淀粉酶活性之间的关系。

七、注意事项

横切种子时，一定要使无胚的一半完全无胚，以免因胚的存在使结果出现偏差。

八、问题讨论

根据本实验的结果，分析不同浓度的赤霉素对 α-淀粉酶合成的诱导作用。

第八章　植物的生长生理

实验一　光对烟草种子和莴苣种子发芽的影响

一、实验目的

了解需光种子对光的要求及光对需光种子发芽的影响。

二、实验原理

种子播到土壤后，能否正常萌发，首先取决于其内部因素（种子活力、种子生活力）。其次需有适宜的外界环境条件，主要包括充足的水分、适宜的温度和足够的氧气。

大多数种子的萌发对光无反应。但有些植物（如莴苣、烟草、拟南芥等）的种子需要光的刺激才能萌发，称为需光种子（light seed）；相反，茄子、番茄等作物种子在光下其萌发受到抑制，这类种子称嫌光种子或需暗种子（dark seed）。

对需光种子而言，白光和红光（660 nm）有同样促进萌发的作用，而红光效应可被远红光（730 nm）所抵消。如果用红光和远红光交替照射处理，该种子萌发状况则取决于最后一次照射光的波长，这种反应是由光敏色素介导的。

光敏色素是一类水溶性色素蛋白，由蛋白质和色素基团两部分组成。光敏色素在植物体中主要以两种形式存在，一种是红光吸收型（Pr）；另一种是远红光吸收型（Pfr）。一般认为，Pr 是不具活性的状态，它吸收红光后转化为 Pfr；Pfr 是具活性的状态，能引起生物反应，它吸收远红光后转化为 Pr。由于种子内部的光敏色素吸收红光或远红光后，能够发生可逆的光化学反应，引起一系列生理生化变化，从而促进或抑制种子的萌发。

三、实验材料

烟草种子和莴苣种子。

四、设备与试剂

培养皿、黑纸或黑布、圆形滤纸。

五、实验步骤

（一）编号

取 4 个直径为 10 cm 的培养皿，并将培养皿按序编号（①、②、③、④），分别于培养皿内垫上两层圆形滤纸。

（二）处理种子

于①、②号培养皿中各放入 50 粒烟草种子，③、④号培养皿中各放入 50 粒莴苣种子，向各培养皿中加入 3～5 mL 蒸馏水（加水不宜太多，以湿润滤纸和种子为限），随即将单号培养皿用黑纸或黑布包好放入柜内，双号培养皿置于光下，于 26 ℃恒温下放置 72 h。

（三）统计发芽率

以胚根突破种皮作为种子萌发标志，分别统计每个培养皿中萌发的种子数。

六、实验结果

分别计算光、暗条件下种子萌发百分率。

七、注意事项

在用黑纸或黑布包扎培养皿、将培养皿放入柜内等过程中及存放期间应避光。

八、问题讨论

比较各培养皿中种子的萌发百分率，并分析其差异的原因。

实验二　植物人工种子的制备方法

一、实验目的

熟悉人工种子的制作方法及过程。

二、实验原理

植物人工种子（artificial seed）的制作是在组织培养的基础上发展起来的一项生物技术。植物人工种子是将植物离体培养中获得的体细胞胚（胚状体）包裹在含有养分和具有保护功能的物质中，其在适宜条件下能够发芽出苗的颗粒体。人工种子在快速繁殖无性系、固定杂种优势、控制植物的生长发育等方面有着广泛的应用前景。

三、实验材料

胡萝卜种子。

四、设备与试剂

培养室（温控在 25～28 ℃范围内）、温箱、烘箱、摇床、超净工作台（或无菌操作箱）、高压灭菌锅、培养皿、三角瓶、试管、量筒、烧杯、漏斗、移液管、吸管、滴管、尼龙筛网、花盆、解剖刀、蛭石；75％乙醇、饱和次氯酸钙溶液或 10％次氯酸钠溶液、含 $1.5\ mg \cdot L^{-1}$ 2,4-D 的 MS 培养基、MS 培养基、1/2 MS 培养基、海藻酸钠、$0.1\ mol \cdot L^{-1}$ 氯化钙、无菌蒸馏水。

五、实验步骤

（一）制备胡萝卜无菌苗

将胡萝卜种子在 75％的乙醇中浸泡 2 min，然后在饱和的次氯酸钙溶液（或 10％的次氯酸钠溶液）中消毒 15～30 min，再用无菌蒸馏水冲洗 3 次，洗涤后接种于无植物生长物质的 MS 固体培养基上，待其发芽长出无菌苗。

（二）诱导愈伤组织

在无菌条件下，将无菌苗的下胚轴切成 2～3 mm 的小段，接种在含 $1.5\ mg \cdot L^{-1}$ 2,4-D 的 MS 固体培养基上诱导愈伤组织的形成，培养温度为 25～28 ℃。

（三）制作体细胞胚

经一个月左右的培养，将产生的黄色下胚轴愈伤组织悬浮于 100 mL 无植物生长物质的液体 MS 培养基中进行悬浮振荡培养，摇床的振荡速度以先快后慢（80～100 $r \cdot min^{-1}$ 为宜），转速过慢愈伤组织不易散开，转速过快则体细胞胚易受损伤，半个月左右即可培养出许多供包埋制种的体细胞胚。

在第一次悬浮培养中，培养一周后可用直径 2 mm 的尼龙筛网过滤一次，除去大的愈伤组织块后，再继续悬浮培养至 10 d 左右便可过滤筛选获得体细胞胚。体细胞胚过小制成的人工种子发芽慢且不整齐，过大则不利于制种及储藏，长度介于 0.6～2 mm 之间的体细胞胚包埋、制种效果最好。将小于 0.6 mm 的体细胞胚和悬浮细胞等一起继续培养，再过数日便又可产生许多体细胞胚供制作人工种子用。如此继代可反复多次产生体细胞胚，一般每 5～7 d 继代一次，培养温度 25～28 ℃，光照（白光）时间每日 16 h，光强约 40 μmol·m^{-2}·s^{-1}。

当体细胞胚生长到一定程度，如已发育到子叶期胚状体时即可进行人工种子的制作，制作的具体程序如下。

①取 1/2 MS 基本培养基的各种成分，配制成无激素的液体培养基作为人工胚乳，按 5％比例加入海藻酸钠粉末（作为人工种皮），混合加热使成溶胶状态的包埋剂。

②包埋剂经灭菌、冷却后，将体细胞胚与包埋剂混合、拌匀。

③用吸管吸取带体细胞胚的液滴，滴入 0.1 mol·L^{-1}的 CaCl$_2$溶液（凝固剂）中，约 30 min 后即可形成白色半透明的包埋丸（胶囊丸）。

④将胶囊丸取出，放入无菌水中浸洗 15～20 min，使之硬化。

⑤硬化的胶囊丸就是胡萝卜人工种子，可用于人工播种。

六、实验结果

将制作好的人工种子分别播种在灭菌的 1/2 MS 无植物生长物质固体培养基、灭菌的蛭石土（蛭石和土壤各 1/2）和未灭菌的蛭石土的花盆中进行发芽试验，并观察其萌发情况。一般播种后 10 d 左右，胡萝卜人工种子在无菌的 1/2 MS 无植物生长物质固体培养基上和蛭石土中，发芽率可达 100％，成苗率可在 90％左右。

七、注意事项

①要严格无菌操作和无菌培养。

②体细胞胚的质量是制作人工种子的关键，要设法控制胚的同步生长并使胚健壮发育。

八、问题讨论

1. 本实验制作的植物人工种子由哪几部分组成？试用模式图表示并说明各部分的功能。

2. 你认为植物人工种子具有哪些优越性？

3. 目前制作人工种子还存在哪些问题？

实验三　植物种子生活力快速测定

一、实验目的

掌握植物种子生活力检测的基本原理及快速鉴定植物种子生活力的方法。

二、实验原理

种子活力是决定种子在发芽和出苗期间的活性强度和种子特性的综合表现（指田间条件下的出苗能力及与此有关的其他特征和指标），种子生活力是指种子的发芽潜在能力和种胚所具有的生命力（通常指一批种子中具有生命力种子数占种子总数的百分率）。

种子储藏过程中必须维持种子是有活力的，因此定期进行生活力和活力的检测是非常重要的。测定种子生活力方法常用发芽率测定法，该法是指在最适宜的条件下，在规定天数内发芽的种子占供试种子的百分数。它是决定种子品质和实用价值大小的主要依据，与播种时的用种量直接有关。但是常规方法（直接发芽）测定种子发芽率所需的时间较长，对于处于深休眠状态的种子，几乎难于应用。特别是有时为了应急需要，没有足够的时间来测定种子发芽率，所以有必要根据种子的生理特性建立起一套快速测定种子生活力的方法。目前，植物种子生活力的快速测定法有多种，常用的有以下3种。

1. 氯化三苯基四氮唑法（TTC 法）和溴麝香草酚蓝法（BTB 法） 凡有生命活力的种子其胚在呼吸作用过程中都会发生氧化还原反应，而无生命活力的种子胚则无此反应。当 TTC 渗入种胚的活细胞内，并作为氢受体被脱氢辅酶（$NADH_2$ 或 $NADPH_2$）上的氢还原时，便由无色的氯化三苯基四氮唑（可溶于水）变为红色的三苯基甲腙（TTCH，不溶于水）。

生活的种子充分吸胀后，呼吸强度迅速增加，吸收空气中的氧，放出二氧化碳。二氧化碳溶于水成为碳酸，碳酸解离成 H^+ 和 HCO_3^-，使种胚周围酸度增加，可用溴香草酚蓝（BTB）来测定酸度变化。BTB 的变色范围为 pH $6.0 \sim 7.6$，酸性呈黄色，碱性呈蓝色，中间经过绿色（变色点为pH 7.1），色泽差异显著，易于观察。因此，可从种子的呼吸强弱来判断种子的发芽率。

2. 红墨水染色法和酸性靛蓝染色法 凡是活细胞的原生质膜都具有选择吸收能力，某些染料不能透过，因此用这类染料（如红墨水、酸性靛蓝等）不能使种胚染色。而死种子的胚细胞原生质膜丧失了选择透性，于是染料进入死细胞，将胚完全染色。因此，可根据种胚或子叶对染料的着色情况判断种子的发芽率。

3. 纸上荧光法 活的种子和已经死亡的种子的种皮对物质的透性是不同的，而许多植物的种子中又都含有荧光物质。利用对荧光物质的不同透性来区分种子的死活，方法简单，特别是对十字花科植物的种子，尤为适用。

三、实验材料

小麦种子、大麦种子、籼稻种子、玉米种子、粳稻种子、蚕豆种子、大豆种子、油菜种子。

四、设备与试剂

恒温箱、培养皿、烧杯、镊子、刀片、紫外荧光灯、滤纸（无荧光）、琼脂、沸水。

0.5％ TTC 溶液：称取 TTC 0.5 g 放入烧杯中，加入少许 95％乙醇使其溶解，然后加蒸馏水至 100 mL。配好的溶液需避光保存，若呈红色，则不能再用。

5％红墨水：市售红墨水 5 mL 加 95 mL 自来水。

0.1％酸性靛蓝溶液：称 0.1 g 酸性靛蓝，加蒸馏水溶解，定容至 100 mL。

0.1％BTB 水溶液：称取 BTB 0.1 g 溶于冷开水（配制指示剂的水应为微碱性，使溶液呈蓝色或蓝绿色，而蒸馏水为微酸性，故宜用煮沸的自来水或井水），用滤纸去残渣。滤液若呈黄色，可加数滴稀氨水，使之变为蓝色或蓝绿色。此液可长期储于棕色瓶中。

五、实验步骤

（一）氯化三苯基四氮唑法和溴麝香草酚蓝法

1. 氯化三苯基四氮唑法　将待测种子在 30～35 ℃温水中浸种（小麦、大麦、籼稻种子 6～8 h；玉米蚕豆种子 5 h 左右；粳稻种子 2 h），以增加种胚的呼吸速率，使显色迅速。取吸胀种子 200 粒，用刀片沿种子胚的中心线纵切为两半，将其中一半置于 30 ℃恒温箱中 0.5～1 h，另一半在沸水中煮 5 min 杀死种胚，作为对照观察。向上述样品中加入 50％TTC 溶液做染色处理，凡被染为红色的种子是活种子。

2. 溴麝香草酚蓝法　浸种同 TTC 法。制备 0.1％ BTB 琼脂凝胶：取 0.1％ BTB 溶液 50 mL 于烧杯中，加剪碎成小块的琼脂 0.5 g，用小火加热并不断搅拌。待琼脂完全熔解，保温备用。取吸胀种子 30～50 粒（根据种子大小，及培养皿大小而定），用自来水冲洗，沥干，用吸水纸吸去种子表面的水分，使胚向下均匀放于培养皿中（种子间距离至少应 1 cm）。

然后再倒入 40 ℃左右的 BTB 琼脂液，以淹没种子为度，0.2～0.4 cm
（琼脂液层不宜太厚，否则会影响观察）。置于 30～35 ℃的温箱中保温 30 min
（夏天可放在室温下）。另取一些吸胀种子置沸水中煮 5 min 杀死种子做同
样的处理，进行比较观察。经 0.5 h 后（BTB 琼脂溶已凝固）将培养皿拿
到光线比较亮的窗前。将培养皿反过来（从底部）进行观察，若种胚附近
呈现较深黄色晕圈则是活种子，若种胚周围黄色很淡或没有色环则是无生
活力的种子。

（二）红墨水染色法和酸性靛蓝染色法

1. 红墨水染色法　将待测种子在 30～35 ℃温水中浸种（小麦、大麦、籼
稻种子 6～8 h；玉米种子 5 h 左右；粳稻种子 2 h），以增加种胚的呼吸速率，
使显色迅速。取吸胀的种子 200 粒，沿种子胚的中心线纵切为二，将其中的一
半置于红墨水培养皿中 5～10 min。用红墨水染色后，倒去废液，用水冲洗多
次，至冲洗液无色为止，并检查种子死活。凡种胚不着色或着色很浅的为活种
子，种胚与胚乳着色程度相同的为死种子。也可用沸水杀死的种子作为对照
观察。

2. 酸性靛蓝染色法　浸种同红墨水染色法。将吸胀的种子沿胚和中线切
为两半，一半置于培养皿中加 0.1‰酸性靛蓝溶液，以淹没种子为度，染色 15 min，
另一半弃去。染色时间到后，用自来水反复冲洗种子，将吸附在种子表面的染
料冲洗干净。然后观察冲洗后的种子子叶或胚部着色情况。凡生活力强的种子
胚完全不着色（白色）；有生活力的子叶和胚上有不太明显的淡色斑点；整个
胚全部着色或子叶和胚根上有着色很浓的斑点，就是完全丧失或大部分丧失生
活力的种子。

（三）纸上荧光法

将完整的种子（油菜、白菜等十字花科的植物的种子）100 粒，于 25～
30 ℃温水中浸泡 2～3 h。

把吸胀的种子，以 3～5 mm 间隔整齐地排列在培养皿中的湿润滤纸上
（滤纸上水分不能过多，以免使荧光物质流散），培养皿可以不加盖，放置 1.5～2 h
后取出种子，将滤纸阴干，取出的种子仍按原来顺序排列在另一培养皿中（以
备验证）。

将已阴干的滤纸置于紫外荧光灯下进行观察（如能在暗室中进行，则效果
更好），如果放过种子的位置上可见一荧光圈则表明该种子为死种子。如要进
一步验证，可将这些种子拣出来集中在一只培养皿中，而让不产生荧光的种子
留在另一只培养皿中，维持合适湿度，让其自然发芽。3～4 d 后，记录每培养
皿中的种子数，并填入表 8-1 中。

表 8-1　种子发芽率

种子	产生荧光种子				不产生荧光种子		
总数	总数	发芽数	发芽率（%）		总数	发芽数	发芽率（%）

六、实验结果

分别计算经不同方法处理的植物种子的生活力。

七、注意事项

①TTC 溶液最好现配现用。如需储藏则应储于棕色瓶中，并放在阴凉黑暗处，如溶液变红则不可再用。处理时药液以浸没种子为度，温度一般以 25～35 ℃为宜。

②TTC 法判断有生活力的种子应具备如下特征：胚发育良好、完整、整个胚染成鲜红色；子叶虽有小部分坏死，其部位不是胚中轴和子叶连接处；胚根尖虽有小部分坏死，但其他部位完好。而无生活力的种子：胚全部或大部分都染色；胚根部染色部分只限于根尖；子叶不染色或丧失机能的组织超过50%；胚染成很淡的紫红色或淡紫红色；子叶与胚中轴的连接处或在胚根上有较重的坏死部分；胚根受伤以及发育不良的未成熟的种子。

③红墨水染色时间不能太长，因细胞膜的选择透性具有相对性，染好色后，一定要反复冲洗干净。

④纸上荧光法的成败，首先决定于种子中荧光物质的存在，其次决定于种皮的性质。有的种子无论有否发芽能力，一经浸泡，即有荧光物质透出，大豆即属此类。也有的由于种皮的不透性，无论种子死活，都不产生荧光圈，许多植物的种子都会碰到这种个别现象，此时只要用机械方法擦伤种皮，就可再验证。相反，有时由于收获时受潮种皮已破裂，都会产生荧光圈，试验时都应该注意。最好先浸泡进行检查，没有荧光则适于做试验材料。

八、问题讨论

1. 红墨水或酸性靛蓝将活种子或死种子内淀粉部分染上色，为什么？

2. 实验测得的发芽率与实际发芽率是否一致？为什么？

3. 比较本实验几种快速测定植物种子生活力方法所测得结果的异同，同时简述各方法的原理、优缺点及其应用范围。

4. 溴麝香草酚蓝法（BTB 法）放置培养皿中的种子之间的距离，为什么至少在 1 cm 左右？

实验四 谷物种子萌发时淀粉酶活性的测定

一、实验目的

掌握谷物种子萌发时的淀粉酶活性的测定方法。

二、实验原理

淀粉是植物体内主要的储存多糖。种子萌发时，淀粉在淀粉酶的作用下水解生成糊精。在一定条件下定量淀粉糖化时间的长短即可表示淀粉酶活力的大小。

三、实验材料

萌发的水稻、小麦种子。

四、设备与试剂

天平、恒温水浴锅、研钵、白瓷板、TDL－5000B 型离心机、三角瓶；1％淀粉溶液、0.2 mol·L^{-1}磷酸缓冲液（pH 6.0）。

原碘液：11 g I$_2$ 和 22 g KI，溶解并定容至 500 mL。

标准稀碘液：取 15 mL 原碘液，加 18 g KI，定容至 500 mL。

比色稀碘液：2 mL 原碘液加 20 g KI，定容至 500 mL。

标准糊精：称取 0.12 g 糊精，悬浮于少量水中，再移至沸水浴中保温 5 min，冷却定容至 200 mL，取其中 1 mL 加 3 mL 标准稀碘液作为比较颜色。

五、实验步骤

（一）实验材料的准备

于实验前 6 d，采用水培法培养出几种不同环境条件下萌发的水稻、小麦种子。

（二）淀粉酶溶液的制备

将不同环境条件萌发的种子用水洗净，各称取胚乳部分 0.5 g，分别置于研钵中，加 5 mL 的磷酸缓冲液（pH 6.0），仔细研磨，研磨好后定容到 10 mL，以 3 000 g 离心 5 min，上清液即为淀粉酶溶液。

（三）保温糖化

取 20 mL 1‰淀粉溶液和 5 mL 0.2 mol·L^{-1}磷酸缓冲液（pH 6.0）于三角瓶中，于 35 ℃水浴中平衡 15 min，加 1 mL 制备好的淀粉酶溶液，搅匀，立即记录时间。

（四）显色、观察及测定

吸取上述混合液 1 滴于白瓷反应板上，加 1 滴稀碘液，观察颜色，与标准糊精比较颜色，相同即是反应达到终点，记录糖化时间 t。

六、实验结果

用下式计算

$$U_a = \frac{60 \times V_2 \times 1\% \times f}{t \times V_1}$$

式中 U_a——酶活力单位（表示每克材料每小时消化 1 g 淀粉的酶量）；

V_1——糖化所加淀粉酶溶液体积（mL）；

V_2——糖化所加淀粉溶液体积（mL）；

t——反应时间（min）；

f——1 g 胚乳材料所稀释的倍数（本实验为 20 倍）。

七、注意事项

水培法培养水稻、小麦幼苗的不同环境条件对淀粉酶活性有一定的影响。

八、问题讨论

淀粉酶的活性与谷物种子萌发有何关系？

实验五　植物组织中过氧化物酶、过氧化氢酶和酯酶的同工酶测定

一、实验目的

掌握植物发育过程中组织和器官内的过氧化物酶、过氧化氢酶和植物酯酶的同工酶的凝胶电泳分析方法。

二、实验原理

过氧化物酶是常见的氧化酶，广泛分布于植物的各器官、组织中，与体内许多生理代谢过程有关，能催化过氧化氢使联苯胺等氧化为蓝色或棕色产物，

据此可将该酶在凝胶中显色定位。

过氧化氢酶广泛存在于植物的所有组织中,能将过氧化氢分解为氧和水,使机体免受过氧化氢的毒害作用。过氧化氢能使碘化物发生氧化作用生成碘,而碘可使淀粉呈蓝色反应。因此,只要在分离胶中有淀粉存在,酶蛋白所在的位置上,由于过氧化氢被分解,碘离子不能被氧化生成碘而呈现白色;而在其他位置上,碘化物被过氧化氢氧化生成碘,会使淀粉变蓝,据此即可达到鉴定该同工酶的目的。

植物酯酶存在于植物各部位和不同发育时期的细胞中,主要分布在细胞质的球状颗粒内。由于它们能水解非生理存在的酯类化合物,包括一些药物,因此认为可能对植物有去毒作用。酯酶也可以分解 α-萘酚或吲哚酚的酯,其分解产物与重氮盐(常用坚牢蓝 RR 盐)发生重氮反应,形成不溶性的偶氮色素,由此即可将该酶在凝胶中显色定位。

三、实验材料

各种植物的新鲜材料。

四、设备与试剂

研钵、离心机、冰箱、真空干燥器、真空泵、注射器、直流稳流稳压电泳仪、电泳槽、微量加样器、烧杯、纱布。

$0.02\ mol \cdot L^{-1}\ KH_2PO_4$ 溶液、PVPP(预先经过纯化,用蒸馏水吸胀)、0.1%溴酚蓝、$1\ mol \cdot L^{-1}$ HCl、Tris、TEMED、丙烯酰胺(Acr)、甲叉双丙烯酰胺(Bis)、核黄素、蔗糖、过硫酸铵、0.5%的可溶性淀粉、3%过氧化氢、0.6%过氧化氢、$0.1\ mol \cdot L^{-1}$磷酸缓冲液(pH 7.0)、$0.1\ mol \cdot L^{-1}$醋酸缓冲液(pH 5.0)、$0.06\ mol \cdot L^{-1}$硫代硫酸钠、$0.09\ mol \cdot L^{-1}$ KI、冰醋酸、α-醋酸萘酯、β-醋酸萘酯、坚牢蓝 RR 盐、丙酮、5%醋酸、7%醋酸、甘氨酸、抗坏血酸、联苯胺溶液、邻联茴香胺。

五、实验步骤

(一)过氧化物酶的同工酶凝胶电泳分析

1. 粗制酶的提取 取待测植物材料 5 g 放入预先冷却的研钵中,视材料按 1∶3～10 的比例,加入预冷的 $0.02\ mol \cdot L^{-1}\ KH_2PO_4$ 溶液,再加入占鲜材料质量 10%的 PVPP。在冰浴中研磨成匀浆。匀浆倒入烧杯中,于冰箱中浸提 1 h,用 4 层纱布过滤,滤液以 3 000 g 离心 10 min,取上清液,此即为酶的粗提液,低温下保存备用。

2. 凝胶储备液及电极缓冲液的配制

(1) 凝胶储备液 按表 8-2 配制 A、B、C、D、E、F、G 各储备液。

表 8-2 凝胶储备液的配制

试 剂	A	B	C	D	E	F	G
1 mol · L⁻¹ HCl	48 mL	48 mL					
Tris	36.6 g	5.98 g					
TEMED	0.23 mL	0.46 mL					
丙烯酰胺 (Acr)			20 g	10 g			
甲叉双丙烯酰胺 (Bis)			0.735 g	2.5 g			
核黄素					4 mg		
蔗糖						40 g	
过硫酸铵							0.14 g
加水至	100 mL	100 mL	100 mL	100 mL	100 mL	100 mL	100 mL
pH	8.9	6.7					

(2) 电极缓冲液的配制 6.06 g Tris 和 28.52 g 甘氨酸，加蒸馏水配成 1 000 mL，pH 8.3，用时稀释 10 倍。

3. 电泳槽的安装 本实验使用夹心式垂直板电泳槽，按常规方法安装好凝胶模子及电泳槽。

4. 凝胶的制备

(1) 分离胶 取上述凝胶储备液按 A：C：G：水＝1：2：4：1 的比例配制，先将储备液 A、C 和水放在一小烧杯中，另将储备液 G 放入另一小烧杯中，一起放在真空干燥器中，用真空泵抽气 15 min，取出将 G 并入，混匀，立即将凝胶液缓缓注入已准备好的干洁胶室中。胶室两侧和底部要防止渗漏，注胶过程中要防止气泡产生。胶液加至离玻璃板顶部约 3 cm 处，此时将电泳槽垂直放置，立即用装有 6 号针头的注射器注入蒸馏水使胶的表面覆盖少量水层。约 40 min 后，胶和水层之间出现清晰的界面，表明聚合完成。

(2) 浓缩胶 取上述凝胶储备液按 B：D：E：F＝1：2：1：4 的比例同上法配置浓缩胶。用注射器或吸水纸吸去分离胶上面的水层，立即将配好的浓缩胶注入已凝固的分离胶上，胶液加到接近胶室的顶部，插入样品梳，置于日光灯下照约 1 h，静止聚合。胶聚合好后，小心地取出梳子，用吸水纸吸去样品室内的水分，加入电极缓冲液。

5. 加样及电泳 用微量加样器加 5～100 μL 酶提取液（含 20～100 μg 蛋

白质）注入样品室内，样品中可加入 20％蔗糖，以增大密度，各样品室内酶提取液体积可不同，注入时需小心，防止样品液的扩散。加样后，向两个电极槽内注入电极缓冲液，并在上槽内加 1 mL 0.01％溴酚蓝溶液作指示剂。接通电源，立即开始电泳，初始电流控制在每泳道 2 mA，样品进入分离胶后电流加大一倍，此后，维持恒流不变。电泳 3～4 h 后，当指示染料到达离凝胶底部 0.5 cm 时可停止电泳。

6. 染色

（1）染色液的配制

①染色液甲：抗坏血酸 70.4 mg、联苯胺溶液（2 g 联苯胺溶于 18 mL 温热冰醋酸中，再加蒸馏水 72 mL）20 mL 和 0.6％过氧化氢 20 mL，加蒸馏水 60 mL。

②染色液乙：将 100 mg 邻联茴香胺溶于 100 mL 0.1 mol·L^{-1}醋酸缓冲液（0.82 g 醋酸钠溶于 80 mL 蒸馏水中，用醋酸调节至 pH 5.5，定容至 100 mL），加入 30％过氧化氢 0.05 mL。

（2）染色　电泳结束后取出凝胶，置于大培养皿中，倒入染色液甲或乙进行显色（甲液染色数分钟，乙液染色至少 1 h），显色完毕，倒掉染色液，用蒸馏水洗数次。为使色带清晰，可用脱色液除去凝胶的底色，脱色液可用 7％醋酸，脱色时应随时观察脱色进程，以免脱色过度而影响色带深度。

（二）过氧化氢酶的同工酶凝胶电泳分析

1. 酶的提取、凝胶的制备和加样及电泳等　各步骤与过氧化物酶相同，只要在分离胶中加入总体积 0.5％的可溶性淀粉，并加热使之溶解即可。

2. 染色

（1）染色液的配制

①配制溶液 A：取 5 mL 3％过氧化氢、10 mL 0.1 mol·L^{-1}磷酸缓冲液（pH 7.0）和 7 mL 0.06 mol·L^{-1}硫代硫酸钠溶液于一小烧杯中，加水 78 mL，混匀。

②配制溶液 B：取 5 mL 0.09 mol·L^{-1} KI 溶液中于另一小烧杯中，加入 1 mL 冰醋酸，再加入 94 mL 水，混匀。

（2）染色　将已电泳好的凝胶取出，放入直径 15 cm 的大培养皿中，再将溶液 A 倒入，于室温下温育 15 min。倒掉溶液，用蒸馏水冲洗 2 次，然后加入溶液 B，过氧化氢酶活性即表现为深蓝色背景上的白色负带。观察时，底下衬蓝色背景带更清晰。

（三）植物酯酶的同工酶凝胶电泳分析

1. 酶的提取、凝胶的制备和加样及电泳等　各步骤与过氧化物酶相同。

2. 染色

(1) 酯酶的染色

①染色液的配制：50 mg α-醋酸萘酯、50 mg β-醋酸萘酯、100 mg 坚牢蓝 RR（或坚牢蓝 B），先用约 2 mL 丙酮溶解，再用 0.1 mol·L⁻¹ 磷酸缓冲液（pH 6.5）150 mL 稀释之。

②染色：电泳结束后，取出凝胶经蒸馏水漂洗，放入染色液中，25 ℃ 保温染色约 1~1.5 h，当出红色区带时，取出凝胶，用 5‰ 醋酸溶液浸泡，使背景清晰即可。

(2) 酸性磷酸酶的染色

①染色液的配制：50 mg α-醋酸萘酯钠盐、50 mg 坚牢蓝 RR 盐（或坚牢蓝 B）溶于 50 mL 0.1 mol·L⁻¹ 醋酸缓冲液（pH 5.0）中。

②染色：电泳后的凝胶于染色液中 37 ℃ 保温约 0.5 h，即现玫瑰红色区带，可用 7‰ 醋酸浸泡，使背景清晰。

六、实验结果

对凝胶电泳结果进行照像，并对其色带结果进行分析。

七、注意事项

①各储备液需于 4 ℃ 下冷藏。由于过硫酸铵不稳定，因而应现配现用。

②本实验所用药品丙烯酰胺（Acr）、联苯胺、邻联茴香胺对人体有毒性，防止接触皮肤或吸入。

③过氧化氢酶的同工酶分析也可用淀粉胶平板电泳法。

八、问题讨论

对植物发育过程中组织和器官内的过氧化物酶、过氧化氢酶和植物酯酶的同工酶进行凝胶电泳分析有何意义？

实验六　植物生长的相关性的观察

一、实验目的

进一步加深对植物生长的相关性的理解和应用。

二、实验原理

植物体各部分间具有密切的关系，表现为相互促进或相互抑制，这主要与养料的供应和激素的产生量有关。据此可通过某些部分来促进或抑制其他部分的生长。

三、实验材料

15 d 左右苗龄的棉花或番茄等植物的植株、萌动小麦种子。

四、设备与试剂

米尺、台秤或天平、芽接刀或单面刀片、脱脂棉、培养皿、镊子、烧杯、滤纸、细胞分裂素或 6 - 苄基氨基嘌呤（6 - BA）。

五、实验步骤

（一）营养器官与生殖器官的相关性

培育并选择生长健壮一致、15 d 苗龄的棉花或番茄植株若干株，分为两组。一组经常摘去花蕾或花序，使其只进行营养生长；另一组任其开花结实。其他管理均相同，最后观察比较它们的株高、分枝数、鲜枝叶质量以及生存时间。

（二）地下部与地上部的相关性

处理 1：在田间选择生长健壮一致、正在开花的番茄或其他植株若干株，分为 3 组。第 1 组从茎基部进行环剥（在茎基部剥去 1 cm 宽的韧皮部）；第 2 组处理同前，但在环剥上端用湿脱脂棉包裹，注意经常保持湿润，以诱导出不定根；第 3 组则保持正常，作为对照。以后注意观察：①在环剥上部有无瘤状突起；②顶端有无生长；③地上部分叶片是否转黄；④地上部分生长持续的时间长短。

处理 2：正常生长 15 d 左右的番茄幼苗若干株，分为 3 组，都培养在完全培养液中。一组除去根部，仍插在营养液中使其从切口吸收营养液，以后每天用刀片切 2 mm 左右，以免输导组织堵塞。如发现新根出现，及时除净。另一组处理同前，但任其产生不定根。第三组则保持正常根系作为对照。全部植株放在室内光照充分而无直射光处。两周后比较生长情况。

处理 3：选取大小一致的萌动小麦种子 30 粒，用镊子分别摆放在垫有几层潮湿滤纸的 3 套培养皿内，编号为①、②和③，盖上大小合适的烧杯，以保持杯内空气湿度。其中①号培养皿内将幼苗根除去，以后随时除去新出现的根。②号培养皿作同样处理，但在第一次切根后加入 20～30 mg·L^{-1} 的 6 - BA 溶液 5～10 mL。③号培养皿任其自然生长作为对照。随时观察幼芽生长情况，注意 3 种处理的幼芽生长有何不同。

六、实验结果

解释上述各种测得的实验结果。

七、注意事项

①去根要及时，每天至少早晚各一次。
②加 6 - BA 溶液时，最好加在麦粒上。

八、问题讨论

1. 试根据植物生长相关性现象的原理解释一些自然现象。
2. 生产上如何利用植物相关性原理去控制植物的生长？举例说明。

第九章　植物的成花生理和生殖生理

实验一　花粉活力测定

一、实验目的

了解花粉育性与其形态、生理特征的关系，掌握花粉活力的不同测定方法。

二、实验原理

植物花粉的活力与寿命因物种不同、环境条件不同而有所差异。如海枣的花粉可维持生活力数月至一年，茄的花粉在夏季只能存活 1 d、在冬季则能维持 3 d；而低温、低湿度可延长双核花粉的生活力，三核花粉则以高湿度为好。

1. 碘-碘化钾染色测定法　水稻正常花粉呈圆球形，积累淀粉较多，通常可用 I_2-KI 染成蓝色。发育不良的花粉常呈畸形，不积累淀粉，用 I_2-KI 染色，不呈蓝色，而呈黄褐色。

2. 过氧化氢酶测定法　具有生活力的花粉含有活跃的过氧化氢酶。过氧化氢酶能利用过氧化物使各种多酚及芳香族胺发生氧化而产生有颜色的物质 [如：联苯胺＋2α-萘酚＋2 [O] →对二萘氧基联苯胺（紫红色）]，依据颜色变化可判断花粉有无活性。

3. 氯化三苯基四氮唑法　凡有生命活力的花粉在呼吸作用过程中都有氧化还原反应，而无生命活力的花粉则无此反应。当氯化三苯基四氮唑（TTC）渗入花粉的活细胞内，并作为氢受体被脱氢辅酶（$NADH_2$ 或 $NADPH_2$）上的氢还原时，便由无色的氯化三苯基四氮唑（可溶于水）变为红色的三苯基甲腙（TTCH，不溶于水）。

三、实验材料

水稻花粉。

四、设备与试剂

显微镜、载玻片、盖玻片、镊子、恒温箱；0.3％过氧化氢。

I₂-KI 溶液：取 2 g KI 溶于 5～10 mL 蒸馏水中，然后加入 1 g I₂，待全部溶解后，再加蒸馏水 300 mL。储于棕色瓶中备用。

0.5％联苯胺：将 0.5 g 联苯胺溶于 100 mL 50％乙醇中。

0.5％ α-萘酚：将 0.5 g α-萘酚溶于 100 mL 50％乙醇中。

0.25％碳酸钠：将 0.25 g 碳酸钠溶于 100 mL 蒸馏水中。

试剂Ⅰ：将 0.5％ α-萘酚和 0.25％碳酸钠各 10 mL 混合均匀。

试剂Ⅱ（0.5％ TTC 溶液）：将 0.5 g TTC 溶于少许 95％乙醇，然后用蒸馏水稀释至 100 mL。避光保存，若溶液发红则不能再用。

五、实验步骤

（一）碘-碘化钾染色测定法

取充分成熟将要开花的花朵带回室内。取一花药于载玻片上，加 1 滴蒸馏水，用镊子充分捣碎后，再加 1～2 滴 I₂-KI 溶液，盖上盖玻片，在显微镜下观察。花粉被染成蓝色的为活力较强的花粉粒，呈黄褐色的为发育不良的花粉。

（二）过氧化氢酶测定法

在干洁载玻片上放少量花粉，再加试剂Ⅰ和试剂Ⅱ各一滴，拌匀后盖上盖玻片，30 ℃下经 10 min 后在显微镜下观察。如花粉粒为红色，则表示有过氧化氢酶的存在，花粉有活力，能发芽；如无色或黄色，则表示已失去活力，不能发芽。

观察 2～3 个制片，每片取 5 个视野，统计 100 粒花粉，并计算其具有活力的花粉的比例。

（三）氯化三苯基四氮唑法

取少量花粉放在载玻片上，加入 1～2 滴 TTC 溶液，盖上盖玻片，置于 35 ℃恒温箱中 15 min，再进行显微镜观察。凡被染成红色的花粉活力强，淡红的次之，无色者为没有活力的花粉或不育花粉。

观察 2～3 个制片，每片取 5 个视野，统计 100 粒，并计算其具有活力的花粉的比例。

六、实验结果

统计不同方法测定的水稻花粉中具有活力的花粉的比例。

七、注意事项

采集花粉时，一定要选择充分成熟且即将开花的花朵。

八、问题讨论

1. 测定植物花粉活力有何意义？
2. 试比较 3 种方法所统计的同种植物花粉的活力比例是否相同，并分析其原因。

实验二　花粉管生长速度的测定

一、实验目的

了解不同蔗糖浓度对花粉管生长速度的影响；掌握花粉管生长速度的测定方法。

二、实验原理

花粉萌发和花粉管生长是高等植物完成有性生殖的重要环节，常常将其作为植物细胞运动、脉冲式快速生长、定向生长、顶端或极性生长、细胞骨架变化等研究的稳定系统。成熟的花粉具有较强的生活力，在适宜的条件下便能萌发和生长。花粉的萌发和生长情况与植物种类、花粉成熟度、培养条件、气候等有关。

三、实验材料

丝瓜、南瓜、烟草、凤仙花、金莲花、白花三叶草等植物刚开放或将要开放的成熟花朵。

四、设备与试剂

显微镜、载玻片、盖玻片、镊子、目镜测微尺、物镜测微尺、玻璃环（直径 15 mm，高 5 mm）、金刚砂、石蜡、花粉培养小室、恒温箱。

培养基：内含 10 mg·L^{-1}硼酸、0.5％琼脂以及 0％、5％、10％、15％、20％不同浓度的蔗糖，在配制培养基时，硼酸和琼脂浓度不变，蔗糖的浓度改变，以观察何种蔗糖浓度最适于花粉萌发和生长。若培养基不是当天使用，则需高温灭菌。

五、实验步骤

(一) 采集实验材料

取丝瓜、南瓜、烟草、凤仙花、金莲花、白花三叶草等植物刚开放或将要开放的成熟花朵。

(二) 制备培养小室

在干洁的载玻片上放一只直径 15 mm，高 5 mm 的玻璃环，环口需用金刚砂磨平，外面涂少许石蜡使之固定和防止水分蒸发，环内放 2 滴水。

在干洁盖玻片中央滴 1 滴培养基溶液，然后将少许花粉粒散于培养基上。

将盖玻片放于培养室的玻璃环口上，有花粉粒的一面朝下（必要时在玻环口上涂少许凡士林，以防止水分蒸发和盖玻片移动），在 20 ℃左右温度下放置 5～10 min。

(三) 镜检

直接置于显微镜（低倍）下观察，并用显微测微尺测量花粉管的长度。若室温过低时，应将上述小室放于 20～25 ℃恒温箱内 5～10 min 后观察。

六、实验结果

将实验结果填入表 9-1 中。

表 9-1 不同蔗糖浓度对花粉管伸长的影响

浓度（%）	花粉管长度（mm）					
	20 min	40 min	60 min	80 min	100 min	120 min
对照						
5						
10						
15						
20						

每种处理至少观测 10 个花粉管长度，然后求平均值。以时间为横坐标，以生长速度为纵坐标，绘出某植物花粉在某一蔗糖浓度培养基的生长曲线。比较不同植物花粉管的生长速度。

七、注意事项

若培养基不是当天使用，则需用高压灭菌。酷热天中午前后不能采集花朵，最好现采现用。

八、问题讨论

1. 不同植物花粉的生长曲线与受精过程有何关系？
2. 外界环境条件及花粉成熟度对花粉萌发与生长有何影响？

实验三 植物春化现象的观察

一、实验目的

加深对植物春化现象与植物成花理论的理解。并了解春化作用在生产和科研中的应用价值。

二、实验原理

冬性作物（如冬小麦）在其生长发育过程中，必须经过一段时间的低温，生长锥才能开始分化，幼苗才能正常发育，因此可以用检查生长锥分化（以及对植株拔节、抽穗的观察）来确定是否已通过春化作用过程。

三、实验材料

冬小麦种子。

四、设备与试剂

冰箱、解剖镜、镊子、解剖针、载玻片、培养皿。

五、实验步骤

（一）对小麦种子进行春化处理

选取一定数量的吸水萌动的冬小麦种子（最好用强冬性品种），置培养皿内，放在 0～5 ℃的冰箱中进行春化处理。处理可分为播种前 50 d、40 d、30 d、20 d 和 10 d。

（二）播种经不同天数低温处理和未经低温处理的小麦种子

于春季从冰箱中取出经不同天数低温处理的小麦种子和未经低温处理的小麦种子，并使其萌动，然后将小麦种子播种于花盆或实验地。

（三）观察小麦植株生长情况

麦苗生长期间，各处理进行同样肥水管理，随时观察植株生长情况。当春化处理天数最多的麦苗出现拔节时，在各处理中分别取一株麦苗，用解剖针剥出生长锥，并将其切下，放在载玻片上，加1滴水，然后在解剖镜下观察，并作简图。比较不同处理的生长锥有何区别。

（四）继续观察小麦植株生长发育情况

继续观察植株生长情况，直到有麦株开花。

六、实验结果

将观察实验结果记入表9-2，并解释实验现象。

表9-2　植物生长情况记载表

材料名称：　　　　品种：　　　　春化温度：　　　　播种时间：

观察日期	春化时间（d）					
	50	40	30	20	10	对照（未春化）

七、注意事项

应注意实验材料冬小麦品种间的差异、冬小麦品种的地域差异。

八、问题讨论

1. 春化处理天数多与处理天数少的冬小麦抽穗时间有无差别？为什么？
2. 春化现象的研究在农业生产中有何意义？举例说明。

实验四　植物光周期现象的观察

一、实验目的

加深对光周期现象的理解，了解光周期诱导的长短与花器官分化程度的关系。

二、实验原理

许多植物需经过一定的光周期诱导才能开花，成熟叶片是植物感受光周期影响的器官，在一定的光周期条件下，叶内形成某些特殊的代谢产物，传递到生长点，导致生长点形成花芽。在自然光照条件下，人为地给予植物以短日照、间断白昼、间断黑夜等处理，以了解光和黑暗的交替及其长度对苍耳、大豆、水稻等短日作物开花结实的影响。

三、实验材料

大豆幼苗或苍耳幼苗。

四、设备与试剂

黑罩（外面白色）或暗箱、暗柜或暗室、日光灯或红色灯泡（60～100 W）、光源定时开关自动控制装置。

五、实验步骤

当大豆幼苗长出第一片复叶，或苍耳幼苗长出 5～6 片叶（夜温在 18～20 ℃以上）后，即按表 9-3 给以不同处理，一般情况下连续处理 10 d 后即可完成。

六、实验结果

将观察实验结果记入表 9-3，并解释实验现象。

表 9-3 各种日照处理方式及记录

处 理	光 周 期	开花/不开花
短 日 照	每日照光 8 h（8：00～16：00）	
间断白昼	每日 11：30～14：30 移入暗处（或用黑罩布）间断白昼 3 h	
间断黑夜	在短日照处理基础上，每日 00：00～01：00 照光 1 h，以间断黑夜	
对 照	以自然光照条件为对照	

七、注意事项

应注意实验材料的品种间差异及品种的地域差异。

八、问题讨论

1. 幼苗经不同处理后，花期有的较对照提前，有的与对照相当，应如何解释？
2. 根据植物对光周期的要求，可把植物分为哪几大类？
3. 根据植物光周期现象的原理，在引种工作中应注意哪些问题？

实验五　春化蛋白的诱导形成与检测

一、实验目的

检测春化处理生成的特有蛋白。

二、实验原理

农作物从种子萌发到种子成熟不仅在形态上发生一系列的变化，在生理上亦不断改变着其对环境条件的反应。控制作物的生育期，以便获得更好的产量是作物生产中的重大课题之一。对生育期具有决定作用的是决定成花的过程，影响植物开花的因素很多，如营养体的大小、土壤水肥条件等，但最主要的条件是日照的长短及温度。低温促进一些植物的开花的现象称为春化作用。春化作用是一种受遗传控制的生理过程，在此过程中会发生核酸和蛋白质等的变化，应用 SDS 凝胶电泳即可分析出冬小麦春化和脱春化或抑制剂处理后细胞内蛋白质组分的变化，可检测与春化作用相关的特异蛋白质。

三、实验材料

冬小麦种子。

四、设备与试剂

恒温培养箱、冰箱、垂直平板电泳仪、烧杯、培养皿（直径 9 cm 和 15 cm）、离心机、天平、研钵、微量注射器；琼脂、0.01% 溴酚蓝、0.1% $HgCl_2$、标准蛋白（小牛血清作为标准蛋白）、1 mmol·L^{-1} 代谢抑制剂 DNP 或 NaN_3（有毒）或 KCN（有毒）、冷丙酮与 5% 三氯乙酸（1∶1）混合液、TEMED。

蛋白质提取缓冲液：含 50 mmol·L^{-1} Tris-HCl（pH 8.6）、2% 巯基乙醇和 2% SDS。

丙烯酰胺（Acr）与甲叉双丙烯酰胺（Bis）的混合液：称取 29.2 g Acr（有毒）与 0.8 g Bis 溶于 100 mL 蒸馏水中，过滤后备用。

1.5 mmol·L^{-1} Tris-HCl（pH 8.8）：18.15 g Tris 溶于 50 mL 蒸馏水中，以浓 HCl 调 pH 至 8.8，加水定容至 100 mL。

0.5 mmol·L^{-1} Tris-HCl（pH 6.8）：6.05 g Tris 溶于 50 mL 蒸馏水中，以浓 HCl 调 pH 至 6.8，加水定容至 100 mL。

10%SDS：1 g SDS 溶于 10 mL 蒸馏水中。

电泳缓冲液：3 g Tris、14.4 g 甘氨酸和 1 g SDS 溶于 800 mL 蒸馏水中，

用 HCl 调 pH 至 8.3，加水定容至 1 000 mL。

考马斯亮蓝染色液：0.5 g 考马斯亮蓝 R – 250 溶于 90 mL 甲醇中，再加入 20 mL 冰醋酸和 90 mL 水，混匀。

脱色液：37.5 mL 冰醋酸和 25 mL 甲醇，加水定容至 500 mL。

0.01％溴酚蓝溶液：溴酚蓝 10 mg 溶于 100 mL 蒸馏水中。

五、实验步骤

（一）春化处理

冬小麦种子在 20 ℃下浸种 8 h，置于培养皿中在 25 ℃恒温培养箱中萌发 24～48 h，然后将 1/3 萌发种子在含抑制剂 DNP（或 NaN_3 或 KCN）的溶液中浸泡 5 h（12～14 ℃）后，用无菌水冲洗，置于 2～4 ℃冰箱中培养 35 d，进行春化处理；将其他的 2/3 萌发种子直接置于 2～4 ℃冰箱中培养 35 d，进行春化处理。

（二）脱春化处理

春化处理 35 d 后，将未经抑制剂处理的春化种子的一半立即置于 35 ℃培养箱中培养 5 d，进行脱春化处理。

（三）提取蛋白质液

剥取未经抑制剂处理的春化种子幼芽、抑制剂处理后的春化种子幼芽和脱春化处理的种子幼芽各 10 g，分别加入 25 mL 蛋白质提取缓冲液，在预冷的匀浆器中充分匀浆，以 3 200 g 冷冻离心 15 min，收集上清液。沉淀再用上述提取缓冲液洗提 2 次，合并 3 次上清液。用冷丙酮与 5％三氯乙酸（1∶1）混合液沉淀蛋白质，于 4 ℃下沉淀过夜，以 3 200 g 冷冻离心 15 min，取沉淀，加入适量的上述蛋白质提取液溶解蛋白质，置于 −20 ℃下保存备用。

（四）电泳

1. 装电泳槽　装好垂直板电泳槽，用 1.5％热琼脂封好缝隙。

2. 制胶板　分离胶和浓缩胶的组成如表 9 – 4 所示。按表 9 – 4 配方比例混合分离胶中除过硫酸铵和 TEMED 以外的各种储备液，混匀后用真空泵抽去抑制聚合的 O_2，最后加入催化剂过硫酸铵和 TEMED。混匀后立即将分离胶沿电泳槽的一块玻璃板内壁缓缓注入玻璃槽中，注胶过程中需防止气泡产生，胶液加到离玻璃板顶部约 3 cm 处，将电泳槽垂直放置，立即用注射器小心注入蒸馏水，使胶表面覆盖 3～4 mm 水层，静放 1 h 聚合。然后去水层，吸干。用同法配制浓缩胶，在加入过硫酸铵和 TEMED 后立即将胶液注入上述制备好的分离胶上，胶液加至胶室的顶部，插入梳子，静放聚合。胶聚合后，小心取出梳子，向样品槽内加入电极缓冲液。

表 9 - 4　制备凝胶的组成和配比

储 备 液	12%分离胶	5%浓缩胶
Acr - Bis（29.2：0.8）	6 mL	1.05 mL
1.5 mmol L^{-1} Tris - HCl（pH 8.8）	3.75 mL	—
0.5 mmol L^{-1} Tris - HCl（pH 6.8）	—	1.50 mL
重蒸水	5.25 mL	3.45 mL
10% SDS	0.015 mL	60 μL
10%过硫酸铵	75 μL	45 μL
TEMED	7.5 μL	7.5 μL
总体积	15 mL	6 mL

3. 加样与电泳　用微量注射器分别抽取未经抑制剂处理的春化种子蛋白样品、抑制剂处理后的春化种子蛋白样品、脱春化处理种子蛋白样品，注入样品槽中，上样蛋白量一般为 50 μg 左右，边缘缓冲液中加入 1 mL 0.01%溴酚蓝溶液作为指示染料。接通电源后，电泳开始，电流控制在 10～15 mA，当样品进入分离胶后，电流可增至 20 mA，电压一般在 100 V 左右。此后，维持恒流不变，当指示染料离胶底约 1 cm 处即停止电泳。

4. 染色　将胶取下，平放在直径 15 cm 的大培养皿中，用水漂洗后，加入考马斯亮蓝染色液，室温下染色 1 h。

5. 脱色　倒去染色液，水洗 1～2 次后加入脱色液，置 25 ℃恒温水浴振荡器上脱色，其间不断更换脱色液，直到背景清晰为止。

六、实验结果

分析上述 3 种样品的 SDS - PAGE 结果，存在于春化种子中的特有蛋白质，称为春化蛋白。当春化作用进程被抑制或被逆转时，就不会产生这种蛋白质。根据自己的实验结果进行分析。

七、注意事项

可同时用几个蛋白量进行点样，以增加成功率。

八、问题讨论

1. 比较不同冬性作物春化蛋白的条带与分子质量。
2. 结合实验结果分析春化作用机理。

第十章 植物的成熟和衰老生理

实验一 2，6-二氯酚靛酚钠法测定植物组织 维生素C含量

一、实验目的

维生素C是生物体内抗氧化体系成员之一。因此，维生素C含量可作为植物抗衰老和抗逆境的重要生理指标，也可作为果品质量、选育良种的鉴别指标。通过本实验掌握用2，6-二氯酚靛酚钠法测定植物组织维生素C含量的方法。

二、实验原理

2，6-二氯酚靛酚钠是氧化性染料，可将还原态的维生素C氧化成脱氢维生素C，而染料本身从深蓝色被还原成无色的衍生物。2，6-二氯酚靛酚钠在酸性条件下呈红色。在滴定终点之前，滴下的2，6-二氯酚靛酚钠立即被还原成无色。当溶液从无色转变成微红色时，即为滴定终点。

三、实验材料

新鲜果实、蔬菜及植物根、茎、叶等。

四、设备与试剂

微量滴定管、容量瓶、三角瓶、研钵、量筒、刻度吸管；1%草酸、2%草酸。

2，6-二氯酚靛酚钠溶液：称取干燥的2，6-二氯酚靛酚钠60 mg，放入200 mL容量瓶中，加入蒸馏水100～150 mL，滴加0.01 mol·L^{-1} NaOH 4～5滴，强烈摇动10 min，冷却后加蒸馏水定容至刻度。摇匀后用精密滤纸过滤于棕色瓶中，储于冰箱中备用。溶液浓度为0.001 mol·L^{-1}，颜色为深蓝色，有效期一周，使用前需标定。

2,6 -二氯酚靛酚钠溶液的标定：准确称取 20 mg 的维生素 C，用 1‰ 草酸溶解并定容至 200 mL。吸取此液 10 mL，以 1‰ 草酸再次稀释并定容至 200 mL。吸取此液 10 mL，放入 50 mL 三角瓶中（同时吸取 1‰ 草酸 10 mL 于另一个 50 mL 三角瓶中，作空白），立即标定，记录 2,6 -二氯酚靛酚钠溶液，按下式计算 K 值（即 1 mL 染料所能氧化的维生素 C 的毫克数）。

$$K = \frac{G}{200} \times \frac{10}{100} \times \frac{10}{V}$$

式中　G——称取维生素 C 的毫克数。

　　　　V——滴定 10 mL 标准维生素 C 时所用去 2,6 -二氯酚靛酚钠溶液的毫升数与滴定空白所用毫升数之差值。

五、实验步骤

（一）维生素 C 的提取

称取 4.0 g 新鲜样品，置研钵中，加 5 mL 2% 草酸，研成匀浆。通过漏斗将样品提取液转移至 50 mL 容量瓶中。残渣再用 2% 草酸提取 2~3 次，提取液及残渣一并转入容量瓶。2% 草酸总量为 35 mL，最后以蒸馏水定容。溶液定容时若泡沫较多，可加几滴乙醚消除泡沫后再定容。摇匀，过滤，滤液备用。

（二）维生素 C 的测定

吸取滤液 10 mL，放入 50 mL 三角瓶中，立即用 2,6 -二氯酚靛酚钠溶液滴定至出现明显的粉红色在 15 s 内不消失为止。记录所用滴定液体积（V_1）。

（三）空白测定

在另一 50 mL 容量瓶内，放入 35 mL 2% 草酸，并用 1‰ 草酸定容，摇匀。取此液 10 mL，放入另一 50 mL 三角瓶内，用 2,6 -二氯酚靛酚钠滴定至终点，记录其用量（V_2）。

六、实验结果

按以下公式计算维生素 C 含量

$$x = \frac{(V_1 - V_2) \times K \times V}{m \times V_3} \times 100$$

式中　x——100 g 样品所含维生素 C 的量（mg）；

　　　　m——称取样品质量（g）；

　　　　V_1——滴定样品所用 2,6 -二氯酚靛酚钠溶液的量（mL）；

　　　　V_2——滴定空白所用 2,6 -二氯酚靛酚钠溶液的量（mL）；

V_3——样品测定时所用滤液量（10 mL）；

V——样品提取液稀释之总体积（50 mL）；

K——1 mL 2，6-二氯酚靛酚钠溶液所能氧化维生素 C 之毫克数，可由标定算出。

七、注意事项

①操作要尽可能快，并防止与铁、铜器具接触，以减少维生素 C 的氧化。

②草酸及样品的提取液避免日光直射。

③当样液本身带色时，可在测定前向提取液中加入 2～3 mL 的二氧乙烷。在滴定过程中，当溶液由无色变粉红色时，即达终点。

八、问题讨论

生物体内的抗氧化系统有哪些？

实验二　分光光度计法测定维生素 C 含量

一、实验目的

通过本实验掌握用分光光度计法测定植物维生素 C 含量的方法。

二、实验原理

维生素 C 易被抗坏血酸氧化酶破坏，草酸、盐酸、硫酸及偏磷酸均可作为抗坏血酸氧化酶抑制剂而增强维生素 C 在提取液中的稳定性。在有硫酸和偏磷酸-乙酸存在的条件下，钼酸铵与维生素 C 反应生成蓝色络合物。在一定浓度范围（2～32 $\mu g \cdot mL^{-1}$）内服从朗伯-比耳定律，并且不受提取液中还原糖及其他常见的还原性物质的干扰，因而专一性好，反应迅速。但温度对显色有影响，且颜色随时间延长而加深，因此显色温度和放置时间要求一致。

三、实验材料

新鲜果实、蔬菜及植物根、茎、叶等。

四、设备与试剂

磁力搅拌器、TDL-5000B 型离心机、分光光度计、天平、研钵、具塞刻度试管、离心管、容量瓶、刻度移液管、量筒、具塞三角瓶；5％钼酸铵水溶液。

草酸 （0.05 mol・L⁻¹） - EDTA （0.2 mmol・L⁻¹） 溶液：称取 6.3 g 草酸和 0.75 g EDTA - Na₂ 用蒸馏水溶解并定容至 1 L。

硫酸：98％浓硫酸与蒸馏水按 1：19 的比例配制。

偏磷酸-乙酸溶液：取偏磷酸 3 g，加 40 mL 冰乙酸溶液 （1：5），溶解后，加蒸馏水定容至 100 mL。必要时过滤，此试剂在 4 ℃冰箱中可保存 3 d。

1 mg・mL⁻¹维生素 C 溶液：称取 100 mg 维生素 C，加适量草酸- EDTA 溶液溶解，并定容至 100 mL，摇匀。

五、实验步骤

（一）制作标准曲线

吸取维生素 C 溶液 0 mL、0.1 mL、0.2 mL、0.4 mL、0.6 mL 和 0.8 mL，分别放入 25 mL 具塞刻度试管中，加草酸- EDTA 溶液至 5 mL；依次加入 0.5 mL 偏磷酸-乙酸溶液、1 mL 硫酸 （1：19），摇匀。再加 2 mL 钼酸铵水溶液，加水稀释至 25 mL，摇匀。于 30 ℃水浴中放置 15 min。测定 760 nm 波长处的光密度。以维生素 C 量为横坐标，吸光值为纵坐标，绘制标准曲线。

（二）样品中维生素 C 含量的测定

称取 5.0～10.0 g 新鲜样品，置研钵中，加少量草酸- EDTA 溶液，研成匀浆。置于 100 mL 具塞三角瓶中，加草酸- EDTA 溶液 50 mL （计研磨时加入量），于磁力搅拌器上搅拌 20 min，放置 0.5 h，倒入离心管，以 3 000 g 离心 15 min。取上清液 1～5 mL （视维生素 C 的含量而定）于具塞刻度试管中，加草酸- EDTA 溶液至 5 mL。以下步骤按制作标准曲线的方法操作。加钼酸铵水溶液后变浑浊，于 30 ℃水浴中显色 15 min 后，再以 3 000 g 离心 20 min。取上清液测定吸光值。

六、实验结果

根据测定液的吸光值查标准曲线，求出相应的维生素 C 的毫克数，然后按下式计算样品中的维生素 C 的含量 （以每 100 g 鲜样品含维生素 C 的毫克数表示）

$$维生素 C 含量 = \frac{c \times V_t}{m \times V_m} \times 100$$

式中　c——从标准曲线上查得的每 100 g 待测定样品中所含维生素 C 的量 （mg）；

　　　m——样品质量 （g）；

　　　V_t——提取液总体积 （mL）；

　　　V_m——测定液体积 （mL）。

七、注意事项

偏磷酸-乙酸溶液和维生素 C 溶液都不宜长期保存，最好现配现用。

八、问题讨论

1. 维生素 C 与人类健康有何关系？
2. 维生素 C 的测定方法有哪几种？比较各自的优缺点。

实验三 植物细胞膜脂过氧化作用的测定

一、实验目的

加深对细胞膜脂过氧化作用的认识；掌握丙二醛测定的原理与技术。

二、实验原理

植物器官衰老或在逆境下遭受伤害时，往往发生膜脂过氧化作用。膜脂过氧化作用的产物比较复杂，包括一些醛类、烃类等。其产物之一丙二醛（MDA）从膜上产生的位置释放出来后，可以与蛋白质、核酸反应，改变这些大分子的构型，或使之产生交联反应，从而丧失功能，还可使纤维素分子间的桥键松弛，或抑制蛋白质的合成。因此，研究中常以 MDA 含量来反映植物膜脂过氧化作用的水平和对细胞膜的伤害程度。

丙二醛是常用的膜脂过氧化作用的指标，在酸性和高温条件下，可以与硫代巴比妥酸（TBA）反应生成红棕色的三甲川（3，5，5-三甲基恶唑-2，4-二酮），其最大吸收波长在 532 nm。但是测定植物组织中 MDA 时受多种物质的干扰，其中最主要的是可溶性糖，可溶性糖与 TBA 显色反应产物的最大吸收波长在 450 nm，但 532 nm 处也有吸收。植物遭受干旱、高温、低温等逆境胁迫时可溶性糖增加，因此测定植物组织中 MDA - TBA 反应物质含量时须排除可溶性糖的干扰。低浓度的铁离子能够显著增加 TBA 与蔗糖或 MDA 显色反应物在 532 nm、450 nm 处的消光度值，所以在蔗糖、MDA 与 TBA 显色反应中需一定量的铁离子，通常植物组织中铁离子含量为 $100\sim300\ \mu g \cdot g^{-1}$（以干物质计），根据植物样品量和提取液的体积，加入 Fe^{3+} 的终浓度为 $0.5\ \mu mol \cdot L^{-1}$。

（一）直线回归法

设 MDA 与 TBA 显色反应产物在 450 nm 波长下的消光度值为零，则不同浓度的蔗糖（$0\sim25\ mmol \cdot L^{-1}$）与 TBA 显色反应产物在 450 nm 处的吸光度值与 532 nm 处和 600 nm 处的消光度值之差成正相关，配制一系列浓度的蔗糖与 TBA 显色反应后，测定上述 3 个波长的消光度值，求其直线方程，可求得糖分在 532 nm 处的消光度值。UV - 120 型紫外可见分光光度计的直线方程为

$$y_{532} = -0.00198 + 0.088A_{450}$$

（二）双组分分光光度计法

据朗伯-比耳定律：$A = \alpha cL$，当液层厚度 $L = 1$ cm 时，$\alpha = A/c$，α 称为该物质的摩尔消光系数。当某一溶液中有数种吸光物质时，某一波长下的消光度值等于此混合液在该波长下各显色物质的消光度值之和。

已知蔗糖与 TBA 显色反应产物在 450 nm 和 532 nm 波长下的毫摩尔系数分别为 85.40 和 7.40。MDA 在 450 nm 波长下无吸收，故该波长的消系数为 0，532 nm 波长下的毫摩尔消光系数为 155 mmol·L^{-1}·cm^{-1}，根据双组分分光度计法建立方程组，求解得计算公式

$$c_1 = 11.71A_{450}$$
$$c_2 = 6.45(A_{532} - A_{600}) - 0.56A_{450}$$

式中　c_1——可溶性糖的浓度（mmol·L^{-1}）；

　　　c_2——MDA 的浓度（μmol·L^{-1}）；

　　　A_{450}——450 nm 波长下的消光值；

　　　A_{532}——532 nm 波长下的消光值；

　　　A_{600}——600 nm 波长下的消光值。

三、实验材料

受干旱、高温、低温等逆境胁迫的植物叶片或自然衰老的植物叶片。

四、设备与试剂

紫外可见分光光度计、TDL - 5000B 型低速多管离心机、电子天平、10 mL 离心管、研钵、试管、10 mL 和 2 mL 移液管、剪刀、石英砂；10％三氯乙酸（TCA）。

0.6％硫代巴比妥酸（TBA）：先加少量 1 mol·L^{-1}的氢氧化钠溶解，再用 10％的三氯乙酸定容。

五、实验步骤

（一）MDA 的提取

称取剪碎的试材 1 g，加入 2 mL 10％ TCA 和少量石英砂，研磨至匀浆，再加 8 mL TCA 进一步研磨，匀浆以 3 000 g 离心 10 min，上清液为样品提

取液。

（二）显色反应和测定

吸取离心的上清液 4 mL（对照则加 4 mL 蒸馏水），加入 4 mL 0.6% TBA 溶液混匀，于沸水浴上反应 15 min，迅速于冰水中冷却后以 3 000 g 离心 10 min。取上清液测定 532 nm、600 nm 和 450 nm 波长下的消光度。

六、实验结果

1. 直线方程法　按下式求浓度

$$\text{MDA 含量}(mmol \cdot L^{-1}) = \frac{A_{532} - A_{600} - y_{532}}{155 \times L}$$

式中　y_{532} 为样品中糖分在 532 nm 波长处的消光度值，其计算公式已在实验原理中介绍，A_{532} 为实测消光度值，A_{532} 为 600 nm 波长处非特异吸收的消光度值。MDA 在 532 nm 波长处的毫摩尔消光系数为 155 mmol $\cdot$ L^{-1} $\cdot$ cm^{-1}。

2. 双组分分光光度法　按公式可直接求得植物样品提取液中 MDA 的浓度。

用上述任一方法求得 MDA 的浓度，根据植物组织的质量计算测定样品中 MDA 的含量。

$$\text{MDA 含量}(\mu mol \cdot g^{-1}) = \text{MDA 含量}(mmol \cdot L^{-1}) \times$$

$$\frac{\text{提取液总体积}(mL) \times \text{反应液总体积}(mL)}{\text{鲜材料质量}(g) \times \text{参加反应的提取液体积}(mL)}$$

七、注意事项

①TBA 试剂最好现配现用。

②TBA 为甲状腺抑制剂。

③TCA 为蛋白质沉淀剂。

八、问题讨论

1. 什么是膜脂过氧化作用？

2. 什么是自由基伤害学说？

实验四　超氧化物歧化酶活性的测定

一、实验目的

了解超氧化物歧化酶（SOD）的作用机理；掌握利用氮蓝四唑（NBT）

光化还原法测定 SOD 活性的原理与技术。

二、实验原理

SOD 是需氧生物中普遍存在的一种抗氧化酶。它与过氧化物酶（POD）、过氧化氢酶（CAT）等酶协同作用防御活性氧或其他过氧化物自由基对细胞膜系统的伤害。超氧化物歧化酶可以催化氧自由基的歧化反应，生成过氧化氢和分子氧，过氧化氢又可以被过氧化氢酶转化成无害的分子氧和水。

$$2O_2^- + 2H^+ \xrightarrow{SOD} H_2O_2 + O_2$$

$$2H_2O_2 \xrightarrow{CAT} 2H_2O + O_2$$

由于 SOD 活性与植物抗逆性及衰老有密切关系，故 SOD 成为植物逆境生理学的重要研究对象。依据超氧化物歧化酶抑制 NBT 在光下的还原作用来测定酶活性大小。在有可氧化物存在下，核黄素可被光还原，被还原的核黄素在有氧条件下极易再氧化而产生可将 NBT 还原为蓝色的化合物，后者在 560 nm 处有最大吸收。而超氧化物歧化酶作为氧自由基的清除剂可抑制此反应。于是光还原反应后，反应液蓝色愈深，说明酶活性愈低，反之酶活性愈高。一个酶活性单位定义为将 NBT 的还原抑制到对照一半时所需的酶量。

三、实验材料

植物叶片。

四、试剂设备

高速台式离心机、分光光度计、微量进样器、15 mm×150 mm 试管、荧光灯（反应试管处照度为 80 $\mu mol \cdot m^{-2} \cdot s^{-1}$）、黑色硬纸套；50 mmol $\cdot L^{-1}$ 磷酸缓冲液（pH 7.8）。

提取介质：内含 1‰ 聚乙烯吡咯烷酮的 50 mmol $\cdot L^{-1}$ 磷酸缓冲液（pH 7.8）。

130 mmol $\cdot L^{-1}$ 甲硫氨酸（Met）溶液：称 1.399 g Met，用磷酸缓冲液溶解并定容至 100 mL。

750 $\mu mol \cdot L^{-1}$ NBT：称取 61.33 mg NBT，用磷酸缓冲液溶解并定容至 100 mL，避光保存。

100 $\mu mol \cdot L^{-1}$ EDTA‐Na_2 溶液：取 37.21 mg EDTA‐Na_2 用磷酸缓冲液稀释至 1 000 mL。

20 $\mu mol \cdot L^{-1}$ 核黄素溶液：取 7.5 mg 核黄素，定容至 1 000 mL，避光保存，现用现配。

五、实验步骤

（一）酶液提取

取植物叶片（去叶脉）0.5 g 于预冷的研钵中，加 2 mL 预冷的提取介质。在冰浴下研磨成匀浆，加入提取介质冲洗研钵，并使终体积为 10 mL。取 5 mL 于 4 ℃下以 9 000 g 离心 15 min，上清液即为 SOD 粗提液。

（二）显色反应

取透明度好、质地相同的 15 mm×150 mm 试管 4 支，2 支为测定、2 支为对照，按表 10-1 加入试剂。

表 10-1　显色反应试剂配制表

试剂名称	用量（mL）	终浓度（比色时）
50 mmol·L^{-1}磷酸缓冲液	1.5	5 mmol·L^{-1}
130 mmol·L^{-1} Met 溶液	0.3	13 mmol·L^{-1}
750 μmol·L^{-1} NBT 溶液	0.3	75 μmol·L^{-1}
100 μmol·L^{-1} EDTA-Na_2溶液	0.3	10 μmol·L^{-1}
20 μmol·L^{-1}核黄素溶液	0.3	2 μmol·L^{-1}
酶液	0.05（对照试管中以缓冲液代替）	
蒸馏水	0.25	
总体积	3.0	

试剂加完后充分混匀，给 1 支对照管罩上比试管稍长的双层黑色硬纸套遮光，与其他各管同时置于 80 μmol·m^{-2}·s^{-1}荧光灯下反应 20～30 min（要求各管照光情况一致，反应温度控制在 25～35 ℃之间，视酶活性高低适当调整反应时间）。

（三）比色测定

反应结束后，以不照光的对照管作空白，分别测定其他各管在 560 nm 波长下的吸光度。

六、实验结果

比色后，按照下式计算 SOD 活性（SOD 活性以每克鲜样品酶活力单位表示，SOD 比活力以每毫克蛋白酶活力单位表示）

$$\text{SOD 活性} = \frac{(A_0 - A_s) \times V_t}{A_0 \times 0.5 \times m \times V_s}$$

$$SOD \text{ 比活力} = \frac{SOD \text{ 总活性}}{\text{蛋白质浓度}}$$

式中 A_0——照光对照管的吸光值；

$\quad\quad A_s$——样品管的吸光值；

$\quad\quad V_t$——样液总体积（mL）；

$\quad\quad V_s$——测定时样品用量（mL）；

$\quad\quad m$——鲜样品质量（g）；

蛋白质浓度——每克鲜样品含蛋白毫克数（$mg \cdot g^{-1}$）。

七、注意事项

①核黄素产生 $O_2^{\bar{}}$，NBT 被还原为蓝色的化合物都与光密切相关，因此，测定时要严格控制光照的强度和时间。

②植物中的酚类对测定有干扰，制备粗酶液时可加入聚乙烯吡咯烷酮（PVP），尽可能除去植物组织中的酚类等次生代谢物质。

③测定 SOD 活性时加入的酶量，以能抑制反应的 50% 为佳。

④当测定样品数量较大时，可在临用前根据用量将显色反应试剂配制表中各试剂（酶液和核黄素除外）按比例混合后一次加入 2.65 mL，然后依次加入核黄素和酶液，使终浓度不变，其余各步与上相同。

八、问题讨论

测定 SOD 活性有何生理意义？

实验五　植物体内氧自由基的测定和清除

一、实验目的

加深对 $O_2^{\bar{}}$ 导致植物氧化损伤的认识；掌握分光光度法测定 $O_2^{\bar{}}$ 含量的原理与方法。

二、实验原理

生物体内氧在只接受一个电子后转变为超氧阴离子自由基（$O_2^{\bar{}}$），$O_2^{\bar{}}$ 既能与体内的蛋白质和核酸等生物大分子直接作用，又能衍生为 H_2O_2、羟自由基（·OH），单线态氧（$^1O_2$）等对植物体有伤害作用的活性氧。一切需氧生物均能产生活性氧，在其体内有一套完整的活性氧清除系统（抗氧化酶和抗氧化剂），能将活性氧转变为活性较低的物质，机体因此受到保护。

利用羟胺氧化的方法可以检测生物体内 O_2^- 含量，原理是：O_2^- 与羟胺反应生成 NO_2^-，NO_2^- 在对氨基苯磺酸和 α-萘胺作用下，生成粉红色的偶氮染料，该染料在 530 nm 波长处有最大吸收峰，根据 OD_{530} 可以计算出样品中的 O_2^- 含量。

三、实验材料

大豆、绿豆、花生的黄化幼苗。

四、设备与试剂

低温离心机，恒温水浴锅，分光光度计；0 $\mu mol \cdot L^{-1}$、5 $\mu mol \cdot L^{-1}$、10 $\mu mol \cdot L^{-1}$、15 $\mu mol \cdot L^{-1}$、20 $\mu mol \cdot L^{-1}$、30 $\mu mol \cdot L^{-1}$、40 $\mu mol \cdot L^{-1}$ 和 50 $\mu mol \cdot L^{-1}$ $NaNO_2$，冰醋酸，50 $mmol \cdot L^{-1}$ 磷酸缓冲液（pH 7.8），1 $mmol \cdot L^{-1}$ 盐酸羟胺，17 $mmol \cdot L^{-1}$ 对氨基苯磺酸（以冰醋酸：水＝3：1 的溶液配制），7 $mmol \cdot L^{-1}$ α-萘胺（以冰醋酸：水＝3：1 的溶液配制）。

五、实验步骤

（一）植物提取液的制备

大豆、绿豆、花生 3 日龄黄化幼苗的下胚轴，按 SOD 活性测定中制备粗酶液（见本章实验四）。

（二）亚硝酸根标准曲线的制作

1 mL 系列浓度的 $NaNO_2$（0 $\mu mol \cdot L^{-1}$、5 $\mu mol \cdot L^{-1}$、10 $\mu mol \cdot L^{-1}$、15 $\mu mol \cdot L^{-1}$、20 $\mu mol \cdot L^{-1}$、30 $\mu mol \cdot L^{-1}$、40 $\mu mol \cdot L^{-1}$ 和 50 $\mu mol \cdot L^{-1}$）分别加入 1 mL 对氨基苯磺酸和 1 mL α-萘胺，于 25 ℃ 中保温 20 min，然后测定 OD_{530}，以 [NO_2^-] 和测得的 OD_{530} 值互为函数作图，制得亚硝酸根标准曲线。

（三）O_2^- 含量测定

0.5 mL 样品提取液中加入 0.5 mL 50 $mmol \cdot L^{-1}$ 磷酸缓冲液（pH 7.8）和 1 mL 1 $mmol \cdot L^{-1}$ 盐酸羟胺，摇匀，于 25 ℃ 中保温 1 h，然后再加入 1 mL 17 $mmol \cdot L^{-1}$ 对氨基苯磺酸（以冰醋酸：水＝3：1 配制）和 1 mL 7 $mmol \cdot L^{-1}$ α-萘胺（以冰醋酸：水＝3：1 配制），混合，于 25 ℃ 中保温 20 min，取出以分光光度计测定波长 530 nm 的 OD 值。

六、实验结果

根据测得的 OD_{530}，查 NO_2^- 标准曲线，将 OD_{530} 换算成 [NO_2^-]，然后依

照羟胺与 O_2^- 的反应式

$$NH_2OH+2O_2^-+H^+\longrightarrow NO_2^-+H_2O_2+H_2O$$

从 $[NO_2^-]$ 对 $[O_2^-]$ 进行化学计量，即将 $[NO_2^-]$ 乘以 2，得到 $[O_2^-]$，根据记录样品与羟胺反应的时间和样品中的蛋白质含量，可求得 O_2^- 产生速率（nmol·min^{-1}·mg^{-1}蛋白）。

七、注意事项

如果样品中含有大量叶绿素干扰测定，可在样品与羟胺温浴后，加入等体积的乙醚萃取叶绿素，然后再加入对氨基苯磺酸和 α-萘胺做 NO_2^- 的显色反应。

八、问题讨论

1. 植物体内哪些过程可生成 O_2^-？
2. 植物体内活性氧清除系统的组成如何？

第十一章 植物的逆境生理

实验一 植物体内游离脯氨酸含量的测定

一、实验目的

了解测定植物体内脯氨酸含量的意义和原理，掌握其测定方法。

二、实验原理

脯氨酸是植物体内有效的渗透调节物质，几乎所有的逆境，都导致植物体内游离脯氨酸大量积累，尤其是干旱胁迫下，脯氨酸积累最为明显，可比正常含量高几十倍甚至几百倍。脯氨酸的积累情况与植物抗逆性有密切关系。因此，脯氨酸可作为植物抗逆性的一项重要生理指标。

用磺基水杨酸提取植物体内的游离脯氨酸，不仅大大减少了其他氨基酸的干扰，快速简便，而且不受样品状态（干样或鲜样）的限制。在酸性条件下，脯氨酸与茚三酮反应生成稳定的红色化合物，用甲苯萃取后，此化合物在 520 nm 波长处有一最大吸收峰。脯氨酸浓度在一定范围内与其吸光值成正比。

三、实验材料

小麦叶片或其他植物叶片。

四、设备与试剂

分光光度计、水浴锅、漏斗、20 mL 大试管、20 mL 具塞刻度试管、5～10 mL注射器或滴管；3%磺基水杨酸溶液、甲苯、2.5%酸性茚三酮显色液。

冰乙酸-磷酸：冰乙酸和 6 mol·L^{-1}磷酸以 3∶2 的体积混合，作为溶剂在 4℃下保存 2～3 d有效。

脯氨酸标准溶液：准确称取 25 mg 脯氨酸，用蒸馏水溶解后定容至 250 mL，其浓度为 100 μg·mL^{-1}。再取此液 10 mL，用蒸馏水稀释至 100 mL，即成 10 μg·mL^{-1}的脯氨酸标准溶液。

五、实验步骤

（一）标准曲线制作

取 7 支具塞刻度试管按表 11－1 加入各试剂。混匀后加玻璃球塞，在沸水中加热 40 min。取出冷却后向各管加入 5 mL 甲苯充分振荡，以萃取红色物质。静置，待分层后吸取甲苯层，以 0 号管为对照，在 520 nm 波长下比色。

表 11－1　各试管中试剂加入量

管　　号	0	1	2	3	4	5	6
标准脯氨酸量（mL）	0	0.2	0.4	0.8	1.2	1.6	2.0
H_2O（mL）	2	1.8	1.6	1.2	0.8	0.4	0
冰乙酸（mL）	2	2	2	2	2	2	2
显色液（mL）	3	3	3	3	3	3	3
脯氨酸含量（μg）	0	2	4	8	12	16	20

（二）样品测定

取不同处理的剪碎混匀小麦叶片 0.2～0.5 g（干样根据水分含量酌减），分别置于大试管中，加入 5 mL 3‰磺基水杨酸溶液，管口加盖玻璃球，于沸水浴中浸提 10 min。

取出试管，待冷却至室温后，吸取上清液 2 mL 于另一具塞试管中，加 2 mL 冰乙酸和 3 mL 显色液，于沸水浴中加热 40 min，后续步骤按标准曲线制作方法进行甲苯萃取和比色。

六、实验结果

1. 绘制标准曲线　以消光值为纵坐标，脯氨酸含量为横坐标，绘制标准曲线（并求线性回归方程）。

2. 计算　从标准曲线中查出测定液中脯氨酸含量，按下式计算样品中脯氨酸含量

$$脯氨酸含量（\mu g \cdot g^{-1}）= \frac{cV}{Am}$$

式中　c——由标准曲线求得提取液中脯氨酸含量（μg）；

　　　　V——提取液总体积（mL）；

　　　　A——测定时所吸取的体积（mL）；

　　　　m——样品质量（g）。

七、注意事项

①配制的酸性茚三酮溶液仅在 24 h 内稳定，需现配现用。茚三酮的用量与脯氨酸的含量相关。当脯氨酸含量在 10 $\mu g \cdot mL^{-1}$ 以下时，显色液中茚三酮的浓度要达到 10 $mg \cdot mL^{-1}$ 才能保证脯氨酸充分显色。

②测定样品若进行过渗透胁迫处理，结果会更显著。

③此法也可用于干样中脯氨酸含量的测定。

八、问题讨论

为什么在逆境条件下会导致植物体内游离脯氨酸的积累？

实验二　植物体内甜菜碱含量的测定

一、实验目的

掌握用化学比色法测定植物体内甜菜碱的原理和方法。

二、实验原理

甜菜碱是一种分布很广的细胞相容性物质，藜科中的许多植物在盐渍、干旱胁迫下，细胞内大量积累甜菜碱。利用化学比色法可测定植物体内的甜菜碱。其原理是碘可与四价铵类化合物（QAC）反应，形成水不溶性的高碘酸盐类物质，该物质可溶于二氯乙烷，在 365 nm 波长下具有最大的吸光值。胆碱会影响甜菜碱的测定，但甜菜碱类化合物与胆碱被碘沉淀所需的 pH 范围不同。根据甘氨酸甜菜碱含量等于四价铵化合物的量减去胆碱的量计算甜菜碱含量。

三、实验材料

新鲜菠菜叶片或其他植物叶片。

四、设备与试剂

紫外分光光度计、离心机、水浴锅、Dowex 1 柱或 Dowex 1 与 Aberlite (1+2) 混合柱、Dowex 50 柱；甲醇、氯仿、碘、碘化钾、盐酸、二氯乙烷、KH_2PO_4、NaOH、氨水。

甜菜碱提取液：以甲醇：氯仿：水＝12∶5∶3 的比例配制。

五、实验步骤

(一) 甜菜碱提取和纯化

称取 1～2 g 菠菜叶片加入 10 mL 甜菜碱提取液研磨。匀浆液在 60～70 ℃ 水浴中保温 10 min。冷却后，于 20 ℃ 下以 1 000 g 离心 10 min，收集水相。氯仿相再加 10 mL 提取液，反复振荡，于 20 ℃ 下以 1 000 g 离心 10 min，取上层水相。下层氯仿相加入 4 mL 50% 甲醇水溶液，进行提取，于 20 ℃ 下以 1 000 g 离心 10 min。将上层水相合并，调 pH 至 5.0～7.0，在 70 ℃ 下蒸干，用 2 mL 水重新溶解。

(二) 离子交换法纯化

将样品加入 Dowex 1 柱（1 cm×5 cm，OH⁻）或 Dowex 1 与 Amberlite (1+2) 混合柱中，用 5 倍柱体积的水洗柱，收集流出液。

流出液直接加入 Dowex 50（1 cm×5 cm，H⁺）柱中。用 5 倍柱体积的蒸馏水洗脱柱子。甜菜碱类化合物由 4 mol·L⁻¹ 氨水洗脱而得，收集 pH 中性的流出液，于 50～60 ℃ 下蒸发除去水分。再用适当体积的水溶解。

(三) 测定

1. 标准曲线制作 在 10～400 μg·mL⁻¹ 范围内分别制作甜菜碱和胆碱标准曲线。

(1) 甜菜碱的标准曲线 配制 QAC 沉淀溶液时取 15.7 g 碘与 20 g 碘化钾溶于 100 mL 1 mol·L⁻¹ 盐酸中，过滤，于 4 ℃ 下保存待用。分别在每个大试管中加入各浓度的标准溶液 0.5 mL，然后加入 0.2 mL QAC 沉淀溶液混匀，0 ℃ 下保温 90 min，间歇振荡。加入 2 mL 预冷水，迅速加入 20 mL 经 10 ℃ 预冷的二氯乙烷，在 4 ℃ 下剧烈振荡 5 min，4 ℃ 下静置至两相完全分开。恢复至室温，取二氯乙烷相测 OD_{365}。

(2) 胆碱的标准曲线 操作同甜菜碱标准曲线的制作，但反应试剂用胆碱沉淀溶液取代即可。配制胆碱沉淀溶液时，取 15.7 g 碘与 20 g 碘化钾溶于 100 mL 0.4 mol·L⁻¹ KH_2PO_4-NaOH 缓冲液（pH 8.0）中过滤，滤液于 4 ℃ 下保存待用。

2. 样品测定 按标准曲线制作方法分别测出四价铵化合物与胆碱的量，求出甜菜碱的含量。

六、实验结果

①绘制甜菜碱的标准曲线。

②绘制胆碱的标准曲线。

③甘氨酸甜菜碱含量为四价铵化合物的量与胆碱的量之差。

七、注意事项

被测植株若预先进行渗透胁迫处理，结果会更显著。

八、问题讨论

植物体内的渗透调节物质有哪些？

实验三 电导率仪法测定离体植物叶片的抗逆性

一、实验目的

进一步认识细胞膜系统的结构和功能；掌握电导率仪法测定离体植物叶片抗逆性的原理与方法。

二、实验原理

植物抗逆性是指植物在长期的系统发育中逐渐形成的对逆境的适应和抵抗能力。在同样的逆境条件下，有些植物（或品种）不受害或受害较轻，有些植物则受害较重。

植物组织受到逆境伤害时，由于膜的功能受损或结构破坏而透性增大，细胞内各种水溶性物质不同程度地外渗，将植物组织浸入无离子水中，水的电导率将因电解质的外渗而加大，膜伤害愈重，电解质外渗愈多，电导率的增加也愈大。故可用电导率仪测定外液的电导率而得知细胞膜伤害程度，从而反映植物的抗逆性强弱。

三、实验材料

植物离体叶片。

四、设备与试剂

电导率仪、真空泵（附真空干燥器）、恒温水浴锅、水浴试管架、20 mL具塞刻度试管、打孔器（或双面刀片）、10 mL移液管（或定量加液器）、试管架、铝锅、电炉、镊子、剪刀、搪瓷盘、记号笔、去离子水、滤纸、塑料纱网（约 3 cm²）。

五、实验步骤

（一）容器的洗涤

电导率仪法对水和容器的洁净度要求严格，所用容器必须用去离子水彻底清洗干净，烘干备用。去离子水的电导率要求为 $1\sim2\ \mu S\cdot cm^{-1}$。为了检查试管是否洁净，可向试管中加入 $1\sim2\ mL$ 电导率在 $1\sim2\ \mu S\cdot cm^{-1}$ 的新制去离子水，用电导率仪测定其电导率，如电导率增加，说明试管未清洗干净。

（二）实验材料的处理

分别在正常生长和逆境胁迫的植株上取同一叶位的功能叶若干片。若没有逆境胁迫的植株，可取正常生长的植株叶片若干，分成 2 份，用纱布擦净表面灰尘。将一份放在 $-20\ ℃$ 左右的温度下冷冻 20 min（或置 40 ℃ 左右的恒温箱中处理 30 min）进行逆境胁迫处理。另一份裹入潮湿的纱布中放置在室温下作对照。

（三）测定

将处理组叶片与对照组叶片用去离子水冲洗 2 次，再用洁净滤纸吸净表面水分。用 $6\sim8\ mm$ 的打孔器避开主脉打取叶圆片（或切割成大小一致的叶块），每组叶片打取叶圆片 60 片，分装在 3 支洁净的刻度试管中，每管放20 片。

在装有叶圆片的各管中加入 10 mL 的去离子水，并将大于试管口径的塑料纱网放入试管距离液面 1 cm 处，以防止叶圆片在抽气时翻出试管。然后将试管放入真空干燥器中用真空泵抽气 10 min（也可直接将叶圆片放入注射器内，吸取 10 mL 的去离子水，堵住注射器口进行抽气）以抽出细胞间隙的空气，当缓缓放入空气时，水即渗入细胞间隙，叶片变成半透明状，沉入水下。将以上试管置 20 ℃ 下保持 1 h，其间要多次摇动试管，或者将试管放在振荡器上振荡 1 h。

1 h 后将各试管摇匀，用电导率仪测定处理和对照的初电导率（κ_1）。测完后，用记号笔记下试管中液面的高度，置沸水浴中 10 min。取出冷却至 20 ℃，以蒸馏水补充蒸发掉的水分，并在 20 ℃ 下平衡 20 min，摇匀，测其终电导率（κ_2）。

六、实验结果

按下式计算相对电导率

$$相对电导率\ L=\frac{\kappa_1}{\kappa_2}$$

式中　κ_1——处理的或对照的初电导率（$\mu S \cdot cm^{-1}$）；

κ_2——处理的或对照的终电导率（$\mu S \cdot cm^{-1}$）。

相对电导率的大小表示细胞膜受伤害的程度。

由于对照（在室温下）也有少量电解质外渗，故可按下式计算由于低温或高温胁迫而产生的电解质外渗，称为伤害度。

$$伤害度 = \frac{L_t - L_{ck}}{1 - L_{ck}} \times 100\%$$

式中　L_t——处理叶片的相对电导率；

L_{ck}——对照叶片的相对电导率。

七、注意事项

①CO_2在水中的溶解度较高，测定电导率时要防止高 CO_2 气源和口中呼出的 CO_2 进入试管，以免影响结果的准确性。

②温度对溶液的电导率影响很大，故 κ_1 和 κ_2 必须在相同温度下测定。

③如果没有真空抽气装置，在叶片浸入去离子水时，尽量不时摇动，让叶片与去离子水发生充分的交换，使电解质外渗。

④叶片电解质外渗以 1~2 h 为宜。

八、问题讨论

在电导率测定中一般应用去离子水，若制备困难可用普通蒸馏水代替，但需要设一空白试管（蒸馏水作空白），测定样品时同时测定空白电导率，按下式计算相对电导率

$$相对电导率 L = \frac{\kappa_t - \kappa_0}{\kappa_c - \kappa_0}$$

式中　κ_t——处理叶片的电导率（$\mu S \cdot cm^{-1}$）；

κ_c——对照叶片的电导率（$\mu S \cdot cm^{-1}$）；

κ_0——蒸馏水的电导率（$\mu S \cdot cm^{-1}$）。

实验四　电导率仪法测定活体植物根系的抗逆性

一、实验目的

通过测定高温和低温处理对生物膜的伤害程度，加深理解不良环境对植物造成的伤害。

二、实验原理

植物细胞膜起调控细胞内外物质交换的作用，当膜受损伤时，物质易从细胞中外渗到周围环境中。当细胞受到高温或低温后，细胞膜差别透性就会改变或丧失，导致细胞内的物质（尤其是电解质）大量外渗，导致组织浸泡液的电导率增大，通过测定外液电导率的变化即可反映出质膜受害程度和植物抗性的强弱。

三、实验材料

玉米或小麦种子，也可用其他植物的种子。

四、设备与试剂

电导率仪、电冰箱、温箱、恒温水浴锅、100 mL 烧杯、20 mL 量筒、0.5 mL 和 2 mL 移液管、大试管和小试管、镊子、试管夹、大头玻璃棒、去离子水。

0.2％蒽酮-硫酸溶液：称 0.2 g 蒽酮溶于 100 mL 浓硫酸，当天配当天用。

五、实验步骤

(一) 用具清洗

由于电导率变化极为敏感，因此所用玻璃器具必须干净，先用去污粉（或洗液）洗涤，再用自来水和去离子水冲洗，烘干备用。

(二) 材料的培养

将吸胀露白点的小麦或玉米种子，均匀地放置尼龙网上，再把放好种子的尼龙网放于盛有水的瓷盘中，使长出的根穿过尼龙网并伸入水中，一周左右（最长 2～3 cm 时）即可作为测定材料。

(三) 处理

取出幼苗，尽量不要伤害根系，用镊子除去幼苗上残留的胚乳（种子）。先用自来水冲洗，再用去离子水漂洗数次，以除去伤口上的物质。然后以 10 株为 1 组，共 3 组，分别用大头玻璃棒轻轻送入大试管中，再分别置于 50 ℃ 的恒温箱、0～2 ℃的冰箱和室温下处理 30 min，取出后，在每个大试管中各加 20 mL 去离子水，在室温下平衡 20 min，其间不断摇动，使外渗物均匀分布在溶液中。

(四) 测定

平衡结束后，摇匀，将电极插入溶液中（不要贴着材料和试管壁）测电导率。

(五) 糖的检测

测完电导率后，分别从上述 3 支试管里各取 0.5 mL 溶液于另外 3 支试管中，另取 1 支试管加蒸馏水 0.5 mL 作对照，再向各管分别加入蒽酮-硫酸试剂 2 mL，摇匀。如果溶液变绿，即表明有糖存在；绿色越深，糖量越多。

(六) 电导率的再测定

将装有样品的 3 支试管置沸水浴煮沸 10 min，以杀死细胞，使其质膜选择透性丧失，再以蒸馏水补加到原来的体积（事前在试管上做好记号），在室温下平衡 20 min。然后取出幼苗，摇匀后再测一次电导率，按以下公式计算伤害率（或渗漏率）

$$伤害率 = \frac{处理电导率 - 对照电导率}{煮沸电导率 - 对照电导率} \times 100\%$$

或

$$伤害率 = \frac{处理电导率}{煮沸电导率} \times 100\%$$

六、实验结果

处　理	电导率（$\mu S \cdot cm^{-1}$）		伤害率（%）	蒽酮反应（显色反应）
	煮死前	煮死后		
50 ℃				
0~2 ℃				
室温				
蒸馏水				

七、注意事项

①3 组处理的幼苗选择要尽量一致，可每 3 苗相似的分别放入各组，则各组总体大致相同。

②一切用具、器皿，事前均须洗净，并用蒸馏水冲洗过。

③切勿将电极插入加了蒽酮-硫酸试剂的溶液，否则将损坏电极。

八、问题讨论

1. 处理时间长短对电导率测定有影响吗？为什么？

2. 细胞受伤害后为何细胞膜透性变大？

3. 据你所知，还有哪些因素会使细胞膜透性发生变化？膜透性增大，是否都属于反常现象？

实验五　差示扫描量热法分析膜相变与流动性

一、实验目的

加深理解膜相变和流动性与植物抗性的关系；掌握用差示扫描量热法测试膜相变与流动性的原理和方法。

二、实验原理

差示扫描量热法（differential scanning calorimetry，DSC）是一种直接测试生物膜或膜脂热相变的技术，亦称热天平，它采用了零位平衡原理。在一对构造及热力学性能相同的量热计支架的两端，分别放置样品和热惰性参比物，在控温炉内维持热对称。量热计支架的下端均装有感温热电偶和加热器。当炉温控制器通过炉壁自身的热电偶和加热器程序地进行线性升温或降温时，如样品发生相变，量热计支架的感温热电偶便感应到吸热或放热反应，量热计的功率补偿线路迅速做出响应，通过加热器将热量传给支架的另一端维持两端零温差，并随时在记录仪上显示支架的环境温度与所补偿的功率（图 11-1）。

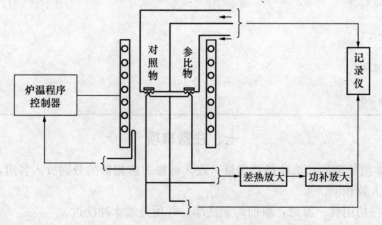

图 11-1　差示扫描量热器原理图

三、实验材料

水稻干胚线粒体膜提取物。

四、设备与试剂

差示扫描量热量、液氮和氮气钢瓶、真空干燥器和真空泵、超声波发生器和恒温水浴箱、低温高速离心机、微量注射器、电子天平；氯仿、甲醇、$20\ mmol \cdot L^{-1}$ Tris - HAc（pH 7.2，内含 $2\ mmol \cdot L^{-1}$ EDTA）、醋酸缓冲液、氧化铝干粉。

五、实验步骤

（一）制样

含水稻干胚线粒体膜的提取物经 3 次冻融程序，以 17 000 g 离心 1 h，沉淀物形式的膜制剂可直接装入样品盘。膜类脂可用 20 倍于线粒体膜体积的氯仿-甲醇（2∶1）提取。膜类脂样品有脂薄层、脂质体和水散体 3 种形式。类脂氯仿溶液加入样品盘后，经氮气流去除溶剂和真空干燥 3 h 后制成脂薄层。去溶剂类脂加入 3 倍质量的 $20\ mmol \cdot L^{-1}$ Tris - HAc 缓冲液（pH 7.2，内含 $2\ mmol \cdot L^{-1}$ EDTA），超声波（1 000 W）处理 2 min 制成脂质体。或在类脂相变温度以上（如 45 ℃）加醋酸缓冲液水化 16 h 制成水散体。每份样品类脂重量 $2\sim12\ mg$，样品量依据变温速度与仪器灵敏度确定。测试无水类脂样品时对照盘采用等质量的氧化铝干粉；测试含水样品时，对照盘可采用任何型号的湿 Sephadex 介质，以提供与样品盘类似的热对流条件。

为避免水汽蒸发的干扰，需使用大体积含水生物样品封闭不锈钢样品盘。这种样品盘可经受 2 MPa 压力。

（二）测定

以小于 $0.84\ mJ \cdot s^{-1}$ 的灵敏度和 $10\ K \cdot min^{-1}$ 的扫描速度，在 $-30\sim80$ ℃ 范围内测试膜脂相变。升温或降温两种方式都可采用，降温较普遍。样品热交换的扫描谱图与同样条件下扫描的空白（无样品）谱图相减，可得样品谱图。DSC 方法可作为定量方法，依据峰面积和样品量，测试纯样品相变的热焓。但是生物膜类脂是混合物，DSC 只能定性地测定热致相变的起始温度，也就是降温曲线中放热峰的起始拐点或升温曲线中吸热峰结束拐点。

六、实验结果

绘出样品的膜脂相变扫描图，并对其进行分析。

七、注意事项

①类脂样品的特点是密度小，传热慢，相变热小。大样品量会造成温度监

控的滞后。小样品量热变化不明显。

②类脂易氧化，制样尽可能在氮气下进行。

③样品中即使只有微量有机溶剂也会严重影响 DSC 曲线形状，必须彻底去除。

④DSC 仪器的量热计支架两端，在热力学上不一定对称，在测试温度范围内用一对空样品盘扫描获得本底变温曲线，有助于判断样品的相变起始温度。

⑤由升温曲线与降温曲线获得的相变起始温度可能不同，在生物膜样品中这种现象尤为普遍，在比较测试结果时应注意统一，采用其中的一种。

八、问题讨论

试述膜相变温度与植物抗性的关系。

实验六　苯丙氨酸解氨酶活性的测定

一、实验目的

掌握测定苯丙氨酸解氨酶（PAL）活性的方法。

二、实验原理

苯丙氨酸解氨酶（PAL）催化 L-苯丙氨酸的脱氨反应，释放氨而形成反式肉桂酸，根据产物反式肉桂酸在 290 nm 波长处吸光度值的变化，可以测定该酶的活性。该酶在植物的次生物质（如木素、黄酮类物质等）的代谢中起重要作用，与植物的抗病作用有一定的关系。

三、实验材料

马铃薯。

四、设备与试剂

751 型分光光度计、离心机、恒温水浴锅、研钵、钻孔器、红光源、尼龙袋、培养皿；聚乙烯吡咯烷酮（PVP）、$0.02\ mol \cdot L^{-1}$ L-苯丙氨酸（3.3 g L-苯丙氨酸溶于 1 000 mL $0.1\ mol \cdot L^{-1}$ 硼酸缓冲液中，pH 8.8）、$0.1\ mol \cdot L^{-1}$ 硼酸缓冲液 [pH 8.8，含 5 mmol $\cdot\ L^{-1}$（即 0.39 g $\cdot\ L^{-1}$）巯基乙醇]、石英砂。

五、实验步骤

（一）准备样品材料

将马铃薯块茎洗净，用钻孔器（直径 1 cm）取马铃薯圆柱，切去两端，中间切成厚度 2 mm 的圆片。先用自来水漂洗，最后用蒸馏水洗一次，用纱布吸干圆片表面的水分。

（二）处理样品

将圆片平铺在湿润滤纸的培养皿中，一组置于 25 ℃，用红光照射处理 24 h；另外一组于同样温度下，置黑暗中。取黑暗中和红光诱导处理的圆片各 5 g，分别加入 10 mL 含巯基乙醇的硼酸缓冲液、0.5 g PVP 及石英砂少许，于研钵中磨成匀浆，用尼龙袋过滤，滤液以 10 000 g 离心 15 min，上清液即可供测定活性用。

（三）测定样品

取酶液 1 mL、L-苯丙氨酸 1 mL 和蒸馏水 2 mL（对照不加底物，代之以 1 mL 含巯基乙醇的硼酸缓冲液），置 30 ℃恒温水浴保温 30 min。测定 A_{290}。

六、实验结果

酶活性以 A_{290} 增加 0.01 为 1 U。

蛋白质含量用 Folin - 酚试剂测定，以牛血清蛋白作标准。

七、注意事项

要求分光光度计有准确的波长。

八、问题讨论

苯丙氨酸解氨酶与植物的抗病作用有何关系？

附 录

附录1 离心机转速与相对离心力的换算

利用下式可进行 RCF 与 r・min^{-1} 之间的换算：

$$RCF = 1.119 \times 10^{-5} \times r \times n^2$$

式中 RCF——相对离心力（relative centrifugal force）（g）；

     r——半径（离心管与转轴的距离）（cm）；

     n——旋转速度（r・min^{-1}）。

从式中可以看出，如果 r 不同，虽然每分钟转数（r・min^{-1}）相同，但 RCF 亦不等。一般固定角度的离心机，离心管上端与底部的 r 是不同的，所以 RCF 亦不同。下图为离心机剖面图，离心管与转轴的距离分别是 4.8 cm（上端，最小距离）、6.4 cm（中部，平均距离）和 8.0 cm（底部，最大距离），当转速为 12 000 r・min^{-1} 时，从上式计算得到 RCF 分别为：7 734 g、10 312 g 和 12 890 g（底部），离心管上端与底部 RCF 相差近 1 倍，因此一般以管中部平均距离处的 RCF 表示。但甩平转头的离心半径为管底与离心转轴的距离。

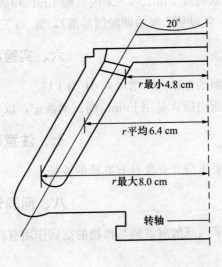

离心机剖面图

附录2 常用缓冲溶液的配制

1. **甘氨酸-盐酸缓冲溶液** 根据表附1，按不同的 pH，取相应量的储备液 A 和储备液 B 配制。

（1）储备液 A　0.2 mol·L⁻¹甘氨酸溶液（甘氨酸 15.01 g 配成 1 000 mL）。

（2）储备液 B　0.2 mol·L⁻¹盐酸（浓盐酸 17.01 mL 稀释至 1 000 mL）。

表附 1　50 mL 储备液 A＋x mL 储备液 B，稀释至 200 mL

pH	x	pH	x
2.2	44.0	3.0	11.4
2.4	32.4	3.2	8.2
2.6	24.2	3.4	6.4
2.8	16.8	3.6	5.0

2. 盐酸-氯化钾缓冲溶液　依表附 2，根据所需 pH，取相应量的储备液 A 和储备液 B 配制。

（1）储备液 A　0.2 mol·L⁻¹氯化钾溶液（14.91 g KCl 配成 1 000 mL）。

（2）储备液 B　0.2 mol·L⁻¹盐酸（17.1 mL 浓盐酸稀释至 1 000 mL）。

表附 2　50 mL 储备液 A＋x mL 储备液 B，稀释至 200 mL

pH	x	pH	x
1.0	97.0	1.7	20.6
1.1	78.0	1.8	16.6
1.2	64.5	1.9	13.2
1.3	51.0	2.0	10.6
1.4	41.5	2.1	8.4
1.5	33.3	2.2	6.7
1.6	26.3		

3. 酞酸氢钾-盐酸缓冲溶液　依表附 3，根据所需 pH，取相应量的储备液 A 和储备液 B 配制。

表附 3　50 mL 储备液 A＋x mL 储备液 B，稀释至 200 mL

pH	x	pH	x
2.2	46.7	3.2	14.7
2.4	39.6	3.4	9.9
2.6	33.0	3.6	6.0
2.8	26.4	3.8	2.63
3.0	20.3		

（1）储备液 A 0.2 mol·L⁻¹酞酸氢钾（40.84 g KHC₈H₄O₄配成1 000 mL）。

（2）储备液 B 0.2 mol·L⁻¹盐酸（17.1 mL 浓盐酸稀释至1 000 mL）。

4. 乌头酸-氢氧化钠缓冲溶液 依表附4，根据所需 pH，取相应量的储备液 A 和储备液 B 配制。

（1）储备液 A 0.5 mol·L⁻¹乌头酸［87.05 g C₃H₃（COOH）₃配成1 000 mL］。

（2）储备液 B 0.2 mol·L⁻¹氢氧化钠（8.0 g NaOH 配成1 000 mL）。

表附4　20 mL 储备液 A＋x mL 储备液 B，稀释至 200 mL

pH	x	pH	x
2.5	15.0	4.3	83.0
2.7	21.0	4.5	90.0
2.9	28.0	4.7	97.0
3.1	36.0	4.9	103.0
3.3	44.0	5.1	108.0
3.5	52.0	5.3	113.0
3.7	60.0	5.5	119.0
3.9	68.0	5.7	126.0
4.1	76.0		

5. 柠檬酸缓冲溶液 依表附5，根据所需 pH，取相应量的储备液 A 和储备液 B 配制。

表附5　x mL 储备液 A＋y mL 储备液 B，稀释至 100 mL

pH	x	y	pH	x	y
3.0	46.5	3.5	4.8	23.0	27.0
3.2	43.7	6.3	5.0	20.5	29.5
3.4	40.0	10.0	5.2	18.0	32.0
3.6	37.0	13.0	5.4	16.0	34.0
3.8	35.0	15.0	5.6	13.7	36.3
4.0	33.0	17.0	5.8	11.8	38.2
4.2	31.5	18.5	6.0	9.5	40.5
4.4	28.0	22.0	6.2	7.2	42.8
4.6	25.5	24.5			

（1）储备液 A　$0.1 \, mol \cdot L^{-1}$ 柠檬酸（$19.21 \, g \, C_6H_8O_7$ 配成 $1\,000 \, mL$）。

（2）储备液 B　$0.1 \, mol \cdot L^{-1}$ 柠檬酸三钠（$29.41 \, g \, C_6H_5O_7Na_3 \cdot 2\,H_2O$ 配成 $1\,000 \, mL$）。

6. 醋酸缓冲溶液　依表附 6，根据所需 pH，取相应量的储备液 A 和储备液 B 配制。

（1）储备液 A　$0.2 \, mol \cdot L^{-1}$ 醋酸（$11.55 \, mL$ 冰醋酸稀释至 $1\,000 \, mL$）。

（2）储备液 B　$0.2 \, mol \cdot L^{-1}$ 醋酸钠（$16.4 \, g \, C_2H_3O_2Na$ 或 $27.2 \, g \, C_2H_3O_2Na \cdot 3H_2O$ 配成 $1\,000 \, mL$）。

表附 6　$x \, mL$ 储备液 A ＋ $y \, mL$ 储备液 B，稀释至 $100 \, mL$

pH	x	y	pH	x	y
3.6	46.3	3.7	4.8	20.0	30.0
3.8	44.0	6.0	5.0	14.8	35.2
4.0	41.0	9.0	5.2	10.5	39.5
4.2	36.8	13.2	5.4	8.8	41.2
4.4	30.5	19.5	5.6	4.8	45.2
4.6	25.5	24.5			

7. 柠檬酸-磷酸缓冲溶液　依表附 7，根据所需 pH，取相应量的储备液 A 和储备液 B 配制。

表附 7　$x \, mL$ 储备液 A ＋ $y \, mL$ 储备液 B，稀释至 $100 \, mL$

pH	x	y	pH	x	y
2.6	44.6	5.4	5.0	24.3	25.7
2.8	42.2	7.8	5.2	23.3	26.7
3.0	39.8	10.2	5.4	22.2	27.8
3.2	37.7	12.3	5.6	21.0	29.0
3.4	35.9	14.1	5.8	19.7	30.3
3.6	33.9	16.1	6.0	17.9	32.1
3.8	32.3	17.7	6.2	16.9	33.1
4.0	30.7	19.3	6.4	15.4	34.6
4.2	29.4	20.6	6.6	13.6	36.4
4.4	27.8	22.2	6.8	9.1	40.9
4.6	26.7	23.3	7.0	6.5	43.5
4.8	25.2	24.8			

（1）储备液 A　0.1 mol·L⁻¹柠檬酸（19.21 g $C_6H_8O_7$配成1 000 mL）。

（2）储备液 B　0.2 mol·L⁻¹磷酸氢二钠（53.65 g $Na_2HPO_4 \cdot 7H_2O$或71.7 g $Na_2HPO_4 \cdot 12H_2O$配成1 000 mL）。

8. 琥珀酸缓冲溶液　依表附8，根据所需pH，取相应量的储备液 A 和储备液 B 配制。

（1）储备液 A　0.2 mol·L⁻¹琥珀酸（23.6 g $C_4H_6O_4$配成1 000 mL）。

（2）储备液 B　0.2 mol·L⁻¹氢氧化钠（8.0 g NaOH 配成1 000 mL）。

表附8　25 mL 储备液 A＋x mL 储备液 B，稀释至 100 mL

pH	x	pH	x
3.8	7.5	5.0	26.7
4.0	10.0	5.2	30.3
4.2	13.3	5.4	34.2
4.4	16.7	5.6	37.5
4.6	20.0	5.8	40.7
4.8	23.5	6.0	43.5

9. 酞酸氢钾-氢氧化钠缓冲溶液　依表附9，根据所需pH，取相应量的储备液 A 和储备液 B 配制。

（1）储备液 A　0.2 mol·L⁻¹酞酸氢钾（40.84 g $KHC_8H_4O_4$配成1 000 mL）。

（2）储备液 B　0.2 mol·L⁻¹氢氧化钠（8.0 g NaOH 配成1 000 mL）。

表附9　50 mL 储备液 A＋x mL 储备液 B，稀释至 200 mL

pH	x	pH	x
4.2	3.7	5.2	30.0
4.4	7.5	5.4	35.5
4.6	12.2	5.6	39.8
4.8	17.7	5.8	43.0
5.0	23.9	6.0	45.5

10. 磷酸缓冲溶液　依表附10，根据所需pH，取相应量的储备液 A 和储备液 B 配制。

（1）储备液 A　$0.2\ mol \cdot L^{-1}$ 磷酸二氢钠（$27.6\ g\ NaH_2PO_4 \cdot H_2O$ 配成 $1\ 000\ mL$）。

（2）储备液 B　$0.2\ mol \cdot L^{-1}$ 磷酸氢二钠（$53.65\ g\ Na_2HPO_4 \cdot 7H_2O$ 或 $71.7\ g\ Na_2HPO_4 \cdot 12H_2O$ 配成 $1\ 000\ mL$）。

表附 10　$x\ mL$ 储备液 A＋$y\ mL$ 储备液 B，稀释至 $200\ mL$

pH	x	y	pH	x	y
5.7	93.5	6.5	6.9	45.0	55.0
5.8	92.0	8.0	7.0	39.0	61.0
5.9	90.0	10.0	7.1	33.0	67.0
6.0	87.7	12.3	7.2	28.0	72.0
6.1	85.0	15.0	7.3	23.0	77.0
6.2	81.5	18.5	7.4	19.0	81.0
6.3	77.5	22.5	7.5	16.0	84.0
6.4	73.5	26.5	7.6	13.0	87.0
6.5	68.5	31.5	7.7	10.5	89.5
6.6	62.5	37.5	7.8	8.5	91.5
6.7	56.5	43.5	7.9	7.0	93.5
6.8	51.0	49.0	8.0	5.3	94.7

11. **巴比妥缓冲溶液**　依表附 11，根据所需 pH，取相应量的储备液 A 和储备液 B 配制。

（1）储备液 A　$0.2\ mol \cdot L^{-1}$ 巴比妥钠（$41.2\ g\ NaC_8H_{11}N_2O_3$ 配成 $1\ 000\ mL$）。

（2）储备液 B　$0.2\ mol \cdot L^{-1}$ 盐酸（$17.1\ mL$ 浓盐酸稀释至 $1\ 000\ mL$）。

表附 11　$50\ mL$ 储备液 A＋$x\ mL$ 储备液 B，稀释至 $200\ mL$

pH	x	pH	x
6.8	45.0	8.2	12.7
7.0	43.0	8.4	9.0
7.2	39.0	8.6	6.0
7.4	32.5	8.8	4.0
7.6	27.5	9.0	2.5
7.8	22.5	9.2	1.5
8.0	17.5		

12. **Tris 缓冲溶液**　依表附 12，根据所需 pH，取相应量的储备液 A 和储备液 B 配制。

（1）储备液 A　0.2 mol·L^{-1}三羟甲基氨基甲烷（tri-hydroxy methylami-no methane，24.2 g C$_4$H$_{11}$NO$_3$配成 1 000 mL）。

（2）储备液 B　0.2 mol·L^{-1}盐酸。

表附 12　50 mL 储备液 A＋x mL 储备液 B，稀释至 200 mL

pH	x	pH	x
7.2	44.2	8.2	21.9
7.4	41.4	8.4	16.5
7.6	38.4	8.6	12.2
7.8	32.5	8.8	8.1
8.0	26.8	9.0	5.0

13. 硼酸-硼砂缓冲溶液　依表附 13，根据所需 pH，取相应量的储备液 A 和储备液 B 配制。

（1）储备液 A　0.2 mol·L^{-1}硼酸（12.4 g H$_3$BO$_3$配成 1 000 mL）。

（2）储备液 B　0.05 mol·L^{-1}硼砂（19.05 g Na$_2$B$_4$O$_7$·10H$_2$O 配成1 000 mL）。

表附 13　50 mL 储备液 A＋x mL 储备液 B，稀释至 200 mL

pH	x	pH	x
7.6	2.0	8.7	22.5
7.8	3.1	8.8	30.0
8.0	4.9	8.9	42.5
8.2	7.3	9.0	59.0
8.4	11.5	9.1	83.0
8.6	17.5	9.2	115.0

14. 甘氨酸-氢氧化钠缓冲溶液　依表附 14，根据所需 pH，取相应量的储备液 A 和储备液 B 配制。

表附 14　50 mL 储备液 A＋x mL 储备液 B，稀释至 200 mL

pH	x	pH	x
8.6	4.0	9.6	22.4
8.8	6.0	9.8	27.2
9.0	8.8	10.0	32.0
9.2	12.0	10.4	38.6
9.4	16.8	10.6	45.7

（1）储备液 A 0.2 mol·L^{-1}甘氨酸（15.01 g NH$_2$CH$_2$COOH 配成1 000 mL）。

（2）储备液 B 0.2 mol·L^{-1}氢氧化钠（8.0 g NaOH 配成 1 000 mL）。

15. 硼砂-氢氧化钠缓冲溶液 依表附 15，根据所需 pH，取相应量的储备液 A 和储备液 B 配制。

（1）储备液 A 0.05 mol·L^{-1}硼砂（19.05 g Na$_2$B$_4$O$_7$·10H$_2$O 配成1 000 mL）。

（2）储备液 B 0.2 mol·L^{-1}氢氧化钠（8.0 g NaOH 配成 1 000 mL）。

表附 15 50 mL 储备液 A＋x mL 储备液 B，稀释至 200 mL

pH	x	pH	x
9.28	0.0	9.7	29.0
9.35	7.0	9.8	34.0
9.4	11.0	9.9	38.6
9.5	17.6	10.0	43.0
9.6	23.0	10.1	46.0

16. 碳酸缓冲溶液 依表附 16，根据所需 pH，取相应量的储备液 A 和储备液 B 配制。

（1）储备液 A 0.2 mol·L^{-1}碳酸钠（21.2 g Na$_2$CO$_3$ 或 24.8 g Na$_2$CO$_3$·H$_2$O 配成 1 000 mL）。

（2）储备液 B 0.2 mol·L^{-1}碳酸氢钠（16.8 g NaHCO$_3$ 配成 1 000 mL）。

表附 16 x mL 储备液 A＋y mL 储备液 B，稀释至 200 mL

pH	x	y	pH	x	y
9.2	4.0	46.0	10.0	27.5	22.5
9.3	7.5	42.5	10.1	30.0	20.0
9.4	9.5	40.5	10.2	33.0	17.0
9.5	13.0	37.0	10.3	35.5	14.5
9.6	16.0	34.0	10.4	38.5	11.5
9.7	19.5	30.5	10.5	40.5	9.5
9.8	22.0	28.0	10.6	42.5	7.5
9.9	25.0	25.0	10.7	45.0	5.0

17. 0.2 mol·L⁻¹ 咪唑缓冲溶液　称取 13.62 g 咪唑（imidazole，$C_3H_4N_2$），先溶于约 600 mL 蒸馏水中，用 1 mol·L⁻¹ HCl 调节到所需 pH，然后定容至 1 000 mL。

18. 0.2 mol·L⁻¹ HEPES 缓冲溶液　称取 47.66 g 4 -（2 -羟乙基）- 1 -哌嗪乙基磺酸 [4 -（2 - hydroxyethyl）- 1 - piperazineethane sulfonic acid，$C_8H_{18}O_4N_2S$]，先用蒸馏水约 600 mL 溶解，用 1 mol·L⁻¹ NaOH 调节至所需 pH，然后定容至 1 000 mL。

19. 0.2 mol·L⁻¹ Tricine 缓冲溶液　称取 35.83 g 3 -（羟甲基）-甲基甘氨酸 [tri -（hydroxymethyl）- methyglycine，$(HOCH_2)_3CNHCH_2CO_2H$] 溶液，先用蒸馏水 600 mL 溶解，再用 1 mol·L⁻¹ NaOH 调节至所需 pH，然后定容至 1 000 mL。

20. 0.2 mol·L⁻¹ 甘氨酰-甘氨酸缓冲溶液　称取 26.42 g 甘氨酰-甘氨酸 glycyl - glycine，$H_2NCH_2 - CONHCH_2COOH$），先用蒸馏水 600 mL 溶解，再用 1 mol·L⁻¹ NaOH 调节至所需 pH，然后定容至 1 000 mL。

【注意事项】

①缓冲溶液的有效 pH 范围，大约在其 pK_a 左右 1 个 pH 单位，即 ± $1pK_a$。所以缓冲溶液一般选用 pK_a 在 6～8 之间，因为这是大多数生物化学反应合适的 pH 范围。

②缓冲溶液的 pH 要不易受其本身的浓度、介质温度、离子成分等的影响。

③缓冲溶质要易溶于水，在其他溶剂中的溶解度要小，不能透过生物膜。

④缓冲溶质不水解，不被酶作用，不吸收可见光与紫外光。

附录 3　常用酸碱指示剂

中文名	英文名	变色 pH 范围	酸性色	碱性色	浓度	溶剂	100 mL 指示剂 0.1 mol·L⁻¹ NaOH 毫升数
间甲酚紫	m - cresol purple	1.2～2.8	红	黄	0.04%	稀碱	1.05
麝香草酚蓝	thymol blue	1.2～2.8	红	黄	0.04%	稀碱	0.86
溴酚蓝	bromophenol blue	3.0～4.6	黄	紫	0.04%	稀碱	0.6

（续）

中文名	英文名	变色 pH 范围	酸性色	碱性色	浓度	溶剂	100 mL 指示剂 0.1 mol·L^{-1} NaOH 毫升数
甲基橙	methyl orange	3.1~4.4	红	黄	0.02%	水	—
溴甲酚绿	bromocresol green	3.8~5.4	黄	蓝	0.04%	稀碱	0.58
甲基红	methyl red	4.2~6.2	粉红	黄	0.10%	50%乙醇	—
氯酚红	chlorophenol red	4.8~6.4	黄	红	0.04%	稀碱	0.94
溴酚红	bromophenol red	5.2~6.8	黄	红	0.04%	稀碱	0.78
溴甲酚紫	bromocresol purple	5.2~6.8	黄	紫	0.04%	稀碱	0.74
溴麝香草酚蓝	bromothymol blue	6.0~7.6	黄	蓝	0.04%	稀碱	0.64
酚红	phenol red	6.4~8.2	黄	红	0.02%	稀碱	1.13
中性红	neutral red	6.8~8.0	红	黄	0.01%	50%乙醇	—
甲酚红	cresol red	7.2~8.8	黄	红	0.04%	稀碱	1.05
酚酞	phenolphthalein	8.2~10.0	无色	红	0.10%	50%乙醇	—
麝香草酚酞	thymolphthalein	8.8~10.5	无色	蓝	0.10%	50%乙醇	—
茜素黄 R	alizarin yellow R	10.0~12.1	淡黄	棕红	0.10%	50%乙醇	—
金莲橙 O	tropaeolin O	11.1~12.7	黄	红棕	0.10%	水	—

附录 4　植物组织培养常用的几种基本培养基

成分(mg·L^{-1})	AA	B$_5$	CPW	KM8P	KPR (Kao)	MS	N$_6$	NN	NT	White	WPM
(NH$_4$)$_2$SO$_4$		134					463				
NH$_4$NO$_3$				600	600	1 650		720			400
KNO$_3$		2 500	101	1 900	1 900	1 900	2 830	950	101	80	
Ca(NO$_3$)$_2$										300	556
CaCl$_2$·H$_2$O	440	150	1 480	600	600	440	166	166	1 470		96
MgSO$_4$·7H$_2$O	370	250	246	300	300	370	370	185	246.5	720	370

（续）

成分(mg·L⁻¹)	AA	B₅	CPW	KM8P	KPR (Kao)	MS	N₆	NN	NT	White	WPM
Na_2SO_4										200	
K_2SO_4											990
KH_2PO_4	170		27.2	170	170	170	170	68	27.2		170
$NaH_2PO_4 \cdot H_2O$		150								16.5	
KCl	2 940			300	300						
$FeSO_4 \cdot 7H_2O$*	27.8	27.8				27.8	27.8	27.8			27.8
$EDTA-Na_2$*	37.3	37.3				37.3	37.3	37.3			37.3
$Fe_2(SO_4)_3$										2.5	
Sequestrene 330 Fe		28		28	28						
KI	0.83	0.75	0.16	0.75	0.75	0.83	0.8		0.166	0.75	
$CoCl_2 \cdot 6H_2O$	0.025	0.025		0.025	0.025	0.025					
H_3BO_3	6.2	3.0		3.0	3.0	6.2	1.6	10		1.5	6.2
$Na_2MoO_4 \cdot 2H_2O$	0.25	0.25		0.25	0.25	0.25		0.25			0.25
MoO_3										0.000 1	
$MnSO_4 \cdot 4H_2O$				10.0	22.3	3.3	25			7.0	
$MnSO_4 \cdot H_2O$	16.9	10		10.0							22.3
$CuSO_4 \cdot 5H_2O$	0.025	0.025	0.025	0.025	0.025	0.025		0.025	0.002 5	0.001	0.25
$ZnSO_4 \cdot 7H_2O$	8.6	2		2.0	2.0	8.6	1.5	10		3.0	8.6
肌醇(myo-inositol)	100	100		100	100	100		100			100
烟酰胺 (nicotinamide)				1.0							
烟酸(nicotinic acid)	0.5	1.0		1.0		0.5	0.5	5.0		0.5	0.5
吡哆醇 [pyridoxine(HCl)]	0.1	1.0		1.0	1.0	0.5	0.5	0.5		0.1	
硫胺素 [thiamine(HCl)]	0.5	10.0		1.0	1.0	0.1	1.0	0.5		0.1	1.6
D-泛酸钙(D-calcium pantothenate)				1.0	0.5					1.0	
叶酸(folic acid)				0.4	0.2			0.5			

（续）

成分(mg·L⁻¹)	AA	B₅	CPW	KM8P	KPR (Kao)	MS	N₆	NN	NT	White	WPM
氨基苯甲酸 (aminobenzoic acid)				0.02	0.01						
生物素(biotin)				0.01	0.005			0.05			
氯化胆碱 (choline chloride)				1.0	0.5						
核黄素(riboflavin)				0.2	0.1						
抗坏血酸 (ascorbic acid)				2.0	1.0						
维生素 A (vitamin A)				0.01	0.005						
维生素 D₃ (vitamin D₃)				0.01	0.005						
维生素 B₁₂ (vitamin B₁₂)				0.02	0.01						
谷氨酰胺 (glutamine)	877										
天冬氨酸 (aspartic acid)	266										
精氨酸 (arginine)	288										
甘氨酸(glycine)	75						2.0	2.0	2.0		3.0
酪蛋白水解物 (caseinhydrolyzate)				250	125						
蔗糖(sucrose)	30 000	20 000		250	125	30 000	50 000	20 000		20 000	20 000
葡萄糖(glucose)				68 400	68 400						
果糖(fructose)				250	125						
核糖(ribose)				250	125						
木糖(xylose)				250	125						
甘露糖(mannose)				250	125						
鼠李糖(rhamnose)				250	125						

（续）

成分(mg·L⁻¹)	AA	B₅	CPW	KM8P	KPR (Kao)	MS	N₆	NN	NT	White	WPM
纤维二糖(cellobiose)				250	125						
山梨糖醇(sorbitol)				250	125						
甘露糖醇（甘露醇 mannitol）			72.9 g·L⁻¹	250	125				0.7 mol·L⁻¹		
丙酮酸钠（sodium pyruvate）				20	5						
柠檬酸(citric acid)				40	10						
苹果酸(malic acid)				40	10						
富马酸（fumarc acid）				40	10						
椰子乳（coconut milk）＊＊				20 mL·L⁻¹	10 mL·L⁻¹						
2-N-吗啡啉乙磺酸（MES）			5 mmol·L⁻¹								
pH	5.8	5.5	5.8	5.6	5.7	5.7～5.8	5.8	5.5	5.8	5.7	5.6

注：＊7.45 g EDTA‐Na₂ 与 5.57 g FeSO₄·7H₂O 溶于水中螯合，定容至 1 L，使用时每升培养基加此液 5 mL。

＊＊取成熟果实的椰汁 60 ℃加热 30min 后过滤，分装保存于低温冰箱中备用。

①基本培养基即指含各种基本营养组分（如表中列出的成分）的培养基，至于添加激素及生长调节物质的种类和浓度依试验目的及参阅有关文献而定。

②固体培养基中琼脂含量 7～8 g·L⁻¹。加琼脂前以 HCl 或 NaOH 调节 pH 至预定值。

③KM8P、KPR、NT 及 CPW 原用于原生质体培养，若用于细胞组织培养时须去掉用于渗透稳定的糖或甘露糖，并同时添加适当量的糖（蔗糖或葡萄糖等）。

④LS 培养基（Linsmair and Skoog 1965）除硫胺素含量较高为 1.0 mg·L⁻¹以及不加吡哆醇和烟酸外，其他营养成分与 MS 相同。

⑤可参考 Muller A J, Grafe R., Molec Gen Genet. 1978, 161：67　Frearson E M, Power J B. Cocking E C. Developmental Biology. 1973, 33：130　Kao KN, Michayluk M R. Planta. 1975, 126：105　Kao K N. Molec Gen Genet. 1977, 150：225　Murashige T, Skoog F. Physiologia Plantarum 1962, 15：473　Nitsch J P, Nitsch C. Science. 1969, 163：87　Nagata T, Takebe I. Planta, 1970, 92：301　White P R, The Cultivation of Animal and Plant Cell. 2nd Ed. White PR., The Ronald Press Company, New York, 1963, 59　朱自清，王敬驹，孙敬三等. 中国科学，1975, 5：484。

附录 5　植物生理学中常用计量单位及其换算表

量的名称及符号	单位名称及符号	非法定单位及其换算	备　注
长度 l,(L) 波长 λ	米(m) 海里(n mile)[=1 852m] 纳[诺]米(nm)	英尺(ft)[=0.304 8m] 英寸(in)[=1/12ft=2.54cm] 码(yd)[=3ft=0.914 4m] 市尺[=(1/3)m] 市寸[=(10/3)cm] 市里[=500m] 埃(Å)[=10^{-10}m=0.1nm]	常用倍数单位: 千米(km) 百米(hm) 厘米(cm) 毫米(mm) 微米(μm) 纳[诺]米(nm) 皮[可]米(pm) 飞[母托]米(fm)
面积 A, (S)	平方米(m^2) 公顷(hm^2)	公亩(a)[=$100m^2$] 市亩[=$666.67m^2$] 市顷[=100 市亩=$6.67\times10^4m^2$] 英亩[acre][=$4.046\ 856\times10^3m^2$]	常用倍数单位: 平方千米(km^2) 平方分米(dm^2) 平方厘米(cm^2) 平方毫米(mm^2) 农田面积一般应以公顷即平方百米(hm^2)计算。以前公顷常用符号 ha,现应用 hm^2
体积(容积)V	立方米(m^3) 升[L,(l)][=$10^{-3}m^3$=1 dm^3]	英加仑(UK gal)[=4.546 09 L] 美加仑(US gal)[=3.785 43 L] 品脱(pt)[=0.568 26 L]	立方米的常用倍数单位: 立方分米(dm^3) 立方厘米(cm^3) 立方毫米(mm^3) 升的常用倍数单位: 百升(hL)[=0.1m^3] 厘升(cL)[=$10^{-5}m^3$] 毫升(mL)[=$10^{-6}m^3$=1cm^3]

（续）

量的名称及符号	单位名称及符号	非法定单位及其换算	备　注
时间 t	秒(s) 分(min) [小]时(h) 天(日)(d) 周(星期) 月 [历]年(a)		
速 度 $u, v,$ ω, c	米每秒(m·s⁻¹) 米每分(m·min⁻¹) 米每[小]时(m·h⁻¹) 千米每[小]时(km·h⁻¹) 千米每分(km·min⁻¹) 节(kn)[＝1 nmile·h⁻¹]		
频率 $f,(\upsilon)$	赫[兹](Hz) [＝(1 s⁻¹)]	每秒(s⁻¹)[＝1 Hz] 每分(min⁻¹)[＝(1/60)Hz] 每小时(h⁻¹)[＝(1/3600)Hz]	
[旋]转速 [度] 旋转频率 n	每秒(s⁻¹) 转每[小]时(r·h⁻¹) [＝(1/3600)s⁻¹] 转每分(r·min⁻¹)＝ [(1/60)s⁻¹] 转每秒(r/s)[＝1 s⁻¹]	rpm[＝1 r·min⁻¹]	
质量 m	千克(公斤)(kg) 吨 t[＝10³kg] 原子质量单位(u)[＝1.660 540 2×10⁻²⁷kg]	道尔顿(D)[＝1 u] 磅(1 b)[＝0.453 592kg] 盎司(oz)[＝28.349 523g] 克拉(car)[＝2×10⁻⁴kg] [市]斤[＝0.5kg] [市]两[＝50g] [市]担[＝50kg]	常用倍数单位： 克(g) 毫克(mg) 微克(μg) 　习惯称的"重量"为非法定的量,若其单位为 kg(用其倍数单位),则应改称法定的量名称"质量"

（续）

量的名称及符号	单位名称及符号	非法定单位及其换算	备　注
力 F 重力 W, (P,G)	牛［顿］(N)［＝1 kg· m·s^{-2}］	达因(dyn)［＝10^{-5}N］ 千克力(kgf)［＝9.806 65 N］ 吨力(tf)［＝9.806 65×10^{3}N］ 磅力(1 bf)［＝4.448 22N］	常用倍数单位： 兆牛［顿］(MN) 千牛［顿］(kN) 毫牛［顿］(mN) 微牛［顿］(μN) "重量"的单位若是 N, 则法定的量名称应为 重力
压力,压 强,应力 p 渗透压(力)π	帕［斯卡］(Pa)［＝ 1 N·m^{-2}］	巴(bar)［＝10^{5}Pa＝0.1 MPa］ 标准大气压(atm)［＝1.013 25 ×10^{5}Pa］ 毫米汞柱(mmHg) ［＝133.322Pa］ 毫米水柱(mmH$_2$O) ［＝9.806 65Pa］ 千克力每平方厘米（kgf/ cm^2） ［＝9.806 65×10^{4}Pa］ 磅力每平方英尺(1 bf/ft^2) ［＝47.880 3Pa］ 托(Torr)［＝133.322Pa］	常用倍数单位： 兆帕［斯卡］(MPa)＝［1 N·mm^{-2}］
能量 E,(W) 功 W,(A) 热,热量 Q	焦［耳］(J)［＝1 N·m］ 千瓦［特小］时(kW· h)［＝3.6×10^6 J］ 电子伏（eV）［＝ 1.602 177 33×10^{-19} J］	卡,卡$_{蒸汽}$(cal),(cal$_{1T}$)［＝ 4.186 8 J］ 卡$_{热化学}$(cal$_{th}$)［＝4.184 0 J］ 千克力米（kgf·m）［＝ 9.806 65 J］ 马力小时［＝2.647 79× 10^6 J］ 电工马力小时［＝2.685 60× 10^6 J］ 英马力小时（hp·h）［＝ 2.684 52×10^6 J］ 英热单位（Btu）［＝ 1 055.06 J］	

（续）

量的名称及符号	单位名称及符号	非法定单位及其换算	备　注
功率 P	瓦［特］(W)［$=1$ J・s^{-1}］	伏［特］安［培］(V・A)［$=1$ W］ 千克力米每秒(kgf・m・s^{-1}) ［$=9.806\,65$W］ 马力［$=735.499$W］ 电工马力［$=746$W］ 英马力(hp)［$=745.700$W］ 卡每秒(cal・s^{-1})［$=4.186\,8$W］ 英热单位每小时(Btu・h^{-1}) ［$=0.293\,072$W］	
电流 I	安［培］(A)		常用倍数单位： 千安(kA) 毫安(mA) 微安(μA)
电荷,电量 Q	库［仑］(C)［$=1$ s・A］		
电位(电势) V,φ 电压,电位差（电势差）$U,(V)$ 电动势 E	伏［特］(V)［$=1$ W・A^{-1}］		常用倍数单位： 兆伏(MV) 千伏(kV) 毫伏(mV) 微伏(μV)
电场强度 $E,(K)$	伏［特］每米(V・m^{-1})［$=1$ N・C^{-1}］		常用倍数单位： 兆伏每米(MV・m^{-1}) 千伏每米(kV・m^{-1}) 伏每厘米(V・cm^{-1}) 毫伏每米(mV・m^{-1}) 微伏每米(μV・m^{-1})
电容 C	法［拉］(F)［$=1$ C・V^{-1}］		
电阻 R	欧［姆］(Ω)［$=1$ V・A^{-1}］		

（续）

量的名称及符号	单位名称及符号	非法定单位及其换算	备　注
电导 G	西[门子](S)[=1 A · V^{-1}]	姆欧[=Ω^{-1}=1 S]	
电导率 κ, δ	西[门子]每米(S · m^{-1})		
磁场强度 H	安[培]每米(A · m^{-1})		
磁通量 φ	韦[伯](Wb)[=1 V · s]		
发光强度 I,（I_v）	坎[德拉](cd)		
光通量 φ,（φ_v）	流[明](lm)[=1 cd · sr]		sr 为立体角（Ω）单位球面度的符号
光亮度 L,（L_v）	坎[德拉]每平方米(cd · m^{-2})		
光照度 E,（E_v）	勒［克司］（lx）[=1 lm · m^{-2}]	辐透(phot)[=10^{4}lx]	
密度(质量密度)ρ 物质 B 的质量浓度 ρ_B	千克每立方米(kg · m^{-3}) 千克每升(kg · L^{-1})	磅每立方英尺(1 b · ft^{-3})[=16.018 5kg · m^{-3}]	兆克每立方米(Mg · m^{-3}) 千克每立方分米(kg · dm^{-3}) 克每立方厘米(g · cm^{-3}) 克每升(g · L^{-1}) 毫克每升(mg · L^{-1}) 微克每升(μg · L^{-1}) 纳克每升(ng · L^{-1}) 物质 B 的质量浓度是物质 B 的质量除以混合物的体积
相对密度 d			以前用的"比重"为非法定的量,现应称相对密度

（续）

量的名称及符号	单位名称及符号	非法定单位及其换算	备　注
比容（比体积）v	立方米每千克（$m^3 \cdot kg^{-1}$）升每千克（$L \cdot kg^{-1}$）		
重［力密］度 r	牛［顿］每立方米（$N \cdot m^{-3}$）		以前用的比重，若其单位是法定单位 $N \cdot m^{-3}$，则应改称为重度（重力密度）
热力学温度 T 摄氏温度 t	开［尔文］（K）摄氏度（℃）[$K = ℃ + 273.15$]	华氏度（℉）[$K = 5/9(℉ + 459.67)$]	
热容 c	焦［耳］每开［尔文］（$J \cdot K^{-1}$）		K 可用℃代替
热导率 λ，(k)	瓦［特］每米开［尔文］$W \cdot (m) \cdot K^{-1}$		K 可用℃代替
比热容 C	焦［耳］每千克开［尔文］$J \cdot (kg \cdot K)^{-1}$		K 可用℃代替
比能 e，(w) 比热 q	焦［耳］每千克（$J \cdot kg^{-1}$）		比热是热量被质量除，比热容是热容被质量除
吸收剂量 D	戈［瑞］（Gy）[$= 1 J \cdot kg^{-1} = 1 m^2 \cdot s^{-2}$]	拉德［rad(rd)］[$= 10^{-2}$ Gy]	
剂量当量 H	希［沃特］（Sv）[$= 1 J \cdot kg^{-1} = 1 m^2 \cdot s^{-2}$]	雷姆（rem）[$= 10^{-2} Sv$]	
照射量 X	库［仑］每千克（$C \cdot kg^{-1}$）	伦琴（R）[$= 2.58 \times 10^4$ $C \cdot kg^{-1}$]	
放射性活度 A	贝可［勒尔］（Bq）[$= 1 s^{-1}$]	居里（Ci）[$= 3.7 \times 10^{10}$ Bq]	旧称放射性强度、放射性

（续）

量的名称及符号	单位名称及符号	非法定单位及其换算	备　注
元素的相对原子质量 A_r，物质的相对分子质量 M_r	—(1)		元素的相对原子质量是元素的平均原子质量与核素^{12}C原子质量的1/12之比。物质的相对分子质量是物质的分子或特定单元的平均质量与核素^{12}C原子质量的1/12之比。两者都是量纲一的量，单位为—(1)。以前称为原子量和分子量，常用道尔顿(D)或千道尔顿(kD)为单位，应予以废弃
物质的量 n	摩[尔](mol)		常用倍数单位：千摩（kmol），毫摩（mmol），微摩（μmol）物质的量的定义为物质的质量(m)除以摩尔质量(M)。摩尔是一系统的物质的量，该系统中所包含的基本单元数与0.012 kg(准确)^{12}C的原子数目相等。在使用摩尔时，基本单元应予以指明，可以是原子、分子、离子、电子及其他粒子，或是这些粒子的特定组合摩尔以前称为克分子、克原子、克当量、克离子或克式量等，均应废弃

（续）

量的名称及符号	单位名称及符号	非法定单位及其换算	备注
摩尔质量 M	千克每摩［尔］（kg·mol^{-1}）		常用倍数单位:g·mol^{-1}，摩尔质量的定义为物质的质量(m)除以物质的量(n) $M = 10^{-3} Mr$ kg/mol $= Mr$ g/mol 式中 Mr 是确定化学组成的物质的相对分子质量。如 Cl_2 的摩尔质量 $M(Cl_2) = 70.905\ 4$ g/mol。此量以前称为克原子量、克分子量，现已不许用。如氯元素的克原子量为 35.453 g，应改称为氯元素原子的 $M(Cl)$ 为 35.453 g/mol
摩尔体积 V_m	立方米每摩［尔］（m^3·mol^{-1}）		常用倍数单位: 立方分米每摩尔（dm^3·mol^{-1}） 摩尔体积是体积(V)除以物质的量(n)，即 $V_m = V/n$。理想气体在标准状态下(273.15K 和 101.325kPa)的摩尔体积为 $V_{m,o} = (0.022\ 414\ 10 \pm 0.000\ 000\ 19)$ m^3·mol^{-1} = (22.414\ 10 $\pm 0.000\ 19$)L·mol^{-1} 此量以前称为克分子体积,应废弃

（续）

量的名称及符号	单位名称及符号	非法定单位及其换算	备　注
物质 B 的质量分数 m_B	一(1)		物质 B 的质量分数是物质 B 的质量与混合物的质量之比。此量是量纲一(1)的量 以前被称为重量分数、重量百分浓度、重量比、浓度等,均应废弃。习惯用 ppm、ppb 等作单位,也应废弃
物质 B 的体积分数 φ_B	一(1)		物质 B 的体积分数是纯物质 B 与混合物在相同温度和压力下的体积之比 此量是量纲一(1)的量 以前称为体积百分浓度、体积百分含量、体积比、浓度等,均应废弃
物质 B 的浓度 物质 B 的物质的量浓度 c_B	摩[尔]每立方米(mol·m^{-3}) 摩[尔]每升(mol·L^{-1})	克分子浓度(M)[=1 mol·L^{-1}] 当量浓度(N)[=(1 mol·L^{-1})÷离子价数]	常用倍数单位: 毫摩每升(mmol/L)、微摩每升(μmol/L) 此量定义为物质 B 的物质的量除以混合物的体积。以前称为体积克分子浓度(M)、摩尔浓度、当量浓度(N)等,均应废弃 在使用中,只有此量可以称为"浓度",其他含"浓度"一词的量名称,都须说出全称。如"质量浓度"就不能简称"浓度","质量分数"、"体积分数"等量纲一(1)的量更不能称作"浓度"

（续）

量的名称及符号	单位名称及符号	非法定单位及其换算	备　注
物质 B 的质量摩尔浓度 m_B, b_B	摩［尔］每千克（mol·kg^{-1}）	重量克分子浓度(m)［1 m＝1 mol·kg^{-1}］	此量是溶液中溶质 B 的物质的量除以溶剂的质量。以前称为重量克分子浓度、重量摩尔浓度。它是以每千克溶剂中所溶解的溶质的克分子数表示的浓度，常用 m 作单位符号，现已不许用

附录 6　常用酸碱的浓度

化合物	相对分子质量	密度	百分浓度（%）	物质的量浓度（mol·L^{-1}）	配制 1mol·L^{-1} 的溶液 1L 所需的毫升数
HCl	36.46	1.19	36.0	11.7	85.5
HNO_3	63.02	1.42	69.5	15.6	64.0
H_2SO_4	98.08	1.84	96.0	17.95	55.7
H_3PO_4	98.00	1.69	85.0	14.7	68.0
$HClO_4$	100.50	1.67	70.0	11.65	85.7
CH_3COOH	60.03	1.06	99.5	17.6	56.9
NH_4OH	35.04	0.90	58.6	15.1	66.5

附录 7　蔗糖浓度、密度与折射率换算表

蔗糖浓度			密度(ρ)		折射率(20 ℃)
g·$(100g)^{-1}$	g·L^{-1}	mol·L^{-1}	D_4^{20}	D_{20}^{20}	n
0.50	5.0	0.015	1.000 2	1.001 9	1.333 7
1.00	10.0	0.029	1.002 1	1.003 9	1.334 4
1.50	15.1	0.044	1.004 0	1.005 8	1.335 1
2.00	20.1	0.059	1.006 0	1.007 8	1.335 9
2.50	25.2	0.074	1.007 9	1.009 7	1.336 6
3.00	30.3	0.089	1.009 9	1.011 7	1.337 3

（续）

蔗糖浓度			密度(ρ)		折射率(20 ℃)
g・(100g)$^{-1}$	g・L^{-1}	mol・L^{-1}	D_4^{20}	D_{20}^{20}	n
3.50	35.4	0.103	1.011 9	1.013 7	1.338 1
4.00	40.6	0.118	1.013 9	1.015 6	1.338 8
4.50	45.7	0.134	1.015 8	1.017 6	1.339 5
5.00	50.9	0.149	1.017 8	1.019 6	1.340 3
5.50	56.1	0.164	1.019 8	1.021 6	1.341 0
6.00	61.3	0.179	1.021 8	1.023 6	1.341 8
6.50	66.5	0.194	1.023 8	1.025 7	1.342 5
7.00	71.8	0.210	1.025 9	1.027 7	1.343 3
7.50	77.1	0.225	1.027 9	1.029 7	1.344 0
8.00	82.4	0.241	1.029 9	1.031 7	1.344 8
8.50	87.7	0.256	1.032 0	1.033 8	1.345 5
9.00	93.1	0.272	1.034 0	1.035 8	1.346 3
9.50	98.4	0.288	1.036 1	1.037 9	1.347 1
10.00	103.8	0.303	1.038 1	1.040 0	1.347 8
11.00	114.7	0.335	1.042 3	1.044 1	1.349 4
12.00	125.6	0.367	1.046 5	1.048 3	1.350 9
13.00	136.6	0.399	1.050 7	1.052 5	1.352 5
14.00	147.7	0.431	1.054 9	1.056 8	1.354 1
15.00	158.9	0.464	1.059 2	1.061 0	1.355 7
16.00	170.2	0.497	1.063 5	1.065 3	1.357 3
17.00	181.5	0.530	1.067 8	1.069 7	1.358 9
18.00	193.0	0.564	1.072 2	1.074 1	1.360 6
19.00	204.5	0.598	1.076 6	1.078 5	1.362 2
20.00	216.2	0.632	1.081 0	1.082 9	1.363 9
22.00	239.8	0.701	1.089 9	1.091 8	1.367 2
24.00	263.8	0.771	1.099 0	1.100 9	1.370 6
26.00	288.1	0.842	1.108 2	1.110 2	1.374 1
28.00	312.9	0.914	1.117 5	1.119 5	1.377 6
30.00	338.1	0988	1.127 0	1.129 0	1.381 2
32.00	363.7	1.063	1.136 6	1.138 6	1.384 8
34.00	389.8	1.139	1.146 4	1.148 4	1.388 5
36.00	416.2	1.216	1.156 2	1.158 3	1.392 2
38.00	443.2	1.295	1.166 3	1.168 3	1.396 0
40.00	470.6	1.375	1.176 5	1.178 5	1.399 9

附录 8　植物生理学网络资源

1. 国外植物生理学网络资源

Institute of Plant Physiology：http：//www. bio21. bas. bg/ipp/index - en. html

Biology Web Site Reference for Students and Teachers：http：// www. kensbiorefs. com/pltphys. html

Science：http：//www. sciencemag. org/

Nature：http：//www. nature. com/nature/index. html

NCBI：http：//www. ncbi. nlm. nih. gov/

EMBL：http：//www. ebi. ac. uk/embl/

LION Bioscience：http：//www. lionbioscience. com/

DNA Data Bank of Japan：http：//www. ddbj. nig. ac. jp

Molecular Biology：http：//www. mhhe. com/biosci/cellmicro/weaver-molbio/lineart/indexir. mhtml

Cell Research：http：//www. cell-research. com/

AggieNet：http：//www. aggienet. com

American Society of Plant Biologists：http：//www. aspb. org

Global Agricultural Biotechnology Association：http：//www. lights. com/gaba

Information Services for Agriculture：http：//www. aginfo. com

Scientific Products Information Network：http：//www. spindex. com

Genome：http：//www. vetnet. ucdavis. edu

BIOSIS：http：//www. biosis. org

TAIR：http：//www. arabidopsis. org

2. 我国植物生理学网络资源

中国植物生理学会：http：//www. cspp. cn

中国植物生理学会主办期刊：http：//www. plant-physiology. com

中国植物生理学会论坛：http：//www. cspp. cn/bbs/index. asp

生物谷实验频道：http：//www. bioon. com/experiment/index. html

生命经纬：http：//www. biox. cn/biotec/cell-tec. htm

生物技术世界：http：//www. biotechworld. cn/shiyan-main. aspx

Science 中文版：http：//china. sciencemag. org/

中国科学杂志社：http：//www. scichina. com/

湖南省植物激素与生长发育重点实验室：http：//www. phytohormones. com

中国农业大学植物生理学与生物化学国家重点实验室：http：//www. cau. edu. cn/sklppb

植物生理学远程教育网：http：//sky. scnu. edu. cn/151/plant/zyk/zwsl/

Biooo 中国生物论坛－生理及生物物理学：http：//www. biooo. com/bbs/

华中农业大学植物生理学教学网：http：//nhjy. hzau. edu. cn/kech/zwsl/

河南师范大学植物生理学精品课程：http：//yjsc. htu. cn/zwsl/

上海市植物生理学会：http：//www. sspp. org. cn/

北京植物生理学会：http：// www. bast. net. cn/bast/xstt/lk/zwslxh-l/

浙江省植物生理学会：http：//www. cls. zju. edu. cn/sub/zjpp. org/

广东省植物生理学会：http：//www. scib. ac. cn/dspp/index. html

江西省植物生理学会：http：//www. jxau. edu. cn/zwsx/homepage － Frameset. html

生物谷：http：//www. bioon. com/

生物通：http：//www. ebiotrade. com

生物桥：http：//www. bio-bridge. net/

生物引擎：http：//www. biosos. com. cn

生物信息综合数据库 SRS 系统：http：//www. scbit. org/srs7/bin/

生物导航网：http：//www. bioguider. com/

中文分子生物学个人交流网：http：//www. biolover. com/

21BBS：http：//www. 21bbs. name/

中国水稻信息网：http：//www. chinariceinfo. com/

中国生态系统研究网络：http：//www. cern. ac. cn/oindexlindex. asp

中国科学院上海植物生理生态研究所：http：//www. sippe. ac. cn

中国科学院微生物研究所：http：//www. im. ac. cn

中国农业重点实验室网：http：//www. agro-labs. ac. cn/

中国农业信息网：http：//www. agri. gov. cn/

中国农业在线网：http：//www. agrionline. net. cn/

中国农业科技信息网：http：//www. caas. net. cn/

生物软件网：http：//www. bio-soft. net

主 要 参 考 文 献

[1] B.L. 威廉逊编. 王海云，冯北元译. 实用生物化学原理和技术. 北京：科学出版社，1979

[2] H. 卢其著. 张伟成等译. 植物生长与发育生理学. 北京：科学出版社，1957

[3] J.R. 希尔曼编. 王文宏等译. 植物生长物质分离法. 上海：科学出版社，1983

[4] K. 裴驱等著. 朱健人译. 植物代谢生理学实验指导. 北京：科学出版社，1958

[5] X.H. 波钦诺克著. 荆家海等译. 植物生物化学分析方法. 北京：科学出版社，1981

[6] 奥斯伯 F，布伦特 R，金斯顿 RE 等. 颜子颖，王海林译. 精编分子生物学实验指南. 北京：科学出版社，1998

[7] 蔡武城主编. 生物物质常用化学分析法. 北京：科学出版社，1982

[8] 曹仪植，宋占午. 植物生理学. 兰州：兰州大学出版社，1998

[9] 陈建勋主编. 植物生理学实验指导. 广州：华南理工大学出版社，2002

[10] 陈亚华，沈振国，刘良友. 低温、高 pH 胁迫对水稻幼苗根系质膜、液泡膜 ATP 酶活性的影响. 植物生理学报. 2000，26（5）：407～412

[11] 陈毓荃主编. 生物化学研究技术. 北京：中国农业出版社，1995

[12] 丁静，沈镇德，方亦雄等. 植物内源激素的提取分离和生物鉴定. 植物生理学通讯. 1979（2）：27～29

[13] 高桥信孝主编. 王荣富等译. 植物化学调节剂实验与应用. 合肥：中国科学技术大学出版社，1992

[14] 郝建军主编. 植物生理学实验技术. 沈阳：辽宁科学技术出版社，1994

[15] 何钟佩主编. 农作物化学控制实验指导. 北京：北京农业大学出版社，1993

[16] 华北农大植物生理组. 种子生活力的快速测定——红墨水染色法. 植物杂志. 1977（1）：47

[17] 华东师范大学生物系植物生理教研组主编. 植物生理学实验指导. 北京：人民教育出版社，1980

[18] 李合生主编. 植物生理生化实验原理和技术. 北京：高等教育出版社，2000

[19] 李建武主编. 生物化学实验原理和方法. 北京：北京大学出版社，1997

[20] 李林，焦心之. 应用蛋白染色剂考马斯蓝 G-250 测定蛋白质的方法. 植物生理学通讯. 1980（6）：52～55

[21] 李玲. 改进实验教学方法，以学生为主体开展化学调控实验. 华南师范大学学报（自然科学版生物教学专辑）. 2000：35～38

[22] 李修庆. 植物人工种子研究. 北京：北京大学出版社，1990

[23] 李卓杰. 植物激素及其应用. 广州：中山大学出版社，1998

[24] 潘家秀主编. 蛋白质化学研究技术. 北京：高等教育出版社，1962

[25] 潘瑞炽，李玲. 植物生长发育的化学调节. 广州：广东高等教育出版社，1999

[26] 潘瑞炽主编. 植物组织培养. 广州：广东高等教育出版社，2001

[27] 彭秀玲，袁汉英，谢毅等. 基因工程实验技术. 长沙：湖南科学技术出版社，1998

[28] 上海师范大学生物系和上海市农业学校编. 水稻栽培生理. 上海：上海科学技术出版社，1978

[29] 上海植物生理学会编. 植物生理学实验手册. 上海：上海科学技术出版社，1985

[30] 沈显生主编. 植物生物学实验. 合肥：中国科学技术大学出版社，2003

[31] 施和平等. 发根农杆菌对黄瓜的遗传转化. 植物学报. 1998（40）：470～473

[32] 斯卡兹金等著. 植物生理学实验指导. 北京：高等教育出版社，1954

[33] 索尔兹里 F B，罗斯 C. 北京大学生物系等译. 植物生理学. 北京：科学出版社，1979

[34] 汤章城主编. 现代植物生理实验指南. 北京：科学出版社，1999

[35] 涂大正主编. 植物生理学. 长春：东北师范大学出版社，1989

[36] 汪沛洪主编. 基础生物化学实验指导. 西安：陕西科学技术出版社，1986

[37] 王关林，方宏筠编著. 植物基因工程原理与技术. 北京：科学出版社，1998

[38] 王隆华，沈庆. 正交试验法在植物生理学实验中的应用示例. 植物生理学通讯. 1994，30（5）：366～367

[39] 魏海姆 F H 主编. 中国科学院植物研究所生理生化研究室译. 植物生理学实验. 北京：科学出版社，1974

[40] 文树基主编. 基础生物化学实验指导. 西安：陕西科学技术出版社，1994

[41] 仵小南等. 水分胁迫对植物线粒体结构和脯氨酸氧化酶活性的影响. 植物生理学报. 1986，12（4）：388～395

[42] 西北农业大学植物生理生化教研室编. 植物生理学实验指导. 西安：陕西科学技术出版社，1987

[43] 肖萍，仲伟鉴等. SOD 的化学发光和化学比色测定法的比较. 上海预防医学杂志. 1999，11（2）：54～56

[44] 谢田等. 测定细胞膜透性的紫外吸收法. 植物生理学通讯. 1986（1）：45～46

[45] 徐晏亭. 花粉生活力的速测法. 植物学杂志. 1975（3）：11

[46] 许长成，邹琦. 干旱对大豆叶片脂氧合酶活性及乙烯释放的影响. 植物学报. 1993，35（增刊）：31～37

[47] 薛刚，高俊凤等. 水分胁迫下钙螯合剂与 CPZ 抑制剂对棉花根和下胚轴两种 ATPase 的效应. 植物生理学通讯. 1994，30（6）：417～420

[48] 薛应龙主编. 植物生理学实验. 北京：高等教育出版社，1985

[49] 颜季琼主编. 植物生理学实验指导. 上海：上海科学技术出版社，1959

［50］杨中汉. 离体开花的研究. 植物生理学教学研究参考文集. 1987，253～263

［51］叶自新. 植物激素与蔬菜化学控制. 北京：中国农业科技出版社，1998

［52］应向平主编. 银杏叶中黄酮含量测定和提取方法. 中草药. 1992，(23)：122

［53］袁珂. 冬凌草中齐墩果酸的提取分离及含量测定. 中草药. 1998，29 (4)：234～235

［54］袁晓华主编. 植物生理生化实验. 北京：高等教育出版社，1983

［55］张利华. 流式细胞术在微型浮游植物研究中的应用. 华东师范大学学报. 2000 (3)：
85～89

［56］张龙翔主编. 生化实验方法和技术. 北京：高等教育出版社，1997

［57］张石城主编. 植物化学调控原理与技术. 北京：中国农业出版社，1997

［58］张治文主编. 植物生理学实验指导. 北京：中国农业科技出版社，2004

［59］张宪政主编. 植物生理学实验技术. 沈阳：辽宁科学技术出版社，1989

［60］张宪政主编. 作物生理研究法. 北京：农业出版社，1992

［61］张玉进等. 非洲菊花瓣总 RNA 提取方法的改进. 植物学通报. 2001 (18)：722～726

［62］张志良等. 几种生长素及合成药剂对吲哚乙酸氧化酶的影响. 植物生理学报. 1965
(2)：171～178

［63］张志良主编. 植物生理学实验指导. 北京：高等教育出版社，2003

［64］张志良主编. 植物生物化学技术和方法. 北京：中国农业出版社，1997

［65］赵旌等. 流式细胞技术对莱哈衣藻配子形成过程的观察. 华东师范大学学报. 2000
(2)：92～96

［66］郑光华. 怎样快速测定种子生活力的初步结果. 植物生理学通讯. 1957 (5)：25～29

［67］中国科学院上海植物生理研究所，上海市植物生理学会编. 现代植物生理学实验指
南. 北京：科学出版社，1999

［68］周有院，钟海文. 日本青萍 6746 的临界夜长及其花的发育过程. 植物生理学通讯.
1984 (6)：30～31

［69］朱广廉主编. 植物生理学实验. 北京：北京大学出版社，1990

［70］朱徽. 植物组织培养中的胚状体. 遗传学报. 1978，5 (1)：79～88

［71］朱利泉主编. 基础生物化学实验原理与方法. 成都：成都科技大学出版社，1997

［72］邹琦主编. 植物生理生化实验指导. 北京：中国农业出版社，1995

［73］Allan Jones，Rob Reed and Jonathan Weyers 著. 李玲，张春荣，郭建军翻译. 生物
学实验技术. 长沙：湖南科学技术出版社，2001

［74］Grossman S，Zakut R. Determination of the Activity of Lipooxygenase (Lipoxidase).
Methods of Biochemical Analysis, 1979，303～329

［75］Michael E Sieracki，Elin M Haugen，Terry L Cucci. Overestimation of heterotrophic
bacteria in the Sargasso sea：direct evidence by flow and imaging cytometry. Deepsea
Research Ⅰ. 1995，42 (8)：1399～1409

［76］Serge Deners，Kimberly Davis，Terry L Cucci. A flow cytometric approach to assessing the
environmental and physiological status of phytoplankton. Cytometry. 1989(10)：644～652

图书在版编目（CIP）数据

植物生理学实验技术／萧浪涛，王三根主编. —北京：
中国农业出版社，2005.8（2019.1 重印）
全国高等农业院校教材
ISBN 978 - 7 - 109 - 10028 - 2

Ⅰ. 植…　Ⅱ.①萧…②王…　Ⅲ. 植物生理学-实验-高
等学校-教材　Ⅳ. Q945 - 33

中国版本图书馆 CIP 数据核字（2005）第 090800 号

中国农业出版社出版
（北京市朝阳区农展馆北路 2 号）
（邮政编码 100026）
责任编辑　李国忠

北京中兴印刷有限公司印刷　　新华书店北京发行所发行
2005 年 8 月第 1 版　　2019 年 1 月北京第 6 次印刷

开本：787mm×960mm 1/16　　印张：17
字数：304 千字
定价：28.50 元
（凡本版图书出现印刷、装订错误，请向出版社发行部调换）